普通高等教育"十二五"规划教材

传感器原理及应用

孙 萍 何 茗 姬海宁 主编

科学出版社

北京

内 容 简 介

本书系统地介绍了现代探测技术中常用的几类传感探测器件,内容包括温度传感器、湿度传感器、气体传感器、光照传感器、生物传感器、机械传感器、物联网及其应用技术。对各类传感器的理论和典型应用作了系统的阐述。本书按照检测对象划分章节,条理清晰,每章前面配有教学目标和教学要求,以帮助读者了解本章将要介绍的知识。

本书可作为高等院校电子科学与技术专业的光信息科学与技术、光电工程与光通信方向、物联网、应用物理、农业信息化等专业的教材,也可作为其他相近专业高年级本科生和硕士研究生的学习参考书,还可作为从事现代检测技术行业的工程技术人员的参考用书。

图书在版编目(CIP)数据

传感器原理及应用 / 孙萍,何茗,姬海宁主编. —北京:科学出版社,2014.6(2020.1重印)
ISBN 978-7-03-040825-9

Ⅰ.①传… Ⅱ.①孙… ②何… ③姬… Ⅲ.①传感器-高等学校-教材 Ⅳ.①TP212

中国版本图书馆CIP数据核字 (2014) 第115302号

责任编辑:杨 岭 黄 嘉 / 责任校对:杨悦蕾
责任印制:余少力 / 封面设计:墨创文化

科学出版社 出版
北京东黄城根北街16号
邮政编码:100717
http://www.sciencep.com

成都锦瑞印刷有限责任公司印刷
科学出版社发行 各地新华书店经销
*
2014年6月第 一 版 开本:787×1092 1/16
2020年1月第四次印刷 印张:13.5
字数:320 000
定价:40.00元
(如有印装质量问题,我社负责调换)

《传感器原理及应用》编委会

顾　问　谢光忠（电子科技大学）

主　编　孙　萍（成都信息工程大学）

　　　　　何　茗（成都工业学院）

　　　　　姬海宁（电子科技大学）

副主编　冯　兴（四川农业大学）

　　　　　黄　嘉（科学出版社）

编　委（以姓氏汉语拼音排序）

　　　　　冯　兴（四川农业大学）

　　　　　何　茗（成都工业学院）

　　　　　黄　嘉（科学出版社）

　　　　　姬海宁（电子科技大学）

　　　　　李元勋（电子科技大学）

　　　　　卢长芳（四川农业大学）

　　　　　欧中华（电子科技大学）

　　　　　乔闹生（湖南文理学院）

　　　　　王开明（四川农业大学）

　　　　　王显祥（四川农业大学）

　　　　　袁　欢（西南民族大学）

　　　　　赵　康（西南民族大学）

前 言

传感器是一种能够感受待测信息,并按规律将其转换为声光电信号或其他形式的输出的装置。传感器技术涉及微电子学、材料学、生物学、物理化学等,是一个包含多学科、多技术的高新技术。传感器及其应用技术是21世纪重要的新兴技术之一,是信息领域中一个具有重要战略意义的研究方向。它为人们提供了一种革命性的获取信息的新途径,将对人类未来的生活方式产生深远的影响,在环境监测、医疗卫生、交通管理、公共安全、农业和国防等许多领域具有广泛和重要的应用价值。

我国作为发展中国家,对传感器具有广泛而迫切的需求。传感器、通信和计算机称为现代信息系统的三大支柱。随着计算机、网络通信的飞速发展,人类对信息资源的需求量不断增加,智能感知芯片、移动嵌入式系统等物联网技术的应用逐步拓宽,作为信息采集技术的传感技术及传感器相对落后。传感器是获得信息的重要环节,影响和决定了物联网的功能。唯有计算机和传感器协调发展,才能决定物联网技术的未来。

本书总结与吸收了国内外近年来传感器领域内的最新研究成果和实践经验,在编写过程中紧紧围绕传感器应用技术,根据理论与实践相结合的原则,遵循由浅入深、循序渐进的认知规律,系统地阐述了各种传感器的工作原理、组成结构、特性参数、设计和选用的基本知识;较详细地论述了传感器核心部件设计;重点介绍了现代传感器技术在环境监测、机械化实现、生物传感器和物联网等领域中的应用。本书可适应研究型、应用型等不同层次的高等教育要求,对检测技术人员也具有使用和参考价值。

本书由四川农业大学、成都工业学院、湖南文理学院和电子科技大学等多所高校老师共同编写完成。四川农业大学孙萍、成都工业学院何茗和电子科技大学姬海宁担任本书的主编,科学出版社黄嘉及四川农业大学的冯兴和王显祥担任副主编。电子科技大学的谢光忠老师担任本书的学术顾问。李元勋(电子科技大学)、卢长芳(四川农业大学)、欧中华(电子科技大学)、乔闹生(湖南文理学院)、王开明(四川农业大学)等编委参与了本书各章节的编写。

本书在编写过程中参考并引用了大量的国内外书籍和文献,在此谨向这些书籍和文献作者表示崇高的敬意和衷心的感谢。本书在电子科技大学、四川农业大学、成都工业学院和湖南文理学院相关专业的教学中试用,许多同学也提出了许多宝贵的意见和建议,在此表示诚挚的谢意。

由于编者水平有限,书中难免有不足之处,敬请广大读者批评指正。

编 者

2014年2月于成都

目 录

前言
第1章 绪言 ·· 1
  1.1 传感器的基本概念 ·· 1
  1.2 传感器的应用发展 ·· 2
    1.2.1 传感器在农业中的应用 ·· 2
    1.2.2 传感器在工业、交通、医疗、科学等领域中的应用 ·························· 7
第2章 传感器的基本特性 ·· 10
  2.1 传感器的静态特性 ·· 10
    2.1.1 线性度 ·· 10
    2.1.2 灵敏度和精度 ··· 14
    2.1.3 分辨力和阈值 ··· 14
    2.1.4 迟滞性 ·· 15
    2.1.5 重复性 ·· 15
    2.1.6 稳定性 ·· 15
    2.1.7 漂移 ··· 16
  2.2 传感器的动态特性 ·· 16
    2.2.1 传感器的动态数学模型 ··· 16
    2.2.2 典型传感器的动态特性分析 ··· 19
第3章 温度传感器 ·· 23
  3.1 热电偶温度传感器 ·· 24
    3.1.1 热电偶的基本原理 ··· 24
    3.1.2 热电偶的基本定律 ··· 27
    3.1.3 热电偶的冷端误差及补偿措施 ·· 28
    3.1.4 常用热电偶特性与结构 ·· 31
    3.1.5 热电偶测温线路 ·· 33
  3.2 热电阻温度传感器 ·· 34
    3.2.1 金属热电阻温度传感器 ·· 34
    3.2.2 半导体热敏电阻传感器 ·· 38
  3.3 半导体PN结型温度传感器 ··· 43
    3.3.1 二极管温度传感器 ··· 43
    3.3.2 晶体管温度传感器 ··· 45
    3.3.3 集成温度传感器 ·· 47

3.4 热辐射温度传感器 ·· 52
　　3.4.1 辐射测温的物理原理 ·· 52
　　3.4.2 辐射测温方法 ·· 53
3.5 电容式温度传感器 ·· 56
附录 ·· 58

第4章 湿度传感器
4.1 湿度及其表示方法 ·· 62
　　4.1.1 空气湿度 ·· 62
　　4.1.2 土壤湿度 ·· 64
4.2 湿度传感器概述 ·· 65
　　4.2.1 湿度传感器特性参数 ·· 65
　　4.2.2 湿度传感器分类 ·· 68
4.3 电阻式湿度传感器 ·· 68
　　4.3.1 无机电解质湿度传感器 ·· 68
　　4.3.2 陶瓷电阻式湿度传感器 ·· 71
　　4.3.3 高分子电阻式湿度传感器 ·· 74
　　4.3.4 高分子电组式湿度传感器 ·· 78
4.4 电容式湿度传感器 ·· 79
　　4.4.1 陶瓷电容式湿度传感器 ·· 79
　　4.4.2 高分子电容式湿度传感器 ·· 80
4.5 湿度传感器的应用实例 ·· 81
　　4.5.1 汽车后窗玻璃自动去湿装置 ·· 81
　　4.5.2 浴室镜面水汽清除器 ·· 82
　　4.5.3 土壤缺水告知器 ·· 83
　　4.5.4 电容式谷物水分测量仪 ·· 84

第5章 气体传感器
5.1 气体传感器概述 ·· 86
5.2 半导体气体传感器 ·· 87
　　5.2.1 半导体气体传感器及其分类 ·· 87
　　5.2.2 电阻型半导体气体传感器 ·· 87
　　5.2.3 半导体气体传感器主要特性参数 ·· 91
　　5.2.4 半导体气体传感器应用电路 ·· 93
5.3 红外吸收式气体传感器 ·· 96
　　5.3.1 红外气体传感器的测量原理 ·· 96
　　5.3.2 红外气体传感器的基本结构 ·· 98
　　5.3.3 常见红外气体传感器 ·· 98

5.4 声波气体传感器···99
　　5.4.1 QCM 气体传感器···100
　　5.4.2 SAW 气体传感器···102
　　5.4.3 声波气体传感器表面敏感膜的选择···107
5.5 农业中的气体传感器···109
　　5.5.1 农业环境检测 CO_2 含量的传感器···109
　　5.5.2 检测畜禽舍环境中 NH_3 含量的传感器·····································111
　　5.5.3 检测大棚通风口中 SO_2 含量的传感器·····································112

第 6 章　光照传感器··114
6.1 光照对生物的影响···114
6.2 辐射机理及度量···116
　　6.2.1 太阳辐射···116
　　6.2.2 太阳辐射的度量··117
6.3 光照传感器··121
　　6.3.1 辐射传感器···121
　　6.3.2 照度传感器···123
　　6.3.3 量子流密度传感器··128
6.4 便携式照度计···129
　　6.4.1 基于光敏传感器的便携式照度计··129
　　6.4.2 基于集成传感器的便携式照度计··130

第 7 章　生物传感器··131
7.1 酶生物传感器···132
　　7.1.1 酶生物传感器的基本结构、工作原理及发展阶段···················132
　　7.1.2 酶的固定技术··134
　　7.1.3 酶生物传感器的应用··135
7.2 微生物传感器···138
　　7.2.1 微生物传感器的定义与组成、工作原理及分类······················138
　　7.2.2 微生物传感器在 BOD 检测中的应用······································140
7.3 细胞传感器··141
　　7.3.1 细胞传感器原理··141
　　7.3.2 细胞传感器的分类··142
　　7.3.3 细胞传感器在食品领域中的应用··144
7.4 免疫传感器··146
　　7.4.1 免疫传感器的工作原理··146
　　7.4.2 免疫传感器的主要类型··147
　　7.4.3 免疫传感器在食品检测中的应用··149

7.4.4 免疫传感器的发展 ··· 151
7.5 组织传感器 ·· 152
　7.5.1 动物组织传感器 ··· 152
　7.5.2 植物组织传感器 ··· 154
　7.5.3 组织传感器的应用 ·· 155
7.6 生物传感器在农药残留分析中的应用 ··· 156
　7.6.1 农药生物传感器的必要性 ·· 156
　7.6.2 农药生物传感器的发展现状 ··· 158
　7.6.3 农药生物传感器的展望 ··· 158

第8章 机械传感器 ··· 159
8.1 谷物流量传感器 ··· 160
　8.1.1 谷物流量传感器种类 ·· 160
　8.1.2 冲量式流量传感器的工作原理 ·· 163
　8.1.3 冲量式流量传感器的转换电路 ·· 165
　8.1.4 冲量式流量传感器的差分消振电路 ··· 167
8.2 测产系统转速传感器 ··· 169
　8.2.1 霍尔式转速传感器 ·· 169
　8.2.2 磁电式转速传感器 ·· 176
　8.2.3 光电式转速传感器 ·· 180

第9章 物联网 ·· 183
9.1 物联网的基本概念 ·· 183
9.2 物联网的基本框架 ·· 185
9.3 物联网的核心技术 ·· 185
　9.3.1 RFID 技术 ··· 186
　9.3.2 无线传感器网络 ·· 187
9.4 物联网的应用 ·· 191
　9.4.1 农业环境监测 ··· 191
　9.4.2 气象监测 ··· 194
　9.4.3 温室控制 ··· 195
　9.4.4 节水灌溉 ··· 195
　9.4.5 食品安全 ··· 196
9.5 农业物联网关键技术发展趋势预测 ·· 196

参考文献 ··· 198

第1章 绪　　言

学习目标

通过本章的学习，了解传感器的基本概念及其在现代化生产过程中的应用和发展。

学习要求

(1) 掌握传感器的基本概念。

(2) 了解传感器在现代化生产各领域中的应用和发展前景。

简介

进入21世纪，信息技术的发展日新月异，信息技术的三大支柱技术——传感器技术、通信技术和计算机技术实现了质的飞跃。在科学实验和科技应用中，传感器技术犹如"感官"，通信技术犹如"神经"，计算机技术犹如"大脑"。而作为获取信息的"感官"，传感器在整个系统中的作用显得尤为重要。

目前，传感器技术已经被广泛应用在各个领域，从单一型的家用电器到科技密集型的航空航天领域，凡是涉及智能检测、智能显示、自动控制的装置，无疑都离不开传感器这一"感官"。

在科技迅猛发展的今天，采用先进的科技模式来解放劳动力、提高生产效率已经成为趋势。在当今的现代农业发展中，从农作物的育种、培育、采摘、收获到储藏等诸多环节，都离不开传感探测技术，传感器技术目前已经深入农业技术领域。在工业自动化生产中，现代技术的发展对生产中的安全要求、质量要求越来越高，对在生产过程中各种量的检测和控制的自动化水平也越来越高，目前，传感器在钢铁、石化、医药、印染、食品等领域也有相当广泛的应用。本书将对传感器结构、性能及其在现代工业、农业等生产中的运用，以及发展前景进行介绍，并阐述传感器物联网技术在现代生产活动中的应用。随着传感技术的广泛应用，传感器的发展对于工业、农业等各领域的现代化进程的推进具有极其重要的作用及地位。传感器的发展及广泛应用也将会使得现代工农业生产更加便利化、集成化、智能化。

本章将简要介绍传感器的基本概念以及在现代化各领域生产中的应用及发展。

1.1　传感器的基本概念

传感器是指能对物质或反应变量作出感应的一种外部感知识别元器件，是一种能够使非电量按照特定规律转换成可处理或有利于传输的器件。一般情况下，传感器由敏感元器件、信号转换元器件以及信号调节与转换电路组成，通常还需要辅助电源。其结构如图1-1(邹修国，2011)所示。

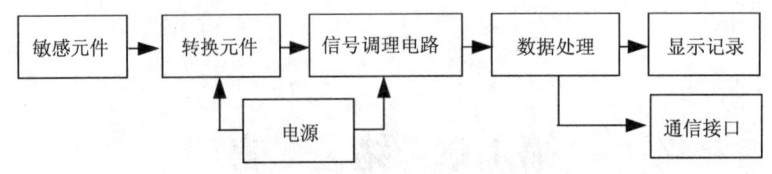

图 1-1 传感器的基本概念

敏感元件是传感器的核心元件,是指能够灵敏地感受被测变量并能够作出响应的器件,是传感器中直接感受被测量的部分。敏感元件通常是利用材料的某种敏感效应制成的。敏感元件可以按输入的物理量来命名,如热敏、光敏、(电)压敏、(压)力敏、磁敏、气敏和湿敏等。信号转换元件是指传感器中将敏感元件输出信号转换为适合传输和测量的电信号部分。一般传感器的转换元件是需要辅助电源的。有些传感器的敏感元件与转化元件合并在一起,如半导体气体、湿度、温度和压力传感器等。

时至今日,传感器已经成为物质分析与检测的重要手段与方法,但传感器的种类繁多,在国内外尚无统一的分类方法。按传感类型可分为接触式传感器与非接触式传感器。按传感器选用的换能器工作原理可分为压电、压阻式传感器,感抗、容抗式传感器,光学传感器,应变式传感器,质量型传感器,热学传感器以及霍尔式传感器等。按被检测物敏感性质可分为物理量敏感传感器、化学量敏感传感器和生物量敏感传感器。按其检测对象又可细分为温度传感器、湿度传感器、气体传感器、光照传感器、生物传感器和机械传感器等。

本书以传感器在现代化生产中常见的测量对象为主线介绍各类传感器,先介绍传感器的基本静态和动态特性,再分别介绍各种传感器的原理及其应用,最后综述物联网的发展和应用前景。

1.2 传感器的应用发展

近年来,随着科学技术的迅速发展,尤其是电子科学技术的深入应用,传感器技术应用也日趋成熟,其应用领域无处不在,渗入人类生产、生活的方方面面。下面将介绍传感器技术在各个领域中的应用。

1.2.1 传感器在农业中的应用

我国自古以来就是农业大国,但传统的以人为主、靠天吃饭的生产模式,严重地降低了生产效率。目前传感器在农业生产中的应用十分广泛,它可以深入到农业生产加工的各个环节中。随着近年来国内对农业科技投入力度的增大和科技兴农战略的深入发展,传感器在农业方面具有广阔的发展空间和应用市场。目前,国内传感器行业所面临的主要问题就是降低成本,向农业提供大量廉价适用的传感器,占领农业用传感器的市场。下面将从以下几个方面介绍传感器在农业中的应用。

1. 传感器在农业机械化中的应用

机电一体化是农业机械发展的趋势,同时也是农业现代化的必经之路,而传感器技术又是机电一体化的关键技术之一。在改造传统的农业机械化、发展现代化的农业中，现代传感器技术早已跃跃欲试、摩拳擦掌，并已在农业机械的现代化之中大显身手了。

近年来，随着农业机械化的不断创新，大量的农业生产机械，如拖拉机、收割机、制米机、灌溉机等，都配备或安装了各式各样的传感器，以提高工作效率和农业生产性能。例如，近年来，美国研制出了一种农业收割机的割台高度自动控制系统，该系统由传感器、电子电路及液压部件等部分构成。收割作物的高度信号由位于割台输送带上的物位传感器检测，收割机的内部电子控制器把传感器的输入信号经过装置的滤波设备检波后，转换成升高、降低或继续保持割台高度的不同信号，通过装置的驱动电磁阀控制收割台的液压缸，调整割台的高度，并做出相应的收割动作。该系统在割台两端分别装备了一组近地传感器，以防收割机的割台设备触地受损。再如，2009年，日本东京东洋造米机设备厂推出一款可安装在农业联合收割机之上的，用来探测、分辨收获谷物中金属杂质的磁力传感器。其工作原理是利用收获物的磁场变化来实现杂质分离。其过程为收割后的谷物在滚动的筒管周围形成高频电磁场，利用装置内的磁力传感器来测量谷物滚动时所引起的电磁场变化，通过装置内分选器来剔除谷物中的金属杂质，进而实现杂质分离。

现代化农业离不开现代化农业机械，当今农业机械化实验、生产过程、制造过程都离不开传感器技术。在现代农业机械化试验过程中，人们利用传感器，同时在线监测农业机械多项性能参数以及多个部件的结构强度等指标，传感器技术不仅为农机理论研究以及农产品改良提供了充实的科学依据，而且提高了农机产品的制造质量。例如，在农业机械中利用阻抗型应变传感器测定农业收割机的犁体阻力，进而为犁体设计提供了有力的依据，在犁体设计过程中达到减少过程阻力及减少整体农机功耗的目的。例如，在精密播种机上配备光电传感器，通过设备的监控仪表可以对排种过程中的光电变化进行在线监控，以防止排种过程中排种器的堵塞，提高机械设备的工作效率，保证了排种过程中的合格率。

2. 传感器在培育良种中的应用

培育种子是农业生产的第一环节，应备受重视。近年来，生物技术、遗传工程等都成为良种培育的重要技术，而相关技术的生物传感器在其中发挥着极其重要的作用。早先报道生物传感器技术已被西班牙科学家应用于种子遗传基因的控制与操纵过程，如利用此项传感技术在大豆作物的种子内找到防脱水的种子基因，并利用传感器技术检测并优选此项基因，进而培育出了具有抗脱水性能的大豆作物种子。除此之外，在农作物的环境检测方面，传感器技术同样发挥着举足轻重的作用。温度传感器、湿度传感器、光传感器等应用于农作物育种环境监测；水分传感器、酸度传感器、氢离子传感器等应用于农作物土壤状况测量；各种离子传感器应用于农作物培育土壤中的氮、磷、钾等元素组分的测定，进而达到对农作物的生长过程中的必需元素的标定。

为了使农作物的生长不再受地域和时间的限制，现代化的工厂式育苗术及温控栽培技术已成为广大农业工作者必须掌握的技术。此类种植技术主要采用人造植物生长环境(如温度、湿度、光照等)，已达到培育多种农作物的目的。在我国北方，温室栽培技术已逐步发展起来，在此类温室(玻璃)内采用自动喷散装置，消毒杀菌装置，温度、湿度

以及 CO_2 控制装置，进而实现温室操作全智能化。这些装置中采用了大量的温度传感器、湿度传感器、酸度传感器、多种气体传感器等，分别对温室内的温度、湿度、土壤酸碱度、室内 CO_2 及 O_2 含量进行检测。目前国内大多数温室系统内已采用计算机自动调节室内温湿度以及送风量，以获最优的模拟自然环境。

3. 传感器在种植方面的应用

种植过程是农业生产的基础。由于农作物的生长过程长、生产环节多，所以在其整个生长过程中，可以利用各种传感器探测、采集作物不同时期的多样信息，及时采取相应的措施完成科学、高效的生产过程。美国的科学工作者通过在农作物的土壤中埋入离子型传感器来检测土壤中元素组成及成分，并通过分析检测设备进行数据分析处理，从而准确地判断农作物生长环境中应施肥的类型及分量。此外，在植物的生长过程中，还可以利用形状传感器、颜色传感器、重量传感器等监测农作物的外形、颜色、大小等，用来判断农作物的植物机体成熟程度，以便农业工作者适时采摘、收获；利用多种气体传感器可以监测农作物机体的生长环境中多种气体成分的含量，以达到监控植物光合作用的进行程度，如塑料大棚蔬菜种植环境的监测等；利用超声波传感器、噪声传感器、音频传感器等可以对作物天敌、农业病虫害等进行监管，以达到促进农作物增产增收的目的；利用流量传感器、温度传感器、湿度传感器等，通过控制设备的计算机系统自动调节农作物的灌溉、施肥等过程。

传统的农业种植都是靠经验，何时对农作物进行灌溉，何时进行施肥完全依靠农业工作者的主观经验。当出现干旱等自然灾害时，减产是不可避免的。江苏省首个物联网农业示范区——天蓝地绿农庄，便引进了多种现代的传感器物联网技术。通过传感器物联网技术的检测，农庄在 2010 年后便没有出现过农作物种植土地干旱等情况。天蓝地绿农庄在 2010 年之初响应政府号召，引进传感器技术，并对其进行组网。他们在田间布置了大量的温湿度传感器、光照传感器和化学传感器，通过这些传感器传输过来的数据，了解田间温湿度、光照和养分等情况，对蔬菜生长进行全程监控和数据化管理。这些传感器根据需要布置于各个位置，有的悬挂，有的放置于菜地上方，它们能"读懂"植物的需要，然后对它们进行组网，通过无线发射的方式，传送给办公室的控制系统中的计算机平台。计算机软件对数据进行分析，通过分析数据的结果，利用控制指令实现浇水、施肥等相应的操作。此外，田间还装有多个视频传感器，技术人员可以进行远程监控。这套装置就是利用物联网技术，通过田间的传感器，监控土壤中的湿度、养分，空气中的二氧化碳、温度等信息，把植物对生长环境的需求信息"翻译"出来。据他们介绍，有了传感器技术的支撑，各种蔬菜水果的生产情况都能了如指掌，不仅节省了劳动力，还实现了农田的远程管理。

通过物联网和传感器技术，可以模拟各种蔬菜生长的条件，对其生长环境进行控制。相信将来蔬菜种植不会再受地域的限制，例如，重庆的朝天椒可以到无锡种植，广州的香蕉可以到北京生长。每个工作人员可以管理的范围也会进一步扩大，种植变得更精细、更智能，蔬菜的品质必将得到提高。

4. 传感器在饲养方面的应用

饲养业是提供重要农副产品的产业。优质的饲养业农副产品对人类的生活质量具有极其重要的作用，其中的传感器应用技术在饲养业发展中担当了同样重要的角色。目前我国的农业科研人员已经着手综合利用传感器技术及生物基因工程培育出生长周期短、瘦肉比高、低饲养料消耗的转基因家畜、家禽，以满足国内不断膨胀的人民市场需求。利用传感器物联网技术监测畜、禽、蛋等农产品的产地、鲜度。日本国立大学研制出一种可用于测定畜、禽肉鲜度的传感器，它可以高精度地测定出畜、禽、蛋等农副产品的蛋白质变质时所发出的臭味成分二甲基胺(DMA)的浓度，其传感器器件的检测限最小浓度可以达到 1 mg/L，利用这种传感器可以准确地掌握肉类及蛋白质的新鲜度，防止肉类及蛋白质变质。此外，美国堪萨斯州的多数养鸡场均配备了类似的传感器技术，以达到利用鸡蛋检测仪来检测鸡蛋质量好坏的程度。此类检测仪器主要是由两个压电传感器和一个监测器组成的。其检查过程是把鸡蛋放在两个传感器之间，其中一个传感器作为"发话人"，另一个传感器作为"受话人"，它们同时与监测器连接。如果鸡蛋没坏，则监测器上就显示出一个共振尖波峰；如果鸡蛋受到沙门氏菌污染而变质，则监测器上就出现一高一矮两个波峰，进而实现对变质鸡蛋的检测。利用这种仪器来检查鸡蛋不仅可以提高检测效率，还可以减少人力支出，其结果既快又准。此外，在科学的饲养过程中，仍需要对水状况进行检测，就需要用到温度传感器、氧含量传感器、离子传感器等；饲养环境的监测也离不开温度传感器、湿度传感器、光度传感器等；农畜饲料成分的测量需要利用多种离子传感器及蛋白质生物传感器等；自动化的饲料投放机需要利用重力传感器、温度传感器、光感传感器等。

5. 传感器在农产品分类加工方面的应用

农产品及农副产品生产过程中均需要分类加工，在整个过程中仍需使用各种传感器。例如，光学传感器被用来对果蔬的糖度等进行测定，按照果蔬的糖度来划分等级，确保果蔬的口感及糖分含量。此外，加工过程中所用的传感器还有湿度传感器、温度传感器、水分传感器等。

储藏对农产品具有非常重要的作用，各种产品都需要储藏。在储藏的过程中，传感器也大有用武之地。人们利用果品细菌传感器来监测储存仓库内果蔬的霉变程度。此类传感器采用 700 纳米波长和 1100 纳米波长的近红外线，在照射果蔬时，通过穿透率的对比来识别正常的果豆和霉变的果豆。若采用传送带依次检测，每秒的检测速度为 3 米，一个传感器每小时可检查 75 公斤果蔬。该传感器对黄曲霉素的检测精度可达十亿分之一克。此外，为了确保储藏环境的适宜，还需用各种传感器进行环境的适时监测。例如，粮食的储藏需用温度传感器、湿度传感器、水分传感器等；蔬菜、水果等的储藏需用测量乙烯、O_2、CO_2、NH_3、氟利昂、温度、湿度的传感器等。

现代化粮库采用了先进的"分布式粮仓微机测温系统"(李新荣，2001)。该系统以计算机为核心，采用温度传感器对上百个点进行温度监测(也可接湿度传感器进行湿度监测)。由于有了十分先进可靠的测温技术，仓容大幅度提高，并有效地减少了霉变现象，提高了工作效率，减轻了劳动强度。微机测温系统还可以根据检测的温度及湿度数据对通风装置进行自动控制。在粮食入库前，可采用水分传感器测定粮食的水分(必要时要用干燥机干燥)。该系统具有实时自检、自校与报警等功能。

目前，在国内，蔬菜和水果的储藏主要采用冷库低温储藏和气调库储藏。果蔬的储藏就是利用机械设备人工产生一个适宜果蔬保存的环境，使果蔬的自我消耗降至最低，避免果蔬因无氧呼吸产生的乙醇而腐烂变质。冷库低温储存主要采用外加制冷媒介制冷,将储存室内温度控制在最佳储存温度范围内(通常保持在10℃以内)并保持恒定。在最佳储存温度范围内,果蔬能够维持自我消耗并将其降至最低,降低其内部活性酶的活度,抑制果蔬的水分挥发,及其内细菌等微生物的繁殖,有利于果蔬长期储存。在这种冷藏储存中,温湿传感器发挥着重要的作用,制冷设备则根据储存室内温度传感器以及湿度传感器的实时参数值进行在线控制,并维持最佳储存温度。气调库储藏技术是较为先进的果蔬保鲜储藏方法。它是在冷藏的基础上,增加气体成分调节装置,通过对果蔬储藏环境中温湿度、CO_2浓度、O_2浓度以及乙烯浓度等条件的控制,抑制果蔬自呼吸作用,延缓其自身新陈代谢过程,更好地保持果蔬新鲜度,延长果蔬储藏期和保鲜期。所以相比冷藏库,气调库储藏除了控制温度,气调库内的相对湿度(RH)、O_2浓度、CO_2浓度、乙烯浓度均有相应的控制指标。控制系统采集气调库内的温度传感器、湿度传感器、氧气传感器、二氧化碳传感器等物理量参数,通过各种仪器仪表实时显示,使作为自动控制的参变量参与到自动控制中,从而保证有一个适宜的储藏保鲜环境,达到最佳的保鲜效果。

6. 传感器在农业气象、环境方面的应用

农业生产离不开气候环境,实时监测环境的变化,准确地把握农时,对确保农作物的丰收至关重要。

雨水是影响作物生长的自然条件之一,而降雨量的大小对作物的生长有很大的影响。雨量传感器是通过测定蒸发在传感器裸露面上的雨水所需要的电功率来测量降水率的,测量的范围为0.3~350 mm/h。除了雨水,还能用于雪的测量。雨量传感器能将降水率转换成电压信号输出,并且由记录仪记录。还能通过V/F变换成频率信号,较方便地与计算机接口,同时可以实现数字显示,便于数据存储,给科学研究带来方便。

除了雨量传感器,在这方面应用的传感器主要还有气压传感器、风速传感器、温度传感器、湿度传感器、光传感器等。

7. 农业传感器发展现状

农业信息化的迅猛发展为农业传感器的发展提供了良好的前提条件及广阔的应用空间。随着现代农业信息化进程的加快,农业信息化过程中信息采集、信息处理以及信息传输乃至信息发布不断智能化、集成化,农业传感器的功能必将得到延伸,也必会在整个农业信息化过程中增强、完善与提高。目前我国农业信息化仍处于起步阶段,但是国内农业信息化的进程并未放缓,也已取得了一定的成果,如农业传感器研究已经取得了长足的发展。

浙江工业大学的俞立研究组提出了一种基于WSN(无线传感器网络)的设施农业环境自动监控系统(WSN-FAEAM)的整体结构,WSN-FAEAM通过系统终端的多种传感器节点以及外部的执行器群来实现对农作物及其生长环境的监测,监测范围包括温湿度、农作物根系附近土壤电导率、土壤K离子含量、环境O_2浓度、环境CO_2浓度、农作物光照强度(光合作用强度)、农作物植株生长情况等。该系统已经在浙江省得到了广泛应用,实现了农作物及其生长环境的实时在线监测。

农业传感器同样在农副产品的加工与再加工过程中担当着重要角色。浙江大学的王俊研究组利用现代传感器技术,通过成分分析、线性分类法以及神经网络分析方法对龙井茶叶品质进行了分类。王俊研究组通过多种传感判别终端对茶叶进行检测,提取其品质成分中的各特征值，利用特征值组成特征向量，作为神经网络识别分析输入矢量，采用 PCA 及 BP 神经算法提取茶叶最优特征组合，构成新型的模式识别方法，对茶叶的等级以及加工储藏时间进行分析比较。

中国农业大学的王一鸣研究组以土壤介电特性为研究的切入点，对基于驻波率(standing wave ratio，SWR)原理的土壤水分快速测量方法做了系统的理论分析和深入的性能分析研究，为研究开发成功 SWR 型土壤水分测量传感器奠定了基础，同时研制出与全球定位系统(GPS)联合使用的土壤水分空间分布速测仪样机。

吉林大学的张哲提出通过分析人嗅觉系统和狗嗅觉系统的差异，总结其生物特点，设计了仿生鼻流道系统，使用商品气体传感器构成传感器阵列并自行设计了放大电路、滤波电路预处理信号，然后经模数(A/D)转换，运用人工神经网络系统处理传感器阵列信号。此系统操作简单、响应时间短、不使用化学药品，原样品的回判率达到 100%，新样品的测试准确率在 96%以上。此系统同时还可以通过更换新传感器阵列，提高传感系统的敏感监测性能。本研究为食品快速检验提供了新的思路。

吉林大学的孙宁海研究组开发了一套以重力传感器为感触终端的人工感触模拟装置，此装置可以对肉产品的鲜嫩程度进行准确的评定。此装置通过终端传感器阵列对肉质进行评价与分析，运用人工神经网络系统处理传感器阵列信号，克服了感官评定过程中的人为干扰因素，省去了传统评定过程中的常规过程，仅对生肉产品进行评价。评定速度快、测试结果准确。

河北农业大学的史智兴研究组提出了一种以半导体激光二极管为光源的激光束栅格光电传感器系统，此传感器系统应用于农作物播种精度检测，解决了传统传感器检测覆盖率低的问题，提高了农作物播种的精确度。

湖南农业大学李明、李旭研究组提出了一种基于全方位视觉传感器、用于农业机械自动导航的视觉定位系统。该系统不仅有助于基于 GPS 的农业机械自动导航定位系统的发展，而且将给农业机械自动化、智能化和农业机器人的导航定位研究带来新的进展。

1.2.2 传感器在工业、交通、医疗、科学等领域中的应用

1. 传感器在工业生产过程的测量与控制方面的应用

随着信息技术的发展，现代化工业生产的发展趋势体现在大型、快速、高效、低耗、保护环境和防止污染等方面。生产过程的最优化控制、图像识别、人机联系、智能化和无人控制正是这一发展趋势的重要标志。在工业生产过程中，要实现对工作状态的监控，必须对温度、压力、流量、液位和气体成分等参数进行检测，诊断生产设备的各种情况，使生产系统处于最佳状态，从而保证产品质量，提高生产效益。目前传感器与微机、通信等结合渗透，自动化技术和信息技术的快速发展要求传感器技术必须同步发展。在工业过程控制方面，计算机技术的应用比较成熟，生产过程中需要采集的生产信息量大，生产过程中对传感器的需求更加多样化，如压敏、热敏、光敏、气敏、湿敏、磁敏和光电转换器件等，以实现各种工业过程中的控制、监测的自动化和智能化，并进一步提高其准确性和生产效率。可以说，如果没有传感器，现代工业生产程度将会大大降低。

2. 传感器在智能汽车中的应用

随着电子技术及计算机技术的发展，汽车的安全舒适、低污染、高燃率越来越受到社会重视，汽车电子化程度不断提高，传统的机械系统已经难以解决某些与汽车功能系统要求有关的问题。传感器作为汽车自动化控制系统的关键部件，在汽车中相当于感官和触角，只有它才能准确地采集汽车工作状态的信息，其技术性能将直接影响汽车的智能化水平和自动化程度。汽车传感器主要分布在发动机控制系统、底盘控制系统和车身控制系统。普通汽车上装有 10~20 只传感器，而高级豪华车有的使用传感器多达 300 只。它们大体可分为三类：①汽车发动机控制系统中的传感器技术，如温度传感器、压力传感器、流量传感器、氧传感器和爆震传感器等；②底盘控制系统中的传感器技术，如自动防抱死制动系统用传感器、动力转向系统用传感器、悬架系统控制用传感器和变速器控制用传感器等；③应用于自动空调系统中的多种风量传感器、日照传感器、车速传感器、加速度传感器等，有效地提高了汽车的安全性、可靠性和舒适性。

3. 传感器在 ITS 中的应用

ITS 是人们将先进的信息技术、数据通信传输技术、电子控制技术、传感器技术和计算机处理技术等有效地综合运用于整个交通运输体系，从而建立起一种在大范围内、全方位发挥作用的实时、准确、高效的运输综合管理系统。ITS 系统中常用的传感器有磁性传感器、图像传感器、雷达传感器、超声波传感器和红外传感器等。这些传感器主要应用于车辆检测、车辆识别和分类、车辆控制、环境信息检测和危险驾驶警告方面。

4. 传感器在虚拟仪器中的应用

虚拟仪器就是在通用计算机上加上软件和硬件，当使用者在操作该计算机时，就像在操作一台自己设计的专用传统电子仪器。虚拟仪器中常用的传感器有热电偶、RTD、应变片、电流输出器件等。具体应用到了信号处理技术(其发挥的作用是放大、滤波与平滑和隔离)和瞬态信号采集技术(包括同步采样与连续扫描、变速采样技术等)。

5. 传感器在现代医学领域的应用

传感器作为探测、获取信息的"五官"，在现代医学仪器设备中的应用日益显著。医学传感器使人们能快速、准确地获取生命体征的相关信息。例如，在图像处理、临床化学检验、生命体征参数的监护监测，呼吸、神经、心血管疾病的诊断与治疗等方面，传感器已得到了广泛的应用。

6. 传感器在环境监测方面的应用

近年来，环境污染日益严重。人们迫切希望能对污染物进行连续、快速、在线的监测。目前，已有相当一部分生物传感器应用于环境监测中，如大气环境监测。大气中酸雨酸雾的传统检测方法相当复杂。由于二氧化硫是酸雨酸雾形成的主要原因，现在将亚细胞类脂类固定在醋酸纤维膜上，与氧电极制成安培型生物传感器，就可对酸雨酸雾样品溶液进行检测，大大简化了检测方法。

7. 传感器在军事领域中的应用

传感器技术在军用电子系统的运用，促进了武器、作战指挥、控制、监视和通信方面的智能化。传感器在远方战场监视系统、防空系统、雷达系统、导弹系统等方面，都有广泛的应用，是提高军事战斗力的重要因素。目前传感器在军事领域的应用主要体现在地面传感器上,其特点是结构简单、便于携带、易于埋伏和伪装,可用于飞机空投、火炮发射或人工埋伏等,也可以用来执行预警、目标搜索和监视任务。当前军事领域使用的传感器主要有振动传感器、声响传感器、磁传感器、红外传感器、电缆传感器、压力传感器和扰动传感器等。

8. 传感器在家用电器方面的应用

20世纪80年代以来,以微电子为中心的现代科学技术逐步趋于成熟,使家用电器也逐渐向自动化、智能化、节能、无环境污染的方向发展。实现自动化和智能化的核心任务就是研制由微电脑和各种传感器组成的控制系统,例如,一台空调器采用微电脑控制配合传感器技术可以实现压缩机的启动、停机、风扇摇头、风门调节、换气等,从而对温度、湿度和空气浊度进行控制。目前人们对家用电器的要求是使用更加方便、舒适、安全和节能等,因此传感器的应用将越来越显著。

9. 传感器在学科研究方面的应用

科学技术的不断发展,产生了许多新的学科领域,无论是宏观的宇宙还是微观的粒子世界,许多未知的现象和规律需要获取大量人类感官无法获得的信息,在这方面,传感器的应用也是必不可少的。

10. 传感器在智能建筑领域中的应用

智能建筑是未来建筑的一种必然趋势,它涵盖智能自动化、信息化、生态化等多方面的内容,具有微型集成化、高精度与数字化和智能化特征的智能传感器将在智能建筑中占有重要的地位。

总之,科学技术的发展使得人们对传感器技术越来越重视,已深刻认识到它是影响人们生活水平的重要因素之一,因此对传感器的开发成为目前人们热门的研究课题之一。传感器技术发展趋势大致分为三个方面。一是开发新材料、新工艺和开发新型传感器。随着材料行业对传感器敏感材料进一步的开发,传感器新敏感材料不断推出,高新材料已广泛用于新型传感器制造研发中,新材料的开发对传感器行业起着决定性的作用。二是实现传感器的多功能、高精度、集成化和智能化。随着现代化的发展,传感器的功能已突破传统的功能,其输出不再是一个单一的模拟信号(如 0~10mV),而是经过微电脑处理好后的数字信号,甚至带有控制功能,即智能传感器。三是通过传感器与其他学科的交叉整合,实现无线网络化。无线传感器网络是由大量无处不在的、具有无线通信与计算能力的微小传感器节点构成的自组织分布式网络系统,是能根据环境自主完成指定任务的"智能"系统。它是涉及微传感器与微机械、通信、自动控制、人工智能等多学科的综合技术,其应用已由军事领域扩展到反恐、防爆、环境监测、医疗保健、家居、商业、工业等众多领域,有着广泛的应用前景。

第 2 章　传感器的基本特性

学习目标

通过本章的学习，掌握传感器的基本特性：静态特性和动态特性。

学习要求

(1) 掌握传感器静态特性的主要表征参数；掌握各表征参数的定义、数学表达以及分析。

(2) 理解传感器动态特性的含义；了解分析传感器的动态特性，建立动态数学模型的各种方法。

简介

为了更好地掌握和使用传感器，必须了解传感器的基本特性。传感器的特性是指传感器输入量和输出量之间的对应关系，即系统输出信号 $y(t)$ 与输入信号(被测量)$x(t)$ 之间的关系，如图 2-1 所示。

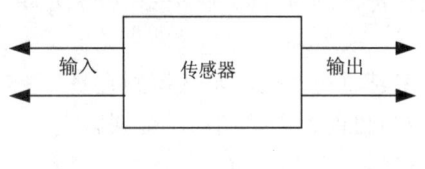

图 2-1　传感器系统

根据传感器输入信号 $x(t)$ 是否随时间变化而变化，其基本特性一般分为静态特性与动态特性。它们是系统对外呈现的特征，但与其内部参数密切相关。不同的传感器，其内部参数不同，因此其基本特性也表现出不同的特点。一个高精度传感器，必须具有良好的静态特性和动态特性，才能保证信号无失真地按规律转换。

2.1　传感器的静态特性

传感器的静态特性是指传感器对静态输入信号的输入-输出关系。当传感器的输入量是常量或是不随时间变化的稳定状态的信号或变化极缓慢的信号时，输入与输出间的关系，称为传感器的静态特性。表征传感器静态特性的主要参数有线性度、灵敏度、分辨力和迟滞性等。

2.1.1　线性度

实际情况下传感器的静态输出并非直线而是曲线。在实际工作中，为使仪表具有均匀刻度的读数，常用一条拟合直线近似地代表实际的输出特性曲线，线性度就是这个近似程度的一个性能指标。所以线性度被定义为传感器的输出量与输入量之间的关系曲线偏离理想直线的程度，又称为非线性误差。如不考虑迟滞等因素，一般传感器的输入-

输出特征关系可用 n 次多项式表示为

$$y = a_0 + a_1 x + a_2 x^2 + a_3 x^3 + a_n x^n \tag{2-1}$$

式中，x 为传感器输入量；y 为传感器输出量；a_0 为零输入时的输出，也称为零位输出；a_1 为传感器线性系数，也称为线性灵敏度；a_2，$\cdots$，a_n 为非线性系数。

在不考虑零位输出的情况下，传感器的线性度可分为以下几种情况。

1. 理想线性特性

当式(2-1)中 a_1 为常数，而 $a_0 = a_2 = a_3 = \cdots = a_n = 0$ 时，有

$$y = a_1 x \tag{2-2}$$

式(2-2)称为理想线性特性，如图 2-2(a)所示。这时传感器的线性最好，也是最希望传感器所具有的特性。具有该特性的传感器的灵敏度为式(2-2)的斜率，即 $k_y = a_1$。

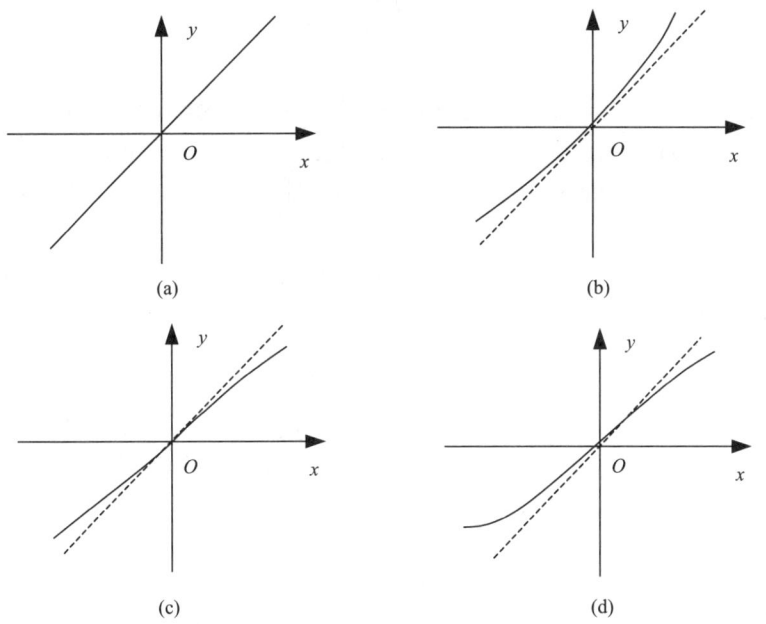

图 2-2 传感器的线性度

2. 仅有偶次非线性项

传感器的输入-输出特性为

$$y = a_0 + a_2 x^2 + a_4 x^4 + \cdots + a_{2n} x^{2n} \tag{2-3}$$

由于没有对称性，此特性线性范围较窄，线性度较差，如图 2-2(b)所示，一般传感器设计很少采用这种特性。

3. 仅有奇次非线性项

传感器的输入-输出特性为

$$y = a_1 x + a_3 x^3 + a_5 x^5 + \cdots + a_{2n+1} x^{2n+1} \tag{2-4}$$

此传感器特性相对于坐标原点对称，其线性范围较宽，线性度较好，如图 2-2(c)所示，是比较接近理想直线的非线性特性。

4. 普遍情况

一般情况下，传感器的输入-输出特性为

$$y = a_1 x + a_2 x^2 + a_3 x^3 + a_n x^n \tag{2-5}$$

如图 2-2(d)所示。

在实际使用非线性传感器时，如果非线性项的次数不高，则在输入量变化范围不大的情况下，可采用直线近似地代替实际输入-输出特性曲线的某一段，使传感器的非线性特性得到线性化处理，这里所采用的直线称为拟合直线。实际输入-输出特性曲线与拟合直线的最大相对误差，就是非线性误差，用 δ_f 表示，即

$$\delta_f = \pm \frac{\Delta L_{\max}}{Y_{FS}} \times 100\% \tag{2-6}$$

式中，$\Delta L_{\max}$ 为实际曲线和拟合直线间的最大偏差；Y_{FS} 为满量程输出(FS 是英文 full scale(满量程)的缩写)。传感器测量范围的输出上限值 $y_{\max}$ 与下限值 $y_{\min}$ 的代数差称为量程，而传感器所能测量到的最小输入量 $x_{\min}$ 与最大输入量 $x_{\max}$ 之间的范围称为传感器的测量范围。

目前常用的拟合方法有理论拟合、过零旋转拟合、端点拟合、端点平移拟合及最小二乘拟合等，如图 2-3 所示，图中实线是传感器实际输入-输出特性曲线，虚线为拟合直线。

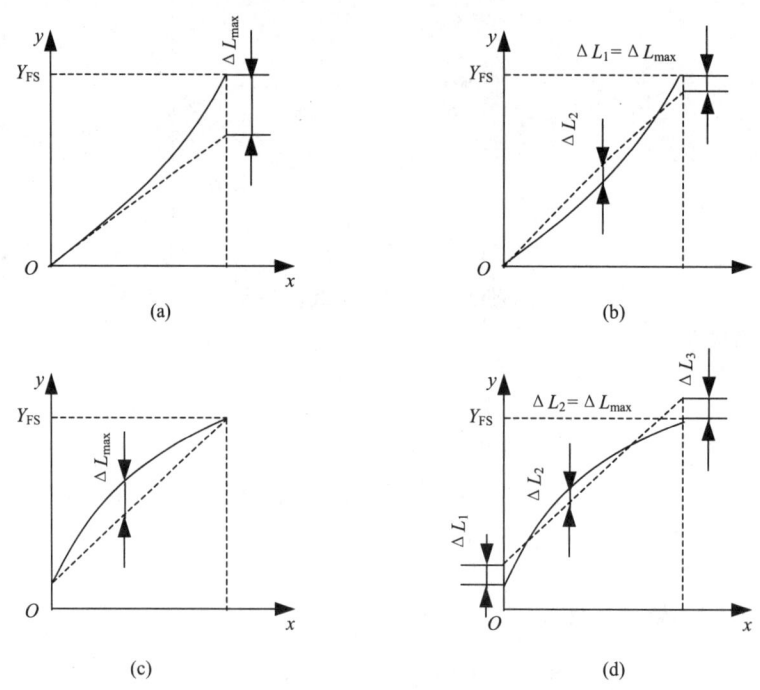

图 2-3 非线性传感器的线性拟合

在图 2-3(a)所示曲线中，拟合直线表示传感器的理论特性，与实际测试值无关，这种方法称为理论拟合，应用十分简便，但一般来说，ΔL_{max}很大。图 2-3(b)为过零旋转拟合，常用于校正特性曲线过零的传感器。拟合时，$\Delta L_2 = \Delta L_1 = \Delta L_{max}$。这种方法也比较简单，非线性误差比前一种的小很多。图 2-3(c)所示的端点拟合，是把实际特性曲线两端点的连线作为拟合直线来实现拟合的。这种方法比较简便，但是 ΔL_{max} 较大。图 2-3(d)是在图 2-3(c)的基础上将直线平移，称为端点平移拟合。移动距离为图 2-3(c)所示的 ΔL_{max}的 1/2。这条特性曲线分布于拟合直线的两侧，使 $\Delta L_1 = \Delta L_2 = \Delta L_3 = \Delta L_{max}/2$，与图 2-3(c)相比，非线性误差减小了 1/2，提高了精度。

最小二乘拟合是选取在量程范围内与特性曲线上各点的偏差平方和最小的直线作为拟合直线的方法，这种拟合方法有严格的数学依据，尽管计算过程复杂，但得到的拟合直线精度高、误差小。

最小二乘法的拟合曲线可表示为

$$y = b + kx \tag{2-7}$$

式中，b 和 k 分别表示拟合直线的截距和斜率。b 和 k 可根据下述计算求得。

若实际校准测试点有 n 个，则第 i 个校准数据与拟合直线上相应值之间的偏差为

$$\Delta L_i = y_i - (b + kx_i) \tag{2-8}$$

最小二乘法的原理就是使偏差平方和最小，即

$$\sum_{i=1}^{n} \Delta L_i^2 = \sum_{i=1}^{n} [y_i - (kx_i + b)]^2 = \min \tag{2-9}$$

对式(2-9)求 k 和 b 的一阶偏导数并令其等于零，即可求得 k 和 b。

$$\frac{\partial}{\partial k} \sum_{i=1}^{n} \Delta L_i^2 = 2 \sum_{i=1}^{n} [y_i - (kx_i + b)](-x_i) = 0 \tag{2-10}$$

$$\frac{\partial}{\partial b} \sum_{i=1}^{n} \Delta L_i^2 = 2 \sum_{i=1}^{n} [y_i - (kx_i + b)](-1) = 0 \tag{2-11}$$

$$k = \frac{n \sum_{i=1}^{n} x_i y_i - \sum_{i=1}^{n} x_i \sum_{i=1}^{n} y_i}{n \sum_{i=1}^{n} x_i^2 - (\sum_{i=1}^{n} x_i)^2} \tag{2-12}$$

$$b = \frac{\sum_{i=1}^{n} x_i^2 \sum_{i=1}^{n} y_i - \sum_{i=1}^{n} x_i \sum_{i=1}^{n} x_i y_i}{n \sum_{i=1}^{n} x_i^2 - (\sum_{i=1}^{n} x_i)^2} \tag{2-13}$$

在获得 k 和 b 的值后代入式(2-7)即可得到最小二乘法拟合直线，然后按照式(2-8)求

出偏差的最大值 $\Delta L_{\max}$，即可算出非线性误差。

2.1.2 灵敏度和精度

灵敏度(sensitivity)是指传感器在稳态工作情况下输出量变化与输入量变化的比值，是输出输入特性曲线的斜率。灵敏度的表达式为

$$K = \frac{\Delta y}{\Delta x} \tag{2-14}$$

对于线性传感器，其灵敏度为常数，也就是传感器特性曲线的斜率。对于非线性传感器，灵敏度是变量，其表达式为 $K=dy/dx$。

一般要求传感器的灵敏度高且在满量程内是常数。提高灵敏度，可以提高测量精度(accuracy)。精度是指测量结果的可靠程度，是测量中各类误差的综合反映，测量误差越小，传感器的精度越高。传感器的精度用其量程范围内的最大基本误差与满量程输出之比的百分数表示，其基本误差是传感器在规定的正常工作条件下所具有的测量误差，由系统误差和随机误差两部分组成，如用 S 表示传感器的精度，则有

$$S = \frac{\Delta S}{Y_{FS}} \times 100\% \tag{2-15}$$

式中，ΔS 为测量范围内允许的最大基本误差；Y_{FS} 为满量程输出。

工程技术中为简化传感器精度的表示方法，引用了精度等级的概念。精度等级以一系列标准百分比数值分挡表示，代表传感器测量的最大允许误差。如果传感器的工作条件偏离正常工作条件，还会带来各种附加误差，其中温度附加误差就是最主要的附加误差。

虽然灵敏度的提高有利于提高测量精度，但是灵敏度也不能过高，否则测量范围会变窄，稳定性也会变差。

2.1.3 分辨力和阈值

传感器能够检测到的输入量最小变化量的能力称为传感器的分辨力(resolution)。一般传感器在满量程范围内各点的分辨力并不相同，常用满量程中能使输出量产生阶跃变化的输入量中的最大变化值作为衡量分辨力的指标。对于部分传感器，如电位器式传感器，当输入量连续变化时，输出量只做阶梯变化，则分辨力就是输出量的每个阶梯所代表的输入量的大小。对于数字式仪表，分辨力就是仪表指示值的最后一位数字所代表的值。当被测量的变化量小于分辨力时，数字式仪表的最后一位数不变，仍指示原值。当分辨力以其占满量程输出的百分数表示时则称为分辨率。

阈值(threshold)是指能使传感器的输出端产生可测变化量的最小被测输入量值，即零点附近的分辨力。有的传感器在零位附近有严重的非线性，形成所谓死区(dead band)，则可将死区的大小作为阈值；更多情况下，阈值主要取决于传感器噪声的大小，因此有的传感器只给出噪声电平。

2.1.4 迟滞性

传感器的迟滞性(hysteresis)表明在相同工作条件下做全测量范围校准时在同一次校准中对应同一输入量的正行程和反行程输出值间的最大偏差，如图 2-4 所示。

迟滞大小一般由实验方法测得。迟滞误差以正、反向输出量的最大偏差与满量程输出之比的百分数表示，即

$$\delta_H = \pm \frac{\Delta H_{max}}{Y_{FS}} \quad (2\text{-}16)$$

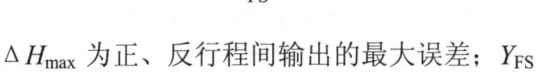

图 2-4 迟滞性

式中，ΔH_{max} 为正、反行程间输出的最大误差；Y_{FS} 为满量程输出。

迟滞现象的存在是由于传感器在结构和制造工艺上存在一定缺陷。传感器材料的物理性质是产生迟滞的主要因素。例如，将一定的应力施于弹性材料时，弹性材料会产生形变，应力消失后，弹性材料仍有保持原状的趋势而不能完全恢复原状。又如，铁电材料在外加电场作用下会产生迟滞现象。此外，传感器结构存在不可避免的缺陷，如摩擦、磨损、间隙、松动、积尘等，均是产生迟滞现象的重要因素。

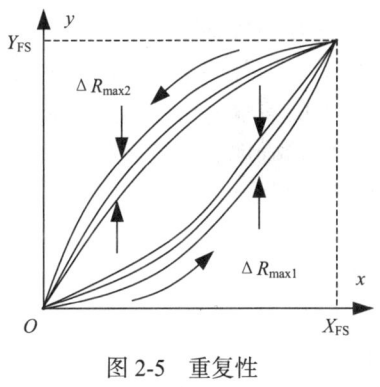

图 2-5 重复性

2.1.5 重复性

重复性(repeatability)指在同一工作条件下，传感器在输入量按同一方向作全量程连续多次变动时所得特性曲线不一致的程度。特性曲线越接近，重复性能越高，随机误差就越小。图 2-5 所示为输出特性曲线的重复特性，正行程中最大重复性误差为 ΔR_{max1}，反行程中最大重复性误差为 ΔR_{max2}。取这两个最大偏差中的较大者为 ΔR_{max}，再以其占满量程输出的百分数表示，就是重复误差，即

$$\delta_k = \pm \frac{\Delta R_{max}}{Y_{FS}} \times 100\% \quad (2\text{-}17)$$

重复性是传感器精密性的重要指标。同时，重复性的好坏也与许多随机因素有关，它属于随机误差，要用统计规律确定。

2.1.6 稳定性

传感器的稳定性(stability)表示传感器在一个较长的时间内保持其性能参数的能力。

理想状态下传感器的特性参数是不随时间变化的。但在实际状态下，随着时间的推移，大多数传感器的特性会发生一定程度的改变。这是因为传感器的敏感部件或构成传感器的部件，其特性会随时间变化而发生老化等现象，从而影响传感器的稳定性。

2.1.7 漂移

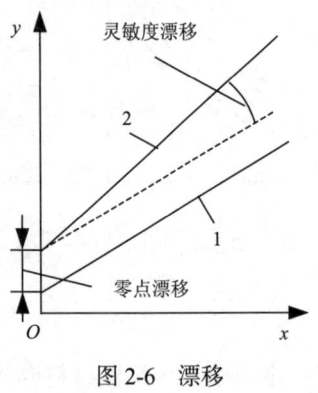

图 2-6 漂移

传感器的漂移(drift)是指在外界的干扰下，在一定时间间隔内，传感器输出量发生与输入量无关的变化。漂移量的大小也是衡量传感器稳定性的重要性能指标。传感器的漂移有时会导致整个测量或控制系统瘫痪。

漂移包括零点漂移和灵敏度漂移等，如图 2-6 所示，虚线为理想输入–输出曲线，曲线 1 为零点漂移曲线，曲线截距的偏移即为零点漂移。曲线 2 为灵敏度漂移曲线，曲线斜率发生变化，即灵敏度漂移。

零点漂移和灵敏度漂移又可分为时间漂移和温度漂移。时间漂移是指在规定的条件下，零点或灵敏度随时间缓慢变化；温度漂移则是由温度变化引起的。

2.2 传感器的动态特性

传感器的输入信号变化时输出信号随时间变化而相应变化的过程称为响应。传感器的动态特性是指传感器对变化输入量的响应特性。动态特性好的传感器，当输入信号随时间变化时，传感器能及时精确地跟踪输入信号，并按照输入信号的变化规律产生输出信号。传感器输入信号的变化缓慢时，是最容易跟踪的。但随着输入信号的变化加快，传感器的及时跟踪性能会逐渐下降，通常要求传感器不仅能精确地显示被测量的大小，还能复现被测量随时间变化的规律，这也是传感器的重要特性之一。

2.2.1 传感器的动态数学模型

1. 微分方程

传感器的动态特性与其输入信号的变化形式密切相关，在研究传感器动态特性时，通常根据不同输入信号的变化规律考察传感器响应。实际应用中，传感器可以在一定的精度及工作范围内保持线性特性，因此可以作为线性系统处理。线性系统的数学模型为常系数线性微分方程：

$$a_n \frac{d^n y(t)}{dt^n} + a_{n-1} \frac{d^{n-1} y(t)}{dt^{n-1}} + \cdots + a_1 \frac{dy(t)}{dt} + a_0 y(t) \\ = b_m \frac{d^m x(t)}{dt^m} + b_{m-1} \frac{d^{m-1} x(t)}{dt^{m-1}} + \cdots + b_1 \frac{dx(t)}{dt} + b_0 x(t) \tag{2-18}$$

式中，常系数 a_n，a_{n-1}，$\cdots$，a_1，a_0 和 b_n，b_{n-1}，$\cdots$，b_1，b_0 均为传感器参数。

求解出微分方程的解就能够得到系统的瞬态响应和稳态响应。微分方程的通解是系统的瞬态响应，特解是系统的稳态响应。

2. 传递函数

对于一些较复杂的系统，求解微分方程比较麻烦，可采用拉普拉斯(Laplace)变换将实数域的微分方程变换成复数域的代数方程，这样可使运算简化，求解相对容易。

在初始值为零的条件下对式(2-18)进行拉普拉斯变换得

$$(a_n \cdot s^n + a_{n-1} \cdot s^{n-1} + \cdots + a_1 \cdot s + a_0)Y(s) \\ = (b_m \cdot s^m + b_{m-1} \cdot s^{m-1} + \cdots + b_1 \cdot s + b_0)X(s) \tag{2-19}$$

式中，$X(s)$ 和 $Y(s)$ 分别是传感器输入信号 $x(t)$ 和输出信号 $y(t)$ 的拉普拉斯变换；S 为拉普拉斯算符。定义传感器输出信号的拉普拉斯变换与输入信号的拉普拉斯变换之比为系统的传递函数，并记为 $H(s)$。即

$$H(s) = \frac{Y(s)}{X(s)} = \frac{b_m \cdot s^m + b_{m-1} \cdot s^{m-1} + \cdots + b_1 \cdot s + b_0}{a_n \cdot s^n + a_{n-1} \cdot s^{n-1} + \cdots + a_1 \cdot s + a_0} \tag{2-20}$$

可见传递函数以代数式的形式表征传感器系统对输入信号的传输、转换特性，它包含了瞬态和稳态时间响应的全部信息。而式(2-18)则是以微分方程的形式表征传感器系统对输入信号的传输、转换特性。因此，传递函数与微分方程两者表达的信息是一致的，只是表达的数学形式不同。在数学运算上，求解传递函数比求解微分方程要简便。

3. 频率响应函数

实际传感器输入信号随时间变化的形式可能是多种多样的，典型的输入信号是阶跃信号和正弦信号。这两种信号在物理上容易实现，也便于计算求解。

输入信号为阶跃信号时，传感器的响应称为阶跃响应或瞬态响应，它是指传感器在瞬变的非周期信号作用下的响应；输入信号为正弦信号时，传感器的响应称为频率响应或稳态响应，它是指传感器在振幅稳定不变的正弦信号作用下的响应。在工程上所遇到的各种非电信号的变化曲线都可以展开成傅里叶级数，即可用一系列正弦曲线的叠加来实现原曲线。因此，当知道传感器对正弦信号的响应特性后，便可判断其对复杂变化曲线的响应。

对动态特性研究的频率响应法是采用谐波输入信号分析传感器的频率响应特性，即从频域角度研究传感器的动态特性。

将频率为 ω 的谐波信号 $x(t) = X_0 \cdot e^{j\omega t}$ 输入式(2-18)所描述的传感器线性系统，在稳定状态下，根据线性系统的频率保持特性，可知该传感器的输出响应仍然是一个频率为 ω 的谐波信号，只是其幅值和相位与输入信号有所不同，其输出信号可写成 $y(t) = Y_0 \cdot e^{j(\omega t + \varphi)}$。

将输入和输出信号代入式(2-18)，并整理可得

$$[a_n \cdot (j\omega)^n + a_{n-1} \cdot (j\omega)^{n-1} + \cdots + a_1 \cdot (j\omega) + a_0] Y_0 \cdot e^{j(\omega t + \varphi)}$$
$$= [b_m \cdot (j\omega)^m + b_{m-1} \cdot (j\omega)^{m-1} + \cdots + b_1 \cdot (j\omega) + b_0] X_0 \cdot e^{j\omega t} \tag{2-21}$$

令频率响应函数为

$$H(j\omega) = \frac{Y_0 \cdot e^{j(\omega t + \varphi)}}{X_0 \cdot e^{j\omega t}} = \frac{Y_0}{X_0} e^{j\varphi} \tag{2-22}$$

可见频率响应函数的物理意义是：当频率为 ω 的正弦信号作为某一线性传感器系统的输入时，该传感器在稳定状态下的输出和输入之比，反映了输出信号与输入信号之间的关系随频率变化的特性。

对于稳定系统，令拉普拉斯算符 $S=j\omega$，由式(2-20)传递函数可得频率响应函数：

$$\begin{aligned} H(j\omega) &= \frac{Y(j\omega)}{X(j\omega)} \\ &= \frac{b_m(j\omega)^m + b_{m-1}(j\omega)^{m-1} + \cdots + b_1(j\omega) + b_0}{a_n(j\omega)^n + a_{n-1}(j\omega)^{n-1} + \cdots + (j\omega) + a_0} \end{aligned} \tag{2-23}$$

从形式上看，频率响应函数 $H(j\omega)$ 是 $s=j\omega$ 时的传递函数 $H(s)$，故 $H(j\omega)$ 是 $H(s)$ 的一个特例。但 $H(s)$ 的输入并不限于正弦激励，它不仅决定了系统的稳态性能，同时也决定了瞬态性能；$H(j\omega)$ 是在谐波激励下，系统稳定后的输出与输入之比。

频率响应函数是复函数，将频率响应函数改写为

$$H(j\omega) = H_R(\omega) + jH_I(\omega) = A(\omega)e^{-j\varphi(\omega)}$$

式中，

$$\begin{cases} A(\omega) = |H(j\omega)| = \sqrt{[H_R(\omega)]^2 + [H_I(\omega)]^2} \\ \varphi(\omega) = -\arctan[H_I(\omega)/H_R(\omega)] \end{cases} \tag{2-24}$$

$A(\omega)$ 称为传感器的幅频特性，表示输出与输入幅值之比随频率的变化，也称为动态灵敏度。$\varphi(\omega)$ 称为传感器的相频特性，表示输出超前输入的角度，通常输出总是滞后于输入，故总是负值。

综上所述，传感器系统和传感器输入输出信号的动态数学模型可由图 2-7 表示。输入输出信号和传感器传递函数三者之中，知道其中任意两个，就可以方便地求出第三个。

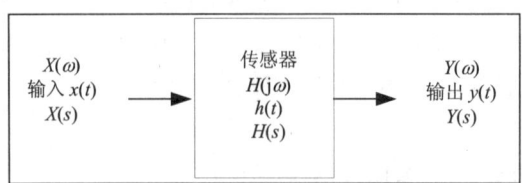

图 2-7　传感器系统和输入输出信号的动态数学模型

2.2.2 典型传感器的动态特性分析

常见的传感器都是典型的线性零阶传感器、一阶传感器或二阶传感器。本节将简要介绍零阶传感器和一阶传感器的动态特性分析。

1. 零阶传感器的动态特性分析

当传感器的一般微分方程式(2-18)中的各阶微分项为零时,即零阶传感器。零阶传感器的数学模型为

$$y = \frac{b_0}{a_0}x = Kx \tag{2-25}$$

其传递函数为

$$H(s) = \frac{Y(s)}{X(s)} = \frac{b_0}{a_0} = K \tag{2-26}$$

式中,K 为传感器的静态灵敏度。可见零阶传感器无论输入随时间怎样变化,其输出总与输入成确定比例关系,在时间上不滞后,幅角等于零,动态特性理想。实际应用中,许多高阶传感器在输入变化缓慢、频率不高时,都可近似地以零阶处理。

电位器式电阻传感器是典型的零阶传感器。电位器是一种把机械的线位移或角位移输入量转换为与它成一定函数关系的电阻或电压输出的传感元件。电位器式电阻传感器如图 2-8 所示,L 为可变电阻的总长度,x 为实际测量位置处可变电阻的长度。根据欧姆定理可得输出信号为

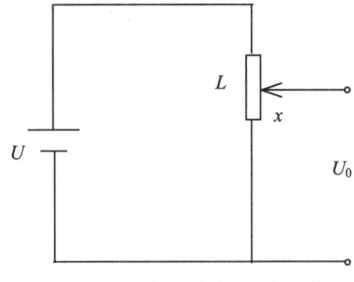

图 2-8 电位器式电阻传感器

$$U_0(t) = \frac{U}{L}x(t) = Kx(t) \tag{2-27}$$

可见电位器式电阻传感器的输入量 $x(t)$ 无论随时间如何变化,输出量幅值总是与输入量成确定的比例关系,也不产生时间上的滞后。零阶传感器的输出信号时间函数与输入信号时间函数相同,不产生动态误差。

2. 一阶传感器的动态特性分析

热电偶、液体温度传感器、某些气体传感器等都是典型的一阶传感器。一阶传感器的微分方程为

$$a_1 \frac{dy}{dt} + a_0 y = b_0 x \tag{2-28}$$

或

$$\frac{a_1}{a_0}\frac{dy}{dt} + y = \frac{b_0}{a_0}x \tag{2-29}$$

式中，$a_1/a_0 = \tau$ 为时间常数；$b_0/a_0 = K$ 为静态灵敏度。在线性系统中，K 为常数，由于 K 的大小仅表示当输入为静态量时输出与输入之间放大的比例关系，并不影响对系统动态特性的研究，所以为讨论问题方便对灵敏度进行归一化处理，即令 $K=1$。归一化处理后，对式(2-29)两边进行拉普拉斯变换得

$$(\tau s + 1)Y(s) = X(s) \tag{2-30}$$

其传递函数为

$$H(s) = \frac{Y(s)}{X(s)} = \frac{1}{\tau s + 1} \tag{2-31}$$

得到一阶传感器的微分方程和传递函数后，就可以研究其阶跃响应特性和频率响应特性。

1) 一阶传感器的单位阶跃响应

当给静止的传感器输入一个单位阶跃信号时，传感器的输出就是单位阶跃响应。对传感器的突然加载和卸载就属于阶跃输入。

单位阶跃信号为

$$u(t) = \begin{cases} 0 & (t<0) \\ 1 & (t \geq 0) \end{cases} \tag{2-32}$$

对单位阶跃信号作拉普拉斯变换：

$$X(s) = L[u(t)] = \frac{1}{s} \tag{2-33}$$

故有

$$Y(s) = H(s)X(s) = \frac{1}{s(\tau s + 1)} \tag{2-34}$$

求拉普拉斯逆变换输出信号

$$y_u(t) = 1 - e^{-t/\tau} \tag{2-35}$$

单位阶跃信号及其一阶传感器输出信号如图 2-9 所示。可见随着时间推移，输出信号接近于 1，时间常数 τ 是决定响应速度的重要参数。

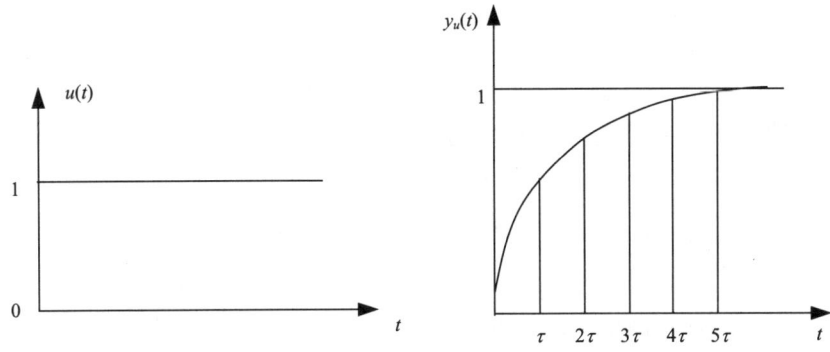

图 2-9　单位阶跃信号及其一阶传感器输出信号

2) 一阶传感器的频率响应

设传感器的输入信号频率为 ω，将 $s=j\omega$ 带入式(2-31)，可得一阶传感器的频率响应函数为

$$H(j\omega) = \frac{1}{1+j\omega\tau} \tag{2-36}$$

幅频特性和相频特性分别为

$$A(\omega) = |H(j\omega)| = \frac{1}{\sqrt{1+(\omega\tau)^2}} \tag{2-37}$$

$$\varphi(\omega) = \arctan(-\omega\tau) \tag{2-38}$$

相应的幅频特性和相频特性曲线如图 2-10 所示。当 $\omega=1/\tau$ 时，$A(\omega)=0.707(-3\text{dB})$，相位滞后 45°。只有当 $\omega \ll 1/\tau$ 时，幅频特性才接近于 1。故一阶系统只用于缓态低频信号的测量。反映一阶传感器的动态性能的指标参数是时间常数 τ，时间常数 τ 越小，传感器的频率特性越好。

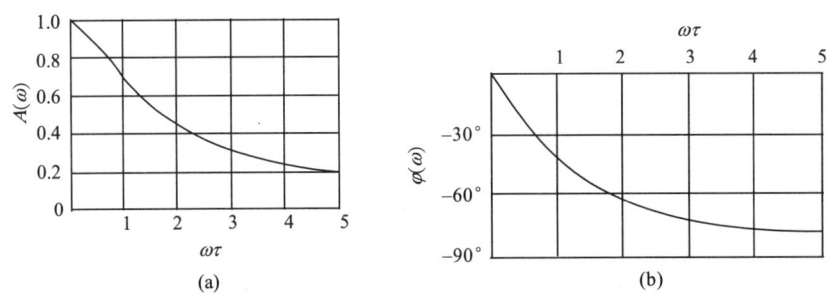

图 2-10　一阶传感器的幅频特性和相频特性曲线

传感器要实现动态测试不失真，幅频特性和相频特性应满足下列要求：

$$A(\omega) = 常数 \tag{2-39}$$

$$\varphi(\omega) = 0 \text{ 或者 } \varphi(\omega) = -t_0\omega \tag{2-40}$$

式中，负号表示相位滞后；t_0 为常数。

从一阶传感器的幅频曲线看，要完全满足理论上的动态测试不失真是不可能的，只能要求在近似不失真的某一频率范围内，幅值误差不超过某一限度。

定义传感器对某一频率为 ω 的信号测试后的幅值误差为

$$\delta = |1 - A(\omega)| = \left| 1 - \frac{1}{\sqrt{(\tau\omega)^2 + 1}} \right| \tag{2-41}$$

一般在没有特别指明精度要求的情况下，传感器只要是在幅值误差不超过 5%的频段范围内工作，就可以认为满足动态测试要求。

第3章 温度传感器

学习目标

通过本章的学习,掌握常见温度传感器的工作原理、基本结构、特性参数、误差补偿方法以及转换电路的相关知识。

学习要求

(1) 掌握热电偶的工作原理、温度补偿方法和测量定律。
(2) 掌握常用热电阻的材料、测温范围以及测量电路。
(3) 掌握热敏电阻不同类型的特点及应用场合,温度特性、测温范围以及测量电路。
(4) 了解热辐射温度传感器的工作原理、基本结构和应用特点。

简介

温度是反映物体冷热程度的物理参数。温度与人类生活息息相关。在人类社会中,工业、农业、商业、科研、国防、医学及环保等部门都与温度有着密切的关系。在工业生产自动化流程中,一半左右的测量点都是温度测量点。温度的测量离不开温度传感器。

温度传感器是一类开发最早,应用最广的传感器。17 世纪初,伽利略发明了温度计,人们便开始利用温度进行测量。不同物质具有不同的物理特性,温度往往与这些特性有着密切的关系。温度传感器就是利用物理特性随温度变化的规律把温度变化转换为电量变化的传感器。1821 年,德国物理学家泽贝克(Seebeck)发明了热电偶传感器,真正实现把温度变成电信号。50 年后,另一位德国人西门子(Siemens)发明了铂电阻温度传感器。在半导体技术的支持下,人们在 20 世纪相继开发了半导体热电偶传感器、PN 结温度传感器和集成温度传感器。根据波与物质的相互作用规律,还相继开发了声学温度传感器、红外传感器和微波传感器。

本章将逐一介绍热电偶、电阻式温度传感器、半导体 PN 结型成温度传感器,以及热辐射温度传感器等。图 3-1 就是生产中经常用到的各种温度传感器。

(a)空气温度传感器

(b)土壤温度传感器

图 3-1 常用的温度传感器

3.1 热电偶温度传感器

3.1.1 热电偶的基本原理

热电偶在温度测量中应用极为广泛,因为它构造简单,使用方便,能直接进行温度-电势转换,具有高准确度和宽测量范围等优点。常用的热电偶可测温度范围为–50~1600℃。若配用特殊材料其温度范围可扩大为–180~2000℃。

1. 热电效应

热电偶的基本工作原理是基于物体的热电效应。1821年,泽贝克发现在两种不同的金属所组成的闭合回路中,接触处的温度不同时,回路中产生热电势,称为泽贝克电势。这个物理现象称为热电效应。

如图3-2所示,两种不同的导体热电极A、B组成闭合回路。A、B导体有两个端点,一个称为工作端或热端(T),测温时将它置于被测温度场中;另一个称为自由端,也称为参考端(T_0),工作时将冷端置于某一恒定温度,该温度一般低于工作端温度,所以常称为冷端。由这两种不同导体组合并将温度转换成热电势的传感器叫做热电偶。热电势的大小与两种导体材料的性质及接点温度有关。通常热电势表示为

$$E_{AB}(T,T_0) = \int_{T_0}^{T} a_{AB} dT \tag{3-1}$$

式中,a_{AB} 为热电势率或泽贝克系数,是热电材料的重要性能参数之一。当热电偶自由端的温度 T_0 保持一定时,热电动势的方向和大小仅与工作端的温度有关,即热电动势是工作端温度的函数,这便是热电偶测温的物理基础。

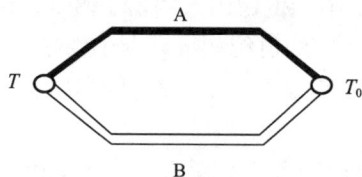

图3-2 热电偶结构原理

研究指出,热电势 $E_{AB}(T, T_0)$ 由两种导体的接触电势[也称佩尔捷(Peltier)电势]和单一导体的温差电势[也称汤姆孙(Thomson)电势]两部分组成。

2. 接触电势

如图3-3所示,两种不同的导体A和B相互接触,由于不同导体内自由电子的密度不同,在两导体A和B的接触处会发生自由电子的扩散现象。假设导体A、B的自由电子密度分别为 n_A 和 n_B,并且 $n_A>n_B$。自由电子将从密度大的导体A扩散到密度小的导体B,使A失去电子带正电,B得到电子带负电。直至在接点处建立了强度充分的电场,能够阻止电子扩散最终达到动态平衡。两种不同导体的接点处产生的电动势称为接触电势,又称佩尔捷电势,此效应称为佩尔捷效应。

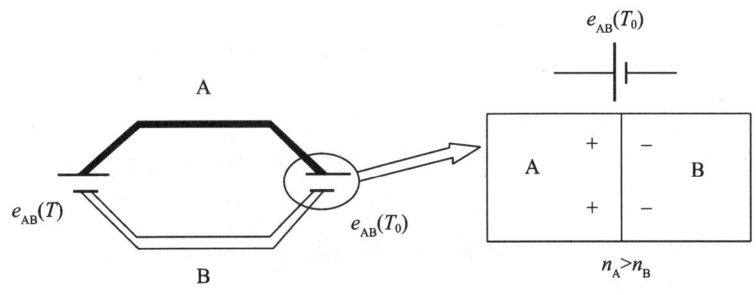

图 3-3 不同导体接触电势

接触电势的大小与两导体材料性质和接触点的温度有关，其数量级为 $10^{-2} \sim 10^{-3}$V，用符号 $e_{AB}(T)$ 和 $e_{AB}(T_0)$ 表示。根据电子理论，冷热端的接触电势大小分别为

$$e_{AB}(T) = \frac{kT}{e}\ln\frac{n_A}{n_B}, \quad e_{AB}(T_0) = \frac{kT_0}{e}\ln\frac{n_A}{n_B} \tag{3-2}$$

式中，k 为玻尔兹曼常数，$k=1.38\times10^{-23}$J/K；e 为电子基本电量，e=1.6×10^{-19}C。由式(3-2)可以看出，当 A、B 材料相同，即 $n_A=n_B$ 时，接触电势 $e_{AB}=0$。所以热电偶必须由两种不同的导体组成。

由于冷热端产生的接触电势方向相反，故回路的总接触电势为

$$e_{AB}(T) - e_{AB}(T_0) = \frac{kT}{e}\ln\frac{n_A}{n_B} - \frac{kT_0}{e}\ln\frac{n_A}{n_B} = \frac{k}{e}(T-T_0)\ln\frac{n_A}{n_B} \tag{3-3}$$

如果两接触点温度相同，即 $T=T_0$，尽管两接触点处都存在接触电势，但回路中总接触电势等于零。

3. 温差电势

假设在一匀质棒状导体的一端加热，则沿此棒状导体有温度梯度，导体内自由电子将从温度高的一端向温度低的一端扩散，并在温度较低一端积累，高温端因失去电子而带正电，低温端因获得多余电子而带负电，使棒内建立起一电场。当电场对电子的作用力与扩散力平衡时，扩散作用即停止。电场产生的电势称为温差电势或汤姆孙电势，如图 3-4 所示。此效应称为汤姆孙效应。

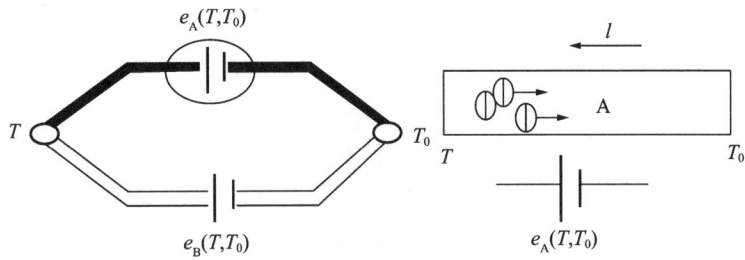

图 3-4 温差电势原理图

当匀质导体两端的温度分别是 T、T_0 时，导体 A、B 中产生的温差电势分别为

$$e_A(T,T_0) = \int_{T_0}^{T} \sigma_A dT, \quad e_B(T,T_0) = \int_{T_0}^{T} \sigma_B dT \tag{3-4}$$

式中，σ_A、σ_B 分别为导体 A 和 B 的温差系数，亦称电偶常数。温差系数表示温差为 1℃时所产生的电动势值。通常规定，当电流方向与导体温度降低的方向一致时，温差系数取正值；当电流方向与导体温度升高的方向一致时，温差系数取负值。

对于导体 A、B 组成的热电偶回路，当接点温度 $T > T_0$ 时，回路的总温差电势等于导体温差电势的代数和，即

$$e_A(T,T_0) - e_B(T,T_0) = \int_{T_0}^{T} \sigma_A dT - \int_{T_0}^{T} \sigma_B dT = \int_{T_0}^{T} (\sigma_A - \sigma_B) dT \tag{3-5}$$

如果热电偶两个电极材料相同，即 $\sigma_A = \sigma_B$，那么无论两端温差多大，热电偶回路中也不会产生温差电势。温差电势一般比接触电势小得多，其数量级为 10^{-5} V。

4. 热电势

综上所述，热电极 A、B 两导体组成的热电偶回路有两个接触电势和两个温差电势，如图 3-5 所示。当接点温度 $T > T_0$ 时，其总热电势为

$$\begin{aligned}
E_{AB}(T,T_0) &= e_{AB}(T) - e_{AB}(T_0) + \int_{T_0}^{T} (\sigma_A - \sigma_B) dT \\
&= [e_{AB}(T) + \int_{T_0}^{T} (\sigma_A - \sigma_B) dT] - [e_{AB}(T_0) + \int_{T_0}^{T} (\sigma_A - \sigma_B) dT] \\
&= E_{AB}(T) - E_{AB}(T_0)
\end{aligned} \tag{3-6}$$

式中，$E_{AB}(T)$ 为热端的分势电势；$E_{AB}(T_0)$ 为冷端的分势电势。

由上述分析可得，当满足以下两个条件时，才能形成热电偶并产生热电势。

(1) 如果热电偶的两个电极材料相同，即 $n_A = n_B$，$\sigma_A = \sigma_B$，即使两接点温度不同，那么热电偶回路内的总热电势也为零，因此，热电偶必须采用两种不同材料作为热电极。

(2) 如果热电偶两接点温度相等，即 $T = T_0$，尽管导体 A、B 的材料不同，热电偶回路内的总热电势也为零，因此热电偶的热端和冷端两个接点必须具有不同的温度。

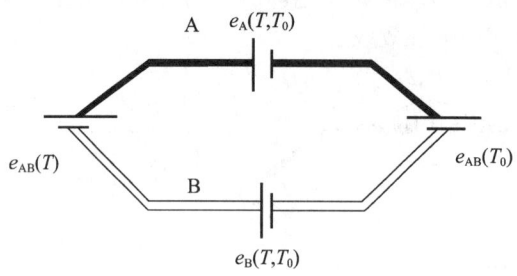

图 3-5 热电偶回路热电势

热电偶回路热电势 $E_{AB}(T, T_0)$ 与两导体材料，两接点温度 T、T_0 有关，当材料确定后，回路的热电势是两个接点温度函数之差，即

$$E_{AB}(T,T_0) = E(T) - E(T_0) \tag{3-7}$$

当自由端温度 T_0 固定不变时,则 $E(T_0)=C$(常数),此时 $E_{AB}(T, T_0)$ 就是工作端温度 T 的函数,即

$$E_{AB}(T,T_0) = E(T) - C \tag{3-8}$$

由此可知,$E_{AB}(T, T_0)$ 和 T 有单值对应关系,这就是热电偶测温的基本公式。

在实际测量中无需单独测量接触电势和温差电势,而只需测出总热电势,由于温差电势与接触电势相比较小,故在传感检测中可认为热电势近似等于接触电势。

3.1.2 热电偶的基本定律

热电偶的基本定律是通过对热电偶的电阻、电流和电动势的关系反复试验,在理论上深入研究论证得出的工作规律。

1. 均质导体定律

两种均质导体组成的热电偶,其电势大小与热电极直径、长度及沿热电极长度上的温度分布无关,只与热电极材料和两端温度有关。

如果材质不均匀,则当热电极上各处温度不同时,将产生附加热电势,造成无法估计的测量误差,因此,热电极材料的均匀性是衡量热电偶质量的重要指标之一。

单一的均匀导体构成的热电偶闭合回路(即满足 $\sigma_A=\sigma_B$,$n_A=n_B$),无论冷、热端的温差多大都不会产生热电动势,因此可以检验热电极材料的均匀性。用检流计与热电偶电极丝首尾相接,在电极丝的任意位置加温,观察检流计的指针是否摆动。指针摆动,说明回路中有热电动势,说明该电极丝材料不均匀。

2. 中间导体定律

用热电偶测量温度时,回路中总要接入仪表和连接导线,即插入第三种材料。

在热电偶回路中接入中间导体(第三种导体),只要中间导体两端温度相同,中间导体的引入对热电偶回路总电势没有影响,这就是中间导体定律。

因此,可以将毫伏表(一般用铜线)接入热电偶回路,并保证两个接点温度一致,就可对热电势进行测量,而不影响热电偶的输出,如图 3-6 所示。

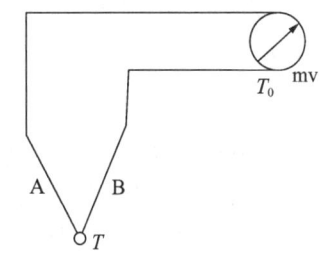

图 3-6 热电偶回路热电势的测量

3. 中间温度定律

热电偶在接点温度为 T、T_0 时的热电势等于该热电偶在接点温度为 (T, T_n) 和 (T_n, T_0) 时相应的热电势的代数和,即

$$E_{AB}(T,T_0) = E_{AB}(T,T_n) + E_{AB}(T_n,T_0) \tag{3-9}$$

式中,T_n 为中间温度。

热电偶测温在实用中通常不是利用公式计算的,而是完全建立在利用实验热特性和一些热电定律的基础上通过查热电偶分度表确定的。热电偶分度表的制定以中间温度定律为理论基础。工程上广泛使用的热电偶分度表和根据分度表刻画的测温显示仪表的刻度,都是根据冷端温度为 0℃ 而制作的。因此,当使用热电偶测量温度时,如果冷端温

度保持 0℃，则通过测得热电势值，查相应的分度表，即可得到准确的温度值(本章附录列出了几种热电偶的分度表)。但在实际测试中，冷端往往不是 0℃，这时就需要利用中间温度定律修正测量的结果。

3.1.3 热电偶的冷端误差及补偿措施

热电偶 AB 闭合回路的总热电势 $E_{AB}(T, T_0)$ 是两个接点温度 (T, T_0) 的函数。但是，通常要求测量的是一个热源的温度，或两个热源的温度差。因此在实际测量时，必须保持其中一端(冷端)的温度恒定，其输出的热电势才与测量端(热端)的温度一一对应。

由 3.1.2 节可知，固定端的温度一般为 0℃，但在实际测量中，热电偶的两端距离很近，冷端温度受热源温度或周围环境温度的影响，并不一定为 0℃，因此将引入误差。为了消除或补偿这个误差，常采用以下几种补偿方法。

1. 0℃恒温法

这种方法是将热电偶的冷端直接放置在 0℃恒温容器内，不需要考虑冷端温度补偿或修正。为了获得 0℃的温度条件，一般用纯净的水和冰混合，在一个大气压下冰水共存时，它的温度即为 0℃。

0℃恒温法是一种准确度很高的冷端处理方法，但使用起来比较麻烦，需保持冰水两相共存，故只适用于实验室，工业生产现场使用极不方便。

2. 热电势修正法

在实际使用中，热电偶冷端保持 0℃比较麻烦，但可以将其保持在某一恒温下，置热电偶冷端在一恒温箱内。此时可以采用冷端温度热电势修正方法。

根据中间温度定律：

$$E_{AB}(T,0) = E_{AB}(T,T_n) + E_{AB}(T_n,0) \tag{3-10}$$

当冷端温度 $T_n \neq 0℃$ 而为某一恒定值时，由冷端温度而引入的误差值 $E_{AB}(T_n, 0)$ 是一个常数，而且可以由分度表上查得其电势值。测得的热电势值 $E_{AB}(T, T_n)$ 加上 $E_{AB}(T_n, 0)$ 值，就可获得冷端为 0℃时的热电势值 $E_{AB}(T, 0)$，经查热电偶分度表，即可得到被测热源的真实温度 T。

【例 3-1】 用镍铬–镍硅热电偶测炉温。当冷端温度 $T_0=30℃$ 时，测得热电势 $E(T, T_0)=39.17\text{mV}$，则实际炉温是多少？

解：由 $T_0=30℃$ 查分度表得 $E(30, 0)=1.2\text{mV}$，则

$$E(T, 0) = E(T, 30) + E(30, 0)$$
$$= 39.17 + 1.2 = 40.37(\text{mV})$$

再用 40.37mV 查分度表得 977℃，即实际炉温为 977℃。若直接用测得的热电势 39.17mV 查分度表则其值为 946℃，产生 31℃的测量误差。

3. 补偿系数修正法

利用中间温度定律求 $T_n \neq 0℃$ 时热电动势方法较精确但过程烦琐，因此工程上常采用补偿系数修正法。设冷端温度为 T_0，仪表测得的温度为 T_1，则被测的真实温度为

$$T = T_1 + kT_0 \tag{3-11}$$

式中，k 为热电偶的修正系数，取决于热电偶种类和被测温度范围。表 3-1 为常见热电偶铂铑 10–铂(S)和镍铬–镍硅(K)的修正系数表。

例 3-1 中测得炉温为 946℃(39.17mV)，冷端温度为 30℃，查热电偶修正系数表 $k=1.00$，则 $T=946+1\times30=976(℃)$。与用热电势修正法所得结果相比，只差 1℃。因此这种方法在工程上应用较为广泛。

表 3-1 常见热电偶修正系数表

温度 T/℃	修正系数 k	
	铂铑 10–铂(S)	镍铬–镍硅(K)
100	0.82	1.00
200	0.72	1.00
300	0.69	0.98
400	0.66	0.98
500	0.63	1.00
600	0.62	0.96
700	0.60	1.00
800	0.59	1.00
900	0.56	1.00
1000	0.55	1.07
1100	0.53	1.11
1200	0.53	—
1300	0.52	—
1400	0.52	—
1500	0.53	—
1600	0.53	—

4．补偿电桥法

热电偶在实际测温中，冷端一般暴露在空气中，受到周围介质温度波动的影响。它的温度不可能恒定或保持 0℃不变，不宜采用修正法，可用电桥补偿法。

电桥补偿法是用电桥的不平衡电压(补偿电势)消除热电偶因冷端温度变化而引起的热电势变化值，这种装置称为冷端温度补偿器，如图 3-7 所示。E 是电桥的电源，R_S 为限流电阻，U 为仪表所测量的电压值。

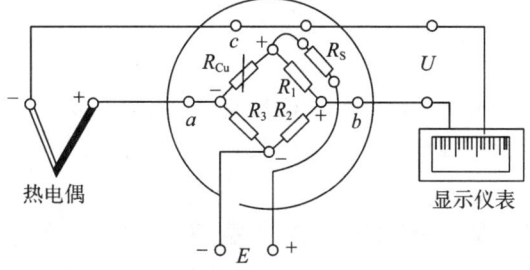

图 3-7 冷端温度补偿电桥

补偿电桥与热电偶冷端处于相同的环境温度下,其中三个桥臂电阻 R_1、R_2 和 R_3 用温度系数近似为零的锰铜绕制,其阻值几乎不随温度变化。另一桥臂 R_{Cu} 为补偿桥臂,用铜导线绕制,其阻值随温度升高而增大。使用时选取 R_{Cu} 的阻值,使电桥在某一温度时处于平衡状态,即 $R_{Cu}=R_1=R_2=R_3$,电桥输出 $U_{ba}=0$。当环境温度升高时,冷端温度随之升高,R_{Cu} 的阻值随着增大,电桥失去平衡,电桥输出 U_{ba} 也随着增大,而热电偶的热电势 U_{ac} 却随着冷端温度的升高而减小。如果热电偶热电势的减少量等于电桥输出的增加量,那么输出电压值 $U(U=U_{ba}+U_{ac})$ 的大小就不随冷端温度而变化。这就相当于将冷端恒定在电桥平衡点温度,因此起到冷端温度变化自动补偿的作用。

在有补偿电桥的热电偶电路中,冷端温度若在 20℃时补偿电桥处于平衡,只要在回路中加入相应的修正电压,或调整指示装置的起始位置,就可达到完全补偿的目的,准确测出冷端为 0℃时的输出。

5. 延引热电极法

一般恒温装置或补偿器距被测对象较远,需要很长的热电极把冷端引到这些装置中,这对于贵金属热电偶是很不经济的。可以用比较便宜的、在 0~100℃温度范围内热电性质与工作热电偶相近的导线代替负金属热电极。这种导线常称为延引电极、冷端延长线或冷端补偿导线。补偿导线可选用直径粗、导电系数大的材料制作,以减小补偿导线的电阻的影响。采用的补偿导线的热电特性和工作热电偶的热电特性相近。补偿导线产生的热电势应等于工作热电偶在此温度范围内产生的热电势,如图 3-8 所示,$E_{AB}(T_0',T)=E_{A'B'}(T_0',T)$,这样测量时将会很方便。

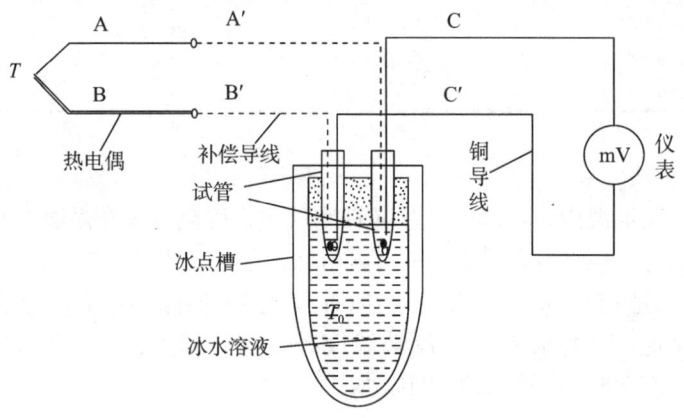

图 3-8 延引热电极法原理图

说明:

(1) 不同的热电偶必须选用相应的补偿导线;

(2) 延伸导线和热电极连接处两接点的温度必须相同,而且不可超过规定的温度范围(一般为 0~100℃);

(3) 采用延伸导线只是移动了冷端点的位置,当该处温度不为 0℃时,仍需进行冷端温度补偿。

3.1.4 常用热电偶特性与结构

热电极材料的基本要求：热电特性稳定，即热电势与温度的对应关系不会变动；热电势要足够大，这样易于测量热电势，且可得到较高测量范围；热电势与温度为单值关系，最好成线性关系，或简单的函数关系；电阻温度系数和电阻率要小，否则热电偶的电阻将随工作端温度有较大的变化，进而影响测量结果的准确性；物理性能稳定，化学成分均匀，不易氧化和腐蚀；材料的复制性好；材料的机械强度要高。

常用热电偶可分为标准热电偶和非标准热电偶两大类。所谓标准热电偶，是指国家标准规定了其热电势与温度的关系、允许误差，并有统一的标准分度表的热电偶，有与其配套的显示仪表可供选用。非标准化热电偶在使用范围或数量级上均不及标准化热电偶，一般也没有统一的分度表，主要用于某些特殊场合的测量。我国从 1988 年 1 月 1 日起，标准化热电偶和热电阻全部按国际电工委员会(IEC)国际标准生产。目前，国际电工委员会(IEC)推荐了 8 种类型的热电偶作为标准化热电偶，即 T 型、E 型、J 型、K 型、N 型、B 型、R 型和 S 型。

1. 常用热电偶的特性

虽然许多金属相互结合组成回路都会产生热电效应，但是能做成适于测温的实用热电偶还为数不多。我国把性能符合专业标准或国家标准并具有统一分度表的热电偶材料称为定型热电偶材料，热电偶的种类及技术特性如表 3-2 所示。

表 3-2 目前常用的热电偶种类及其特性

热电偶名称	IEC分度号	国家分度号 新	国家分度号 旧	热电极性 极性	热电极性 识别	测温上线 长期	测温上线 短期	适用范围
铂铑10-铂	S	S	LB-3	正 负	较硬 柔软	1300	1600	适用于氧化性气体中测温，不推荐在还原性气体中使用，但短期内可用于真空中测量
铂铑30-铂铑6	B	B	LL-2	正 负	较硬 稍软	1600	1800	适用于氧化性气体中测量，温度性好，测温高，自由端在0100内可以不用补偿导线，不推荐在还原性气体中使用，但短期内可用于真空中测量
镍铬-镍硅(镍铬-镍铝)	K	K	EV-2	正 负	不亲磁 稍亲磁	1100	1300	适用于氧化和中性气体中测量，不推荐在还原性气体中使用，可短期在还原气体中使用，但必须加密封管保护
铜-康铜	T	T	CK	正 负	红色 银白色	300	450	适用于范围内测温，测温精度高，稳定性好，低温时灵敏度高，价格低廉
铂铑13-铂铑	T	T	—	正 负	— —	1300	1600	适用于氧化性气体中测量，不推荐在还原气体中使用，但短期内可用于真空中测量
铁-康铜	J	J	—	正 负	— —	—	—	适用于氧化和还原性气体中测量，亦可在中性气体和真空中测量，稳定性好，灵敏度高，价格低廉
镍铬-康铜	E	E	—	正 负	— —	—	—	适用于氧化和弱化还原性气体中测量，稳定性好，灵敏度高，价格低廉

目前工业上常用的标准化热电偶有 4 种，即铂铑 10-铂、铂铑 30-铂铑 6、镍铬-镍硅、镍铬-镍铝热电偶。热电偶在工业测温中占了很大的比重，因为其信号可远距离传输，

控制使用,并且比压力式温度传感器响应时间少,测温范围广。但其热电势与温度之间成非线性关系,精度比热电阻低,而且在同样条件下,热电偶接点容易老化,冷端需要补偿。

2. 热电偶结构

热电偶结构也很多,除了普通型,还有铠装(也称为缆式)热电偶、薄膜热电偶等。在辐射检测中,采用多个热电偶组成热电堆,构成热量型检测器,实现将辐射热转换为相应的电信号。

1) 普通热电偶

工业上常用的普通热电偶已做成标准形式,其结构如图 3-9 所示,由热电极 1、绝缘套管 2、保护套管 3、接线盒 4 和盒盖 5 组成。常用于测量气体、蒸汽和各种液体等介质的温度。根据测量温度范围选取不同型号的热电偶。

2) 铠装热电偶

铠装热电偶又称为缆式热电偶,是由热电极、绝缘材料(通常为电熔氧化镁)和金属保护套组成,其结构比较特殊,可做得很细、很长,可以弯曲等。其外径可小到 1~3mm,热电极直径为 0.2~0.8mm。实物图如图 3-10 所示。

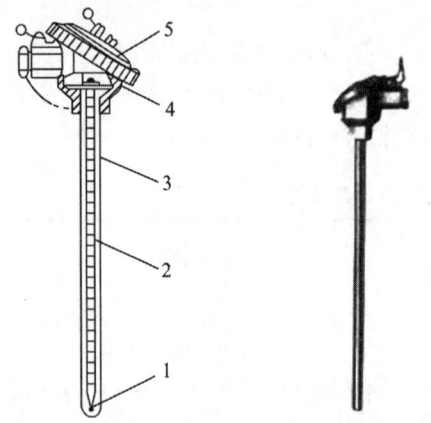

图 3-9 普通热电偶结构示意图和实物图

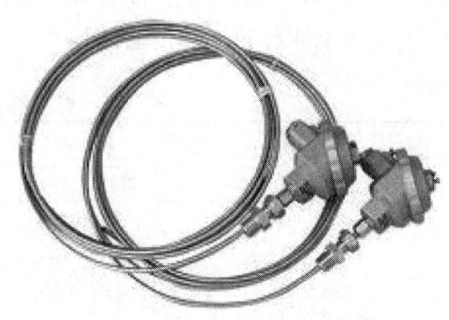

图 3-10 铠装热电偶实物图

铠装热电偶种类繁多,可做成单芯、双芯和四芯。主要特点是测量端热容量小,动态响应快,强度高。根据测量温度和环境,可选用不同形式的测量端。其测量端的形式可分为露头型、接壳型和绝缘型,见表 3-3。

表 3-3 铠装热电偶形式及特点

序号	测量端形式	特点
a	露头型	时间常数小,适用于良好的气氛,寿命短
b	接壳型	时间常数较露头型大,适用于较坏的气氛
c	绝缘型	时间常数较接壳型大,适用于较恶劣的气氛,寿命长

3) 薄膜热电偶

薄膜热电偶结构可分为片状、针状等形式。常用的片状低温热电偶,其外形与应变片相似,测温范围为-200~300℃。由热电极、衬底和接头夹组成。采用真空蒸镀(或真空溅射)、化学涂层和电镀等工艺制成。因镀层很薄(厚度可达 0.010μm),测表面温度时不影响被测表面的温度分布,其本身热容量小,故动态响应快,适合测量微小面积的瞬时变化的温度,是一种理想的表面测温热电偶。此外,将热电极直接蒸镀在被测表面而构成的热电偶,更是一种响应快,时间常数可达微秒级的更理想的表面测温热电偶。

图 3-11 为铁–镍片状薄膜热电偶。它的热电极由铁膜–镍膜组成,厚度为 36μm,测温范围为 0~300℃,时间常数小于 0.001s。

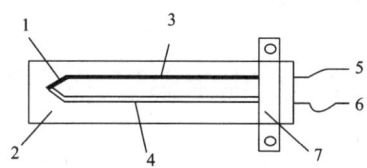

图 3-11 铁-镍片状薄膜热电偶

1-测量端接点;2-基底;3-铁膜;4-镍膜;5-铁丝;6-镍丝;7-接头夹具

3.1.5 热电偶测温线路

热电偶测温时,与其配套的仪表有动因式仪表、自动电子电位差计、示波器和数字式测温仪表以及自动记录仪表等。

在测温准确度要求不高的场合,可用动因式仪表(如毫伏表)直接与热电偶连接,如图 3-12 所示。这种连接方式简单,价格便宜,但需注意的是,仪表中流过的电流不仅与热电偶的热电势大小有关,还与测温回路的总电阻有关,因此要求测温回路总电阻为恒定值。

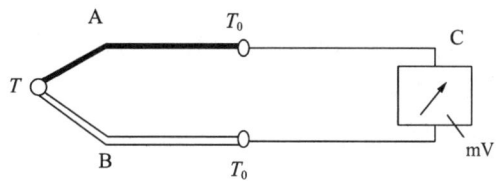

图 3-12 热电偶测温线

为了提高灵敏度,可采用同一型号的热电偶,在冷端和热端保持温度为 T 和 T_0 的情况下串联使用,如图 3-13 所示。显然,这种线路的总热电势为单支热电偶热电势的 n 倍,即

$$E_G = E_1 + E_2 + \cdots + E_n = nE \tag{3-12}$$

这种线路使灵敏度提高,相对误差减小,但由于元件增多,若其中一个热电偶断路,则整个线路不能工作。如果被测介质温度面积较大,也可采用若干个同型号的热电偶并联使用,如图 3-14 所示。该测温线路可测出各点温度的算术平均值。其缺点是其中某一热电偶断路时,不能及时发现。

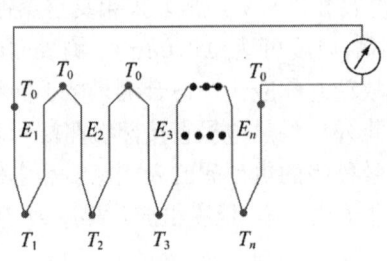
图 3-13 热电偶串联测温线路

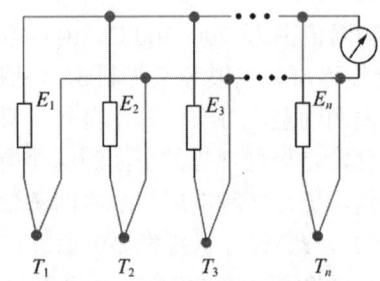
图 3-14 热电偶并联测温线路

3.2 热电阻温度传感器

大多数金属导体和半导体的电阻率都随温度发生变化。热电阻温度传感器利用感温电阻把待测温度转化成测量电阻的电阻式测温系统，常用于测量 200~500℃ 范围内的温度。热电阻传感器分为金属热电阻和半导体热电阻两大类，一般把金属热电阻称为热电阻，而把半导体热电阻称为热敏电阻。用金属导体或半导体制成的传感器，分别称为金属电阻温度计和半导体电阻温度计。随着科学技术的发展，热电阻的应用范围已扩展到 1~5K 的超低温领域，同时在 1000~1200℃ 温度范围内也有足够好的特性。

3.2.1 金属热电阻温度传感器

1. 金属热电阻的材料及工作原理

大多数金属导体的电阻都具有随温度变化的特性，其特性方程式如下：

$$R_t = R_0[1 + \alpha(t - t_0)] \tag{3-13}$$

式中，R_t，R_0 分别为热电阻在 t 和 t_0 时的电阻值；α 为热电阻的电阻温度系数，单位为 1/℃；t 为被测温度，单位为℃。

由式(3-13)可知，只要 α 保持不变(常数)，则金属电阻 R_t 将随温度线性变化，其灵敏度 S 为

$$S = \frac{1}{R_0} \cdot \frac{dR_t}{dt} = \frac{1}{R_0} \cdot R_0 \alpha = \alpha \tag{3-14}$$

由此可知，热电阻的电阻温度系数 α 越大，灵敏度 S 就越高。纯金属的电阻温度系数为(0.3~0.6)%/℃。对于绝大多数金属导体，电阻温度系数 α 并不是一个常数，而是温度的函数。但在一定的温度范围内，可近似地看做一个常数。不同的金属导体，电阻温度系数 α 保持常数所对应的温度范围不同。故在实际的测量中需根据测温范围选择适合的测温材料。

一般来说，选作热电阻的金属导体材料应满足以下要求。

(1) 金属热电阻材料的电阻温度系数 α 要越大越好，α 越大灵敏度 S 就越高。纯金属的 α 比合金的高，所以一般均采用纯金属作热电阻元件。

(2) 在所要求的测温范围内,金属热电阻材料的物理、化学性质应稳定。

(3) 在所要求的测温范围内,电阻温度系数 α 应保持常数,便于实现温度表的线性特性。

(4) 金属热电阻材料应具有比较大的电阻率,以便于减少热电阻的体积,减小热惯性。

(5) 金属热电阻材料特性要求复现性好,容易复制。

比较适合以上要求的金属材料有铂、铜、铁和镍。铁和镍这两种金属的电阻温度系数较高,电阻率较大,故可做成体积小、灵敏度高的电阻温度计,但容易氧化、化学稳定性差、不易提纯、复制性差,而且电阻值与温度的线性关系差,因此目前应用不多。在金属热电阻中应用最多的是铂和铜,下面分别讲述。

1) 铂热电阻

由于铂具有较好的稳定性和较高的测量精度,故主要将其用于高精度的温度测量和标准测温装置。铂电阻温度计的使用范围是–200~850℃,铂热电阻和温度的关系如下。

在 0~850℃ 的范围内:

$$R_t = R_0(1 + At + Bt^2) \tag{3-15}$$

式中,R_t 为温度 t 时的阻值;R_0 为温度 0℃时的阻值;A、B 是常数。

在 –200~0℃ 的范围内:

$$R_t = R_0[1 + At + Bt^2 + C(t-100)t^3] \tag{3-16}$$

定义电阻的温度系数 α 为

$$\alpha = \frac{R_t - R_0}{\Delta t \cdot R_0} \tag{3-17}$$

式中,R_t 为温度 t 时的阻值;R_0 为温度 0℃时的阻值;Δt 为温度差值,$\Delta t = t - 0℃$,A、B、C 为常数,对于不同型号的元件,取值有所差别。

铂电阻的纯度通常用百度电阻比 $W(100)$ 表示,即

$$W(100) = \frac{R_{100}}{R_0} \tag{3-18}$$

式中,R_{100} 表示在水沸点(100℃)时的铂电阻的阻值;R_0 表示在水冰点(0℃)时的铂电阻的阻值;目前技术水平已达到 99.9995%,与之相应的铂纯度 $W(100)=1.3930$;工业用铂纯度 $W(100)=1.387\sim1.39$。

对于 $W(100)=1.391$ 的铂电阻,有

$A=3.96847\times10^{-3}/℃$,$B=-5.847\times10^{-7}/℃^2$,$C=-4.22\times10^{-12}/℃^4$

对于 $W(100)=1.389$ 的铂电阻,有

$A=3.94851\times10^{-3}/℃$,$B=-5.851\times10^{-7}/℃^2$,$C=-4.04\times10^{-12}/℃^4$

对于满足上述关系的热电阻,其温度系数 α 约为 $3.90\times10^{-3}/℃$。

2) 铜热电阻

铜热电阻的温度系数比铂大,在测量精度要求不是很高,测量范围较小的情况下,经常采用。铜丝可用来制造–50~150℃范围内的工业用电阻温度计。在此温度范围内线性关系好,可表示为

$$R_t = R_0(1+\alpha t) \tag{3-19}$$

铜电阻具有较高的电阻温度系数:$\alpha=(4.25\sim4.28)\times10^{-3}/℃$,因此灵敏度比铂电阻高;且容易得到高纯度铜材料,复制性能好。但铜易于氧化,一般只用于150℃以下的低温测量和没有水分及无侵蚀性介质的温度测量。

2. 金属热电阻的结构

热电阻的结构比较简单,一般将电阻丝绕在云母、石英、陶瓷、塑料等绝缘骨架上,经过固定,外面再加上保护套管,其结构如图3-15所示。

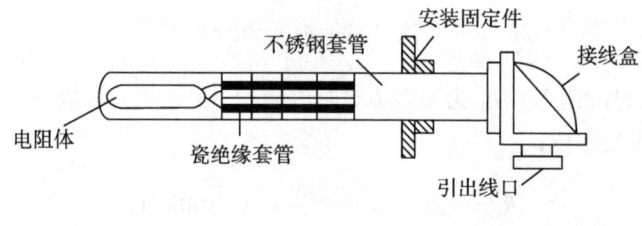

(a) 整体结构

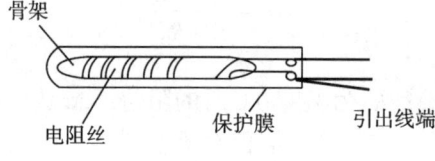

(b) 电阻体

图 3-15 热电阻的结构

1) 电阻丝

由于铂的电阻率较大,相对机械强度较大,通常铂丝的直径为$(0.03\sim0.07)$mm$\pm$0.005mm,可单层绕制。若铂丝太细,则电阻体可做得小,但强度低;若铂丝粗,则强度大,但电阻体增大,相应热惰性增大,故其成本高。由于铜的机械强度较低,电阻丝的直径需较大,一般为(0.1 ± 0.005)mm 的漆包铜线或丝包线分层绕在骨架上,并涂上绝缘漆而成。由于铜电阻的温度低,故可以重叠多层绕制,一般多用双绕法,即两根丝平行绕制,在末端把两个头焊接起来,这样工作电流从一根热电阻丝进入,从另一根丝反向出来,形成两个电流方向相反的线团,其磁场方向相反,产生的电感就互相抵消,故又称为无感绕法。这种双绕法也有利于引线的引出。

2) 骨架

热电阻丝绕制在骨架上，骨架用来支持和固定电阻丝。

骨架性能的好坏，将影响热电阻测量精度、体积大小和使用寿命。对骨架的要求是：①电绝缘性能好；②在高、低温下有足够的机械强度，在高温下有足够的刚度；③体膨胀系数要小，在温度变化后不给热电阻丝造成压力；④物理化学性能稳定，不对电阻丝产生化学作用。

常用的骨架材料是云母、石英、陶瓷、玻璃及塑料等。

3) 引出线

引出线的直径应当比热电阻丝大几倍，尽量减小引出线的电阻，增加引出线的机械强度和连接的可靠性。对于工业用的铂热电阻，一般采用 1mm 的银丝作为引出线。对于标准的铂热电阻则可采用 0.3mm 的铂丝作为引出线，对于铜热电阻则常用 0.5mm 的铜线。

在骨架上绕制好热电阻丝，并焊好引线之后，在其外面加上云母片进行保护，再装入外保护套管中，并和接线盒或外部导线相连接，即得到热电阻传感器。

3. 金属热电阻的测量电路

电阻温度计的测量电路常用的是电桥电路，精度较高的是自动电桥。由于热电阻本身的阻值较小，随温度变化而引起的电阻变化值更小。因此，在传感器与测量仪器之间的引线过长会引起较大的测量误差。为了减小或消除引出线电阻的影响，在实际应用时，通常采用所谓的二线、三线或四线制的方式，如图 3-16 所示。

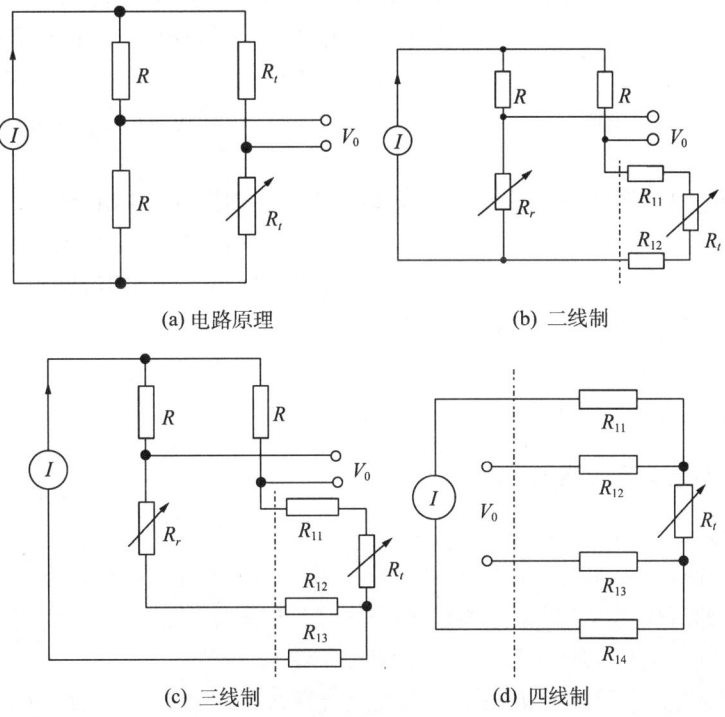

图 3-16 热电阻传感器的测量电路

在图 3-16(a)所示的电路原理图中，两个固定电阻 R、可调电阻 R_r 和待测铂电阻 R_t 构成电桥，电桥输出电压 V_0 为

$$V_0 = \frac{I}{2} \times \frac{2R}{2R + R_t + R_r}(R_t - R_r) \tag{3-20}$$

当 $R \gg R_t$、R_r 时，有

$$V_0 = \frac{I}{2}(R_t - R_r) \tag{3-21}$$

式中，I 为恒流源输出电流值。测试前调节可调电阻 R_r 使电桥保持平衡，当温度发生变化时，待测铂电阻 R_t 阻值随温度发生相应的变化，电桥失去平衡，电桥输出电压 V_0 与待测铂电阻 R_t 阻值一一对应，即与待测温度一一对应，这就是热电阻电桥电路的测温原理。

1) 二线制

二线制的电路如图 3-16(b)所示。这是热电阻最简单的测量电路，但是二线制的测量结果包含了引线电阻和接触电阻的影响，容易产生较大误差。如果采用这种电路进行精密温度测量，整个电路必须在待测温度范围内进行校准。

2) 三线制

三线制的电路如图 3-16(c)所示。这是热电阻最实用的测量电路，三线制的接入电路由于考虑了引线电阻和接触电阻带来的影响，对引线电阻和接触电阻采用了补偿法，使测量结果不包含引线电阻和接触电阻，可得到较高的测量精度。三线制采用补偿法时，引入了一个假设，就是假设三根线的电阻和连接的接触电阻相等。实际应用中，取相同线材和相同长度，注意减小接触电阻，该假设基本能够符合，可以较准确地补偿线路电阻。否则，三线制同样会受线路电阻及接触电阻的影响。这种测量方式可取得较高的精度。

3) 四线制

四线制的电路如图 3-16(d)所示。这是热电阻最高精度的测量电路。图中 R_{11}、R_{12}、R_{13} 和 R_{14} 都是引线电阻和接触电阻。R_{11} 和 R_{12} 在恒流源回路，不会引入误差。R_{13} 和 R_{14} 则在高输入阻抗的仪器放大器的回路中，也不会带来误差。所以四线制测量结果根本不受线路电阻的影响，这种测量方式精度最高。

注意在实际使用中，上述三种热电阻传感器的测量电路的输出，都需要后接高输入阻抗、高共模抑制比的仪器放大器，用于提高输出信号的信噪比。

3.2.2 半导体热敏电阻传感器

一般来说，半导体比金属具有更大的电阻温度系数。

电阻型半导体热敏器件即热敏电阻，其常用的半导体材料有铁、镍、锰、钴、铜、铣、镁、铜等的氧化物或其他化合物，根据产品性能的不同，由不同的配比烧结而成。

热敏电阻同其他传统测温元件相比具有以下特点。

(1) 灵敏度高。半导体的电阻温度系数比金属大，一般是金属的十几倍，因此可大大降低对仪器、仪表的要求。

(2) 体积小、热惯性小、结构简单。可根据不同要求，制成各种形状。

(3) 化学稳定性好，机械性能好，价格低廉，寿命长。

(4) 热敏电阻的缺点是复现性和互换性差，非线性严重。测温范围较窄，目前只能达到–50~300℃。

1. 热敏电阻的特性

热敏电阻的主要特性包括温度特性和伏安特性。

1) 温度特性

热敏电阻按其温度性能可分为负温度系数(negative temperature coefficient，NTC)型热敏电阻、正温度系数(positive temperature coefficient，PTC)型热敏电阻和临界温度(critical temperature resistor，CTR)型热敏电阻三种。NTC 型热敏电阻是指随温度上升电阻呈指数关系减小、具有负温度系数的热敏电阻。PTC 型热敏电阻是指电阻率随温度升高而增大的热敏电阻，当环境温度超过一定的温度(居里温度)时，它的电阻值随着温度的升高呈阶跃性的增高。CTR 型热敏电阻具有负电阻突变特性，在某一温度下，电阻值随温度的增加急剧减小，具有很大的负温度系数。NTC 型、PTC 型、CTR 型三类热敏电阻的特性如图 3-17 所示，半导体热敏电阻就是利用这种性质来测量温度的。

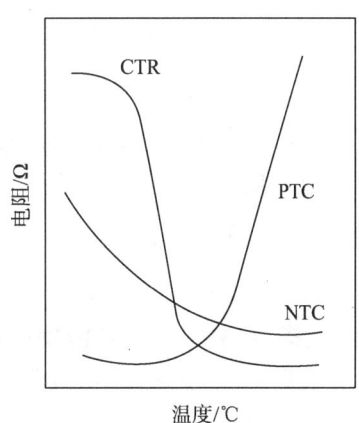

图 3-17 三类热敏电阻的特性

PTC 热敏电阻主要采用 $BaTiO_3$ 系列的材料，当温度超过某一数值时，其电阻值朝正的方向快速变化。其用途主要是彩电消磁，各种电器设备的过热保护，发热源的定温控制，也可以作为限流元件使用。CTR 热敏电阻采用 VO_2 系列的材料，在某个温度值上电阻值急剧变化。其用途主要是温度开关。NTC 热敏电阻具有很高的负电阻温度系数，特别适用于–100~300℃测温。在点温、表面温度、温差、温场等测量中得到日益广泛的应用，同时也广泛应用在自动控制及电子线路的热补偿线路中。

用于测量温度的 NTC 型热敏电阻，其电阻与温度之间的关系曲线是一条指数曲线，可表示为

$$R_T = Ae^{B/T} \tag{3-22}$$

式中，R_T 是温度为 T 时的电阻值；A 是与热敏电阻尺寸、形式以及其半导体物理性能有关的常数；B 是热敏电阻材料常数，与半导体物理性能有关；T 是热敏电阻的热力学温度。

已知 T_1、T_2 对应的电阻为 R_1、R_2，可推出 A、B 常数：

$$B = \frac{T_1 T_2}{T_2 - T_1} \ln \frac{R_1}{R_2}, \quad A = R_1 e^{-B/T_1} \tag{3-23}$$

一般取 T_1=293.15K(20℃)，T_2=373.15K(100℃)，则热敏电阻材料常数为

$$B = 1365\ln\frac{R_{20}}{R_{100}} \tag{3-24}$$

因此对于 NTC 型热敏电阻，其电阻-温度特性关系可以改为

$$R_T = R_0 e^{B\left(\frac{1}{T}-\frac{1}{T_0}\right)} \tag{3-25}$$

式中，R_T、R_0 为温度 T、T_0 时的电阻值；热敏电阻材料常数

$$B = \frac{TT_0}{T_0-T}\ln\left(\frac{R_T}{R_0}\right) \tag{3-26}$$

热敏电阻在其本身温度变化 1℃时，电阻值的相对变化量，称为热敏电阻的温度系数。即

$$\alpha = \frac{1}{R_T}\cdot\frac{dR_T}{dT} = -\frac{B}{T^2} \tag{3-27}$$

若 $B=3727$，$T=323.15\text{K}(50℃)$，则 $\alpha=-3.6\%/℃$。可见，α、B 是表征热敏电阻材料性能的重要参数。热敏电阻的电阻温度系数比金属丝的高很多，所以它的灵敏度相当高。

2) 伏安特性

伏安特性是热敏电阻的重要特性。其定义为在稳态情况下，通过热敏电阻的电流 I 与其两端之间电压 U 的关系，如图 3-18 所示。

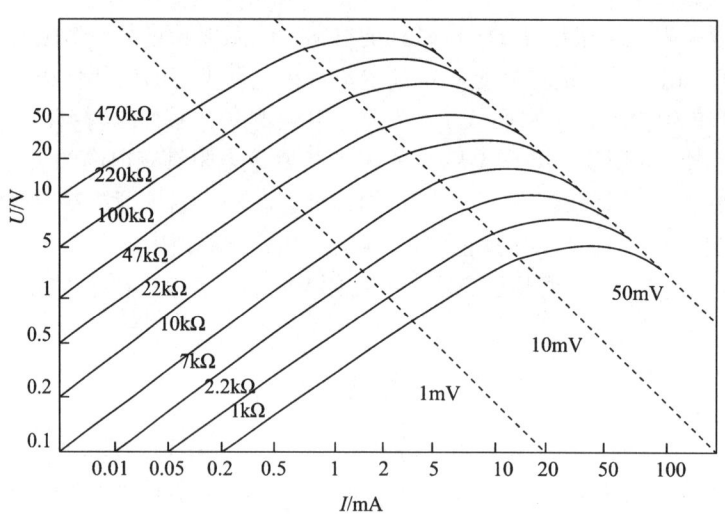

图 3-18 热敏电阻伏安特性

由图 3-18 可见，热敏电阻只是在电流较小范围内符合欧姆定律，即端电压和电流成正比，因为电流较小时，温度没有显著升高，电阻几乎不变。但当电流增大到一定值时，流过热敏电阻的电流使之加热，热敏电阻的温度升高，出现负阻特性。由于电阻减小，即使电流增大，端电压也会下降。热敏电阻的电流所能升高的温度与环境条件有关。因

此,要根据热敏电阻的允许功率来确定电流,在测温中电流不能选得太高。

2. 热敏电阻的主要参数

选用热敏电阻除考虑其特性、结构形式、尺寸、工作温度等以外,还要重点考虑热敏电阻的主要参数,它不仅是设计的主要依据,而且对热敏电阻的正确使用有很强的指导意义。

(1) 标称电阻值 R_H。环境温度为$(25±0.2)$℃时测得的电阻值,又称冷电阻,单位为Ω。

(2) 电阻温度系数 $α$。即热敏电阻的温度变化1℃时电阻值的变化率,通常指温度为20℃时的温度系数,单位为%/℃。

(3) 耗散系数 H。热敏电阻的温度变化与周围介质的温度相差1℃时,热敏电阻所耗散的功率,单位为W/℃。在工作范围内,当环境温度变化时,H 随之而变,此外,H 大小还和电阻体的结构、形状及所处环境(如介质、密度、状态)有关,因为这些会影响电阻体的热传导。

(4) 热容量 C。热敏电阻的温度变化1℃时,所需吸收或释放的能量,单位为J/℃。

(5) 能量灵敏度 G。使热敏电阻的阻值变化1%时所需耗散的功率,单位为W。能量灵敏度 G 与耗散系数 H、电阻温度系数 $α$ 之间的关系如下:

$$G=H/α×100 \tag{3-28}$$

(6) 时间常数 $τ$。它是指温度为 T_0 的热敏电阻,在忽略其通过电流所产生热量的作用下,突然置于温度为 T 的介质中,热敏电阻的温度增量达到 $\Delta T=0.63(T-T_0)$时所需的时间,它与热容量 C 和耗散系数 H 之间的关系如下:

$$τ=C/H \tag{3-29}$$

(7) 额定功率 P。热敏电阻在规定的条件下,长期连续负荷工作所允许的消耗功率,在此功率下,阻体自身温度不会超过其连续工作时所允许的最高温度,单位为W。

3. 热敏电阻的应用电路

由于热敏电阻具有电阻温度系数大、灵敏度高、热容量小、响应速度快,而且分辨率高达 10^{-4}℃等优点,所以应用范围很广,可用于温度测量、温度控制、温度补偿、稳压稳幅、自动增益调整、气体和液体分析、火灾报警、过荷保护等方面。下面介绍热敏电阻的几种主要应用电路。

1) 温度测量

如图 3-19 所示为热敏电阻测温原理图,测温范围为–50~300℃,误差为±0.5℃,图中 S_1 为工作选择开关,"0"、"1"、"2"分别表示电压断开、校正、工作三个状态。工作前根据开关 S_2 选择量程,将开关 S_1 置于"1"处,调节电位计 RW 使检流计 G 指示满刻度,然后将 S_1 置于"2",热敏电阻被接入测量电桥进行测量。

2) 温度补偿及控制

热敏电阻传感器测量温度时,常用的一些连接线等会受温度的变化而产生误差。但这些连接线多数是用金属丝制成的,一般具有正的温度系数,所以可以采用负的温度系数热敏电阻进行补偿,用于抵消温度变化所产生的误差。实际应用时,将负温度系数的热敏电阻与锰铜丝电阻并联后再与被补偿元件串联，如图 3-20 所示。

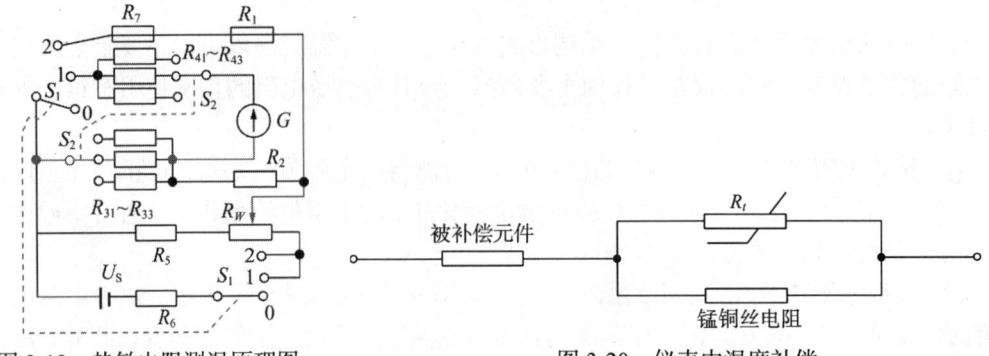

图 3-19　热敏电阻测温原理图　　图 3-20　仪表中温度补偿

用热敏电阻与一个电阻串联，并加上恒定的电压，当周围介质温度升到某一数值时，电路中的电流可以由零点几毫安突变为几十毫安。因此，可以用继电器的热敏电阻代替不随温度变化的电阻。当温度升高到一定值时，继电器动作，继电器的动作反映温度的大小，所以热敏电阻可用作温度控制。

3) 过热保护

过热保护分直接保护和间接保护两种。对小电流场合，可把热敏电阻直接串入负载中，防止过热损坏以保护器件。对大电流场合，可通过继电器、晶体管电路等进行保护。不论哪种情况，热敏电阻都与被保护器件紧密结合，充分热交换，一旦过热，就能起到保护作用。图 3-21 为几种过热保护实例。

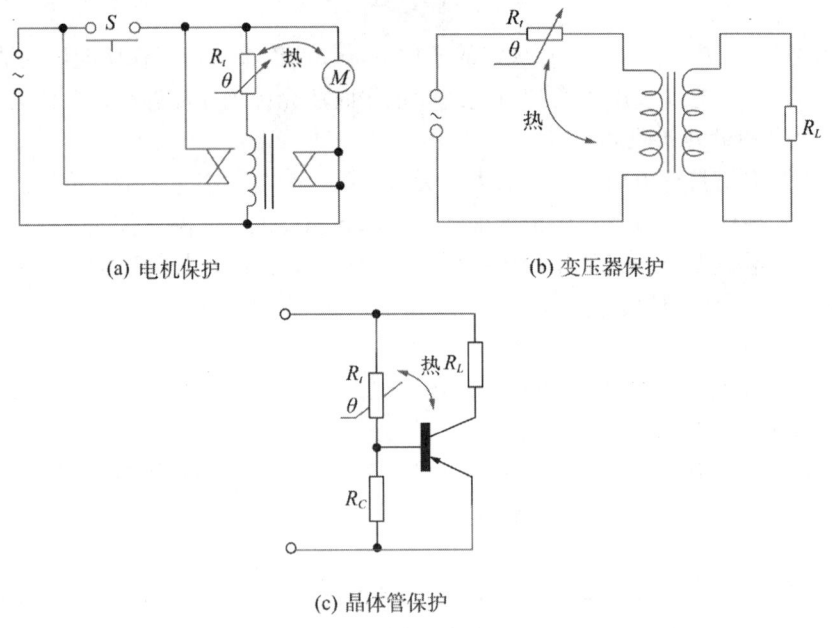

图 3-21　几种过热保护实例

电机保护：当电机 M 正常工作时，流过热敏电阻 R_t 的电流较大，继电器控制开关 S

闭合。当电机过热时，热敏电阻受热超过居里点时，其阻值增大，流过热敏电阻 R_t 的电流急剧减小。当达到保护程度时，继电器就断开开关 S，切断电源，以达到保护的目的。

变压器保护：当负载 R_L 正常工作时，流过的电流不变，热敏电阻阻值无变化。当负载温度 R_L 升高，热敏电阻 R_t 受热时，其阻值增大，流过热敏电阻 R_t 的电流减小。经过变压器变换，流过负载 R_L 的电流也就减小了，以达到保护负载的目的。

晶体管保护：正常工作下，流过负载 R_L 的电流不变。当温度升高，热敏电阻 R_t 受热时，阻值增大，导致流过 R_t 的电流减小，使得 R_C 两端的电压降低，即晶体管基极电压降低，从而流过晶体管集电极的电流减小，即流过负载 R_L 的电流减小，以达到保护负载的目的。

3.3 半导体 PN 结型温度传感器

根据工作原理，半导体热敏器件可分为电阻型和 PN 结型两大类，它们分别以半导体材料的电阻率和 PN 结特性对温度的依赖关系，实现对温度的检测、控制或补偿等功能。3.2 节已经详细讨论了半导体热敏温度传感器，本节将讨论利用 PN 结的结电压随温度呈近似线性变化这一特性实现对温度的检测、控制和补偿等功能的测温传感器。利用 PN 结的温度特性可制成 PN 结温度传感器，这种传感器的测温范围为-50~150℃，与其他的温度传感器相比有较好的线性度，且尺寸小、响应快、灵敏度高、热时间常数小，因此用途较广。PN 结温度传感器主要分为二极管温度传感器和晶体管温度传感器两类。

3.3.1 二极管温度传感器

在一定的电流模式下，PN 结的正向电压与温度之间的关系表现出良好的线性。根据这一关系，可以利用二极管进行温度检测。

现在介绍二极管温度传感器的基本工作原理、特性和应用。

1. 工作原理

由 PN 结理论可知，对于理想二极管，其正向电流 I 与正向电压 U 和温度 T 之间的关系可表示为

$$I = I_S \exp\left(\frac{qU}{kT}\right) \tag{3-30}$$

式中，I_S 为 PN 结反相饱和电流；q 为电子的电荷量；k 为玻尔兹曼常数；T 为热力学温度。则 PN 结正向电压 U 为

$$U = \frac{kT}{q}\ln\left(\frac{I}{I_S}\right) \tag{3-31}$$

可见，只要通过 PN 结上的正向电流 I 恒定，那么 PN 结的正向电压 U 与温度的线性关系只受反向饱和电流 I_S 的影响。

又因为 PN 结反相饱和电流为

$$I_S = ABT^r \exp\left(-\frac{E_{g0}}{kT}\right) = B'T^r \exp\left(-\frac{E_{g0}}{kT}\right) \tag{3-32}$$

式中，$B'=AB$，是与温度无关并包含结面积 A 的常数；B 为包括了所有与温度无关的因子的常数；r 是与材料和工艺有关的常数；T 为热力学温度；E_{g0} 为 0K 温度时材料的禁带宽度，单位为 eV。

将式(3-32)代入式(3-30)，并求对数得

$$U = \frac{E_{g0}}{q} - \frac{kT}{q} \ln\left(\frac{B'T^r}{I}\right) = U_{g0} - \frac{kT}{q}(\ln B' + r\ln T - \ln I) \tag{3-33}$$

式中，$U_{g0} = \frac{E_{g0}}{q}$。可见当电流保持不变时，PN 结正向压降 U 随温度 T 的上升而下降，呈近似线性关系。通过计算可得，温度每升高 1℃，PN 结正向压降 U 就下降约 2mV。二极管温度传感器正是利用 PN 结正向电压与温度关系的特性而制作的。

研究表明，对于锗和硅二极管，在相当宽的一个温度范围内，其正向电压与温度之间的关系符合式(3-31)。所以，可以制造温敏二极管，通过对其正向电压的测量，实现对温度的检测。

2. 基本特性

1) 二极管温度传感器的温度特性

对于不同的工作电流，温敏二极管的 $U\text{-}T$ 关系也将不同。图 3-22 给出了硅温敏二极管恒流下的温度特性曲线。在 –50~150℃ 范围内，其 $U\text{-}T$ 之间具有良好的线性关系。

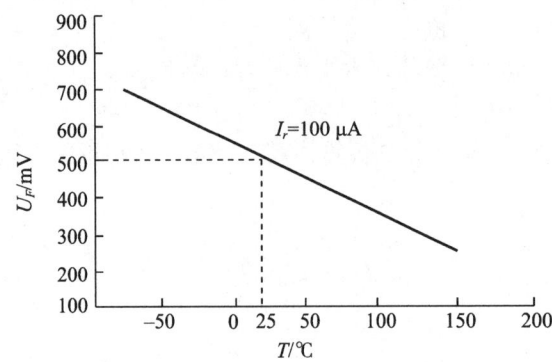

图 3-22　硅温敏二极管的温度特性

2) 灵敏度特性

温敏二极管的灵敏度定义为正向电压对温度的变化率。将式(3-33)对 T 求偏导，可得灵敏度表达式：

$$S = \frac{\partial U}{\partial T} = -\frac{k}{q}(\ln B' + r\ln T - \ln I + r) \tag{3-34}$$

从式(3-34)可知，温敏二极管的灵敏度为负值，且与常数 r、温度 T 及电流 I 有关。

3) 自热特性

温敏二极管工作时总要通过一定的电流，因此自热是不可避免的。对于低温测量，恒定工作电流一般取 1050 μA。在室温下，对于硅和砷化镓温敏二极管工作电流大约超过 300μA 时，就应考虑自热温升。然而，对于某些温度测量，往往有意加大工作电流，使温敏二极管工作在自热状态下，利用环境条件的变化对温敏二极管温度的影响，实现对某些非温度量如流体流速和液面位置等的检测。

3. 应用电路

利用温度敏感二极管的 U-T 关系及其自热特性，已制成了各种温度传感器、换能器以及温度补偿器等。图 3-23 为典型应用实例，它是一种简易温度调节器，用于液氮气流式恒温器中 77~300 K 范围的温度调节控制。V_T 是温度检测，采用锗温敏二极管。调节 R_{W1}，可使流过 V_T 电流保持在 50μA 左右。比较器采用集成运算放大器 μA741，其输入电压为 U_r 和 U_t，U_t 为参考电压，由 R_{W2} 调整给定。所要设定的温度也由 U_r 给定，U_x 随温敏二极管的温度变化而变化，并驱动由晶体管构成的电流控制器，控制加热器加热。该温度调节器在 30min，控温精度为 ±0.1℃。

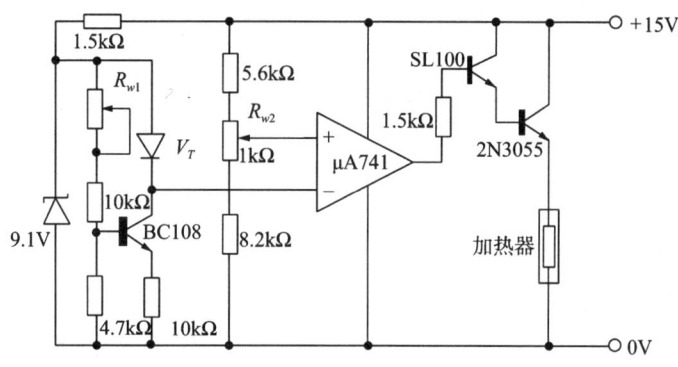

图 3-23 简易温度调节器电路

3.3.2 晶体管温度传感器

在研究二极管温度特性的同时，人们发现可以利用晶体管的温度特性做成一种新型的温敏器件。在恒定集电极电流条件下，晶体管发射极上的正向电压随温度上升而近似线性下降。这种温度特性与二极管相似，但晶体管表现出比二极管更好的线性和互换性。

1. 简单原理

二极管作为温度传感器，是利用 PN 结在恒定电流条件下其正向电压与温度之间的近似线性关系来测量温度的，这种关系仅对扩散电流成立。但是，对于实际的二极管，其正向电流还包括空间电荷区中的复合电流和表面复合电流。这两种电流与温度的关系不同于扩散电流与温度的关系，因此，实际二极管的电压-温度特性将偏离理想情况。采用晶体管代替二极管作为温度传感器可以很容易解决这个问题。在发射结正向偏置条件下，虽然发射极电流包括上述三种成分，但只有其中的扩散电流能够到达集电极形成集

电极电流 I_c，而另两个电流则作为基极电流漏掉，并不到达集电极。正是这个原因，晶体管的 I_c–U_{be} 的关系比二极管的 I-U 关系更符合理想情况，并因此表现出更加线性的电压-温度特性。

根据晶体管的有关理论可以证明，NPN 型晶体管的基极–发射极电压 U_{be} 与温度 T 的函数关系为

$$U_{be} = U_{g0} - \frac{kT}{q}\ln\frac{B'T^r}{I_c} \tag{3-35}$$

当集电极电流 I_c 为常数，且温度 T 不太高时，U_{be} 基本与温度成线性关系，当温度较高时，产生一定非线性偏移。

2. 基本电路

图 3-24(a)给出了一种最常用的温敏晶体管基本电路。温敏传感器电路是由一只运算放大器和一个温敏三极管组成的。电容 C_1 的作用是防止寄生振荡。温敏晶体管作为负反馈元件跨接在运算放大器的反相输入端和输出端，基极接地。这样使得发射极为正偏，而集电极几乎为零偏。集电极电流中不需要的成分，即集电极空间电荷区中的生成电流、反向饱和电流及表面漏电流为零。而发射极电流中的发射结空间电荷区复合电流和表面漏电流作为基极电流流入地内，因此，集电极电流完全由扩散电流成分组成。集电极电流 I_c 的大小仅取决于集电极电阻 R_c 和电源电压 U_{CC}，$I_c = U_{CC}/R_c$，与温度无关，从而保证了温敏晶体管处于恒流工作状态，使电压 U_{be} 随温度 T 近似线性下降。图 3-24(b)给出了这个电路的输出，即 U_{be} 与温度 T 的关系的实验结果。三条曲线对应着不同的集电极电流值，且小电流对应着较大的电压温度系数。由图 3-24(b)还可以看出，温度系数对电流的依赖性并不十分强烈。

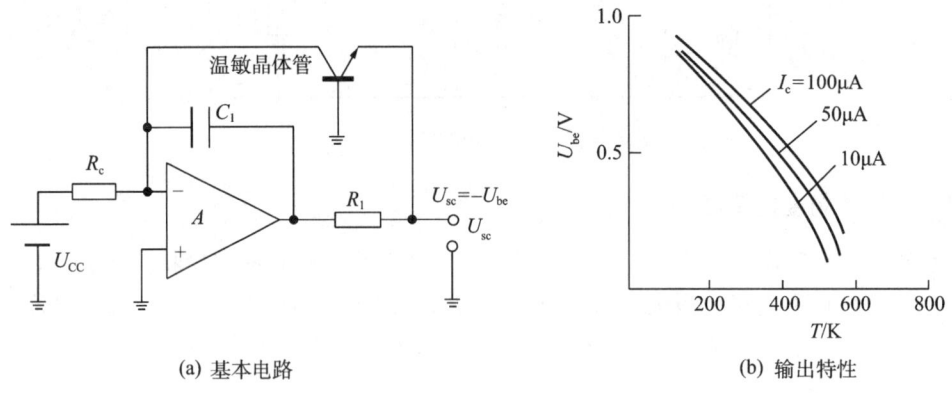

(a) 基本电路　　　　　　　　　(b) 输出特性

图 3-24　温敏晶体管的基本电路及输出特性

3. 典型应用

由于温敏晶体管成本低、参数的一致性和器件的互换性好，其应用越来越广。这方面应用的例子很多，由于篇幅受限，这里给出一种应用实例。它是由两个 Motorola 公司的 MTS102 硅温敏晶体管组成的温差传感器，如图 3-25(a)所示，其电路如图 3-25(b)所示。它的输出反映了两个待测点的温差，经常用于过程监视或控制场合。与数字电压表相接，

可构成温差计。与适当的控制电路相接，可以完成恒温或液面位置控制功能，也可用于报警器。

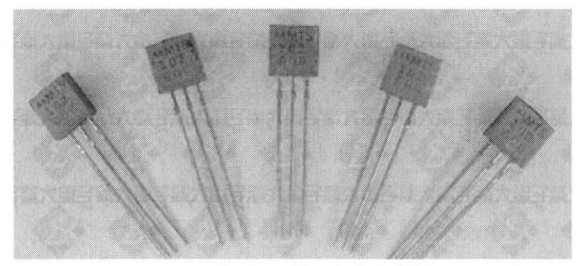

(a)MTS102型温敏三极管实物图

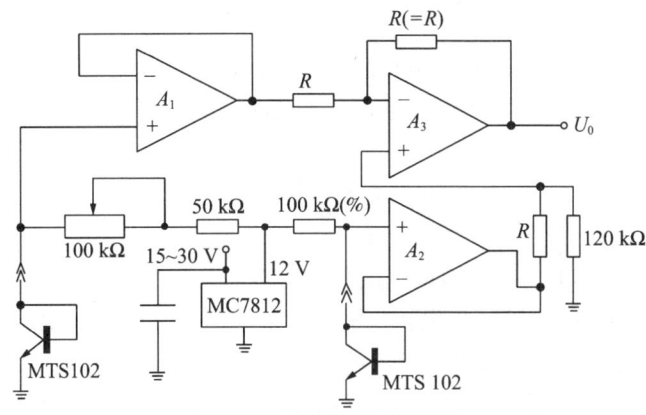

(b)MTS102型温敏三极管电路图

图 3-25　MTS102 型温敏三极管

该电路使用性能相同的两个温敏晶体管 MTS102 作为测温探头，分别置于待测温差的两个位置。两个反映各自温度的 U_{be} 分别经过运算放大器 A_1 和 A_2 缓冲之后，加到运算放大器 A_3 的输入端进行差分放大。在两个温敏晶体管温度相同的条件下，也就是说两点温差为零时，调节 100kΩ 电位器，使 A_3 的输出 U_0 为零。这一单点定标保证了传感器的输出 U_0 正比于两点温差。灵敏度由 R_r 和 R 决定，当 R 取 27kΩ 和 15kΩ 时，灵敏度分别为 10mV/K 和 10mV/℉。该传感器适用于 0~150℃ 范围内的温差检测和控制，其精度为 ±0.5℃。

3.3.3　集成温度传感器

前面已经讨论了几种测温传感器，最近几年出现了深受人们欢迎的集成温度传感器。集成温度传感器是利用晶体管 PN 结的电流和电压特性与温度的关系，将温敏晶体管及其辅助电路集成在同一个芯片上的温度传感器。它与其他温敏元件相比，最大的优点在于输出结果与绝对温度成正比，是理想的线性输出。同时，体积小，成本低，使用方便，因此广泛用于温度检测、控制和许多温度补偿电路中。

1. 基本原理

由式(3-33)可知，温敏晶体管 U_{be} 与热力学温度 T 的关系并非绝对的线性关系，此外，即使是同一型号同一批次的晶体管,其基极-发射极电压 U_{be} 也可能有±100mV 的分散性。所以集成温度传感器采用对管差分电路,如图 3-26 所示,使其直接给出与热力学温度严格成正比的线性输出。

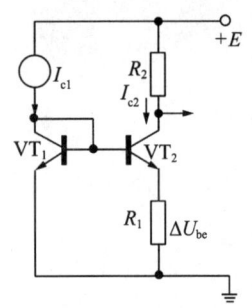

图 3-26 对管差分电路

电路中 VT_1、VT_2 是两只结构和性能完全相同的晶体管,且都处于正向工作状态,集电极电流分别为 I_{c1} 和 I_{c2}。由图 3-26 可见,电阻 R_1 的电压 ΔU_{be} 应为 VT_1、VT_2 的基极-发射极电压差,即

$$\Delta U_{be} = U_{be1} - U_{be2} = U_{g0} - \frac{kT}{q}\ln\frac{B'T^r}{I_{c1}} - U_{g0} + \frac{kT}{q}\ln\frac{B'T^r}{I_{c2}} = \frac{kT}{q}\ln\frac{I_{c1}}{I_{c2}} \tag{3-36}$$

两管集电极面积相等,因此,集电极电流之比 I_{c1}/I_{c2} 应等于集电极电流密度比,式(3-36)可写成

$$\Delta U_{be} = \frac{kT}{q}\ln\frac{J_{c1}}{J_{c2}} \tag{3-37}$$

式中,J_{c1}、J_{c2} 分别为 VT_1、VT_2 的集电极电流密度。

由此可见,只要保持两管的集电极电流密度之比不变,R_1 上的电压 ΔU_{be} 就是温度 T 的理想线性函数,这就是集成温度传感器的基本原理。

若两管增益很高,则基极电流可以忽略不计,那么集电极电流等于发射极电流,则

$$I_{c2} \approx I_{e2} = \frac{\Delta U_{be}}{R_1} = \frac{kT}{R_1}\ln\left(\frac{J_{c1}}{J_{c2}}\right) \tag{3-38}$$

即 $I_{c2} \propto T$。

因此,R_2 上的电压也正比于热力学温度 T,又因为 I_{c1}/I_{c2} 保持不变,则 $I_{c1} \propto T$,于是电路总电流 $I=(I_{c1}+I_{c2}) \propto T$。

2. 集成温度传感器的信号输出方式

集成温度传感器按输出信号可分为电压型、电流型和数字型三种,通常又把前两种称为模拟型,后一种称为智能型。

1) 电流型集成温度传感器

电流镜 PTAT(proportional to absolute temperature)电路是一种基本的电流型集成温度传感器,如图 3-27 所示。该电路是在对管差分电路的基础上,用两只结构完全对称的 PNP 管 VT_3 和 VT_4 分别与测温用的两只 NPN 管 VT_1 和 VT_2 串联组成所谓的电流镜电路。因两 PNP 管发射极偏压相同,故流过 VT_1 和 VT_2 的集电极电流在任何温度下始终相等。

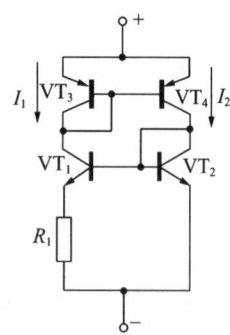

图 3-27 电流型集成温度传感器电路

前面对 PTAT 核心电路做了两管增益无穷大的假设，故可忽略集电流随集电极电压变化和基极电流的影响。为使 VT_1 和 VT_2 工作在不同的电流密度下，两管必须采用不同的发射结面积。设计使 VT_1 和 VT_2 发射结面积之比 $r=8$，则两管的电流密度之比为其面积的反比。因此，只要在电路两端施加高于 $2U_{be}$ 的电压，在电阻 R_1 上的电压根据式(3-38)可得

$$\Delta U_{be} = \frac{kT}{q}\ln\left(\frac{J_{c1}}{J_{c2}}\right) = \frac{kT}{q}\ln r = \frac{kT}{q}\ln 8 \tag{3-39}$$

故流过该电路的总电流为

$$I = 2I_1 = 2I_2 = \frac{2\Delta U_{be}}{R_1} = \frac{2kT}{qR_1}\ln 8 \tag{3-40}$$

式中，I_1、I_2 为流过该电路的左、右两支路的电流。

为了使总电流 I 随温度 T 线性变化，电阻 R 必须选用具有零温度系数的薄膜电阻。若取 $R_1=358\Omega$，代入式(3-41)可求得电路的输出灵敏度为 1μA/K。电路的总电流正比于热力学温度，这就很容易从输出电流信号的大小换算成热力学温度。

2) 电压型集成温度传感器

电压型温度传感器是指输出电压与温度成正比的温度传感器。在电流镜 PTAT 电路上加一个与 VT_3、VT_4 相同的 PNP 管 VT_5(VT_3、VT_4、VT_5 组成恒流源)和一只电阻 R_2，就构成了一种电压输出型的集成温度传感器，如图 3-28 所示。

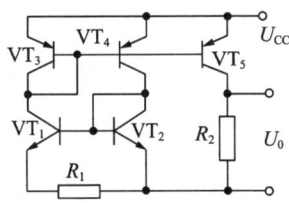

图 3-28　电压输出型电路

由于 VT_5 的发射极电压及面积与 VT_3、VT_4 相同，所以流过 VT_5 和 R_2 支路的电流与另两支路电流相等，因此输出电压为

$$U_0 = I_2 R_2 = \frac{R_2}{R_1}\frac{kT}{q}\ln r \tag{3-41}$$

由此可见，只要 R_1/R_2 为常数，就可以得到正比于热力学温度的输出电压 U_0，输出电压的温度灵敏度可由 R_1/R_2 和 r 调整。

3. 集成电路传感器的典型应用

目前集成温度传感器应用较多的有 AD590、AD592、AN6701、LM35、LM3911、μPC616C、μPC3911C 等。其中，美国 AD 公司生产的 AD590 和我国产的 SG590 都是典型的电流输出型温度传感器。图 3-29 是它的实物及电路符号-引脚图，只是增加了一些附加电路以提高其性能。下面主要介绍 AD590 的典型应用。

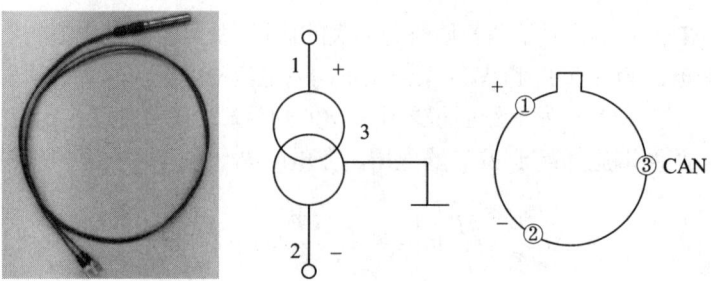

图 3-29　实物及电路符号-引脚图

1) 华氏和摄氏数字温度计

AD590 是一个两端器件,只需要一个直流电压源,功率的需求比较低(5V 时为 1.5MW)。其输出是高阻抗(710MΩ)电流,而长线上的电阻对器件工作影响不大,适合长线传输,但要采用屏蔽线,防止干扰。

华氏和摄氏数字温度计主要由电流温度传感器 AD590、ICL7016 和显示器组成,如图 3-30 所示。

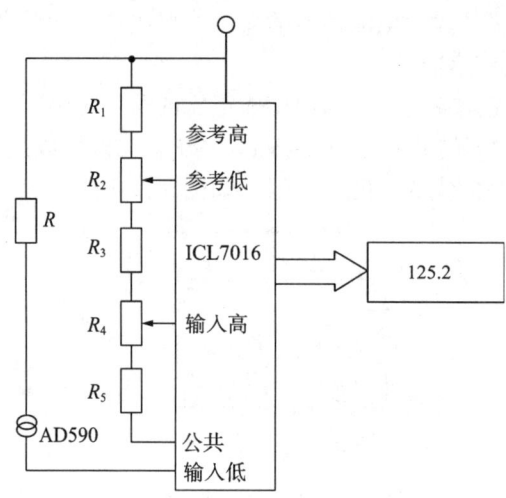

图 3-30　华氏和摄氏数字温度计电路

ICL7106 包括模/数转换器、时钟发生器、参考电压源、BCD 的七段译码和显示驱动器等,它与 AD590 和几个电阻及液晶显示器构成了一个数字温度计,而且能实现两种定标制的温度测量和显示。对华氏和摄氏两种温度均采用两种参考电压(500mV)。

对于两种温度,各电阻值见表 3-4。

表 3-4　华氏和摄氏数字温度计电路中各电阻的取值

	R	R_1	R_2	R_3	R_4	R_5
华氏	9kΩ	4.02kΩ	2kΩ	12.4kΩ	10kΩ	0kΩ
摄氏	5kΩ	4.02kΩ	2kΩ	5.1kΩ	5kΩ	118kΩ

2) AD590 测量温差

利用两块 AD590，按照图 3-31 可以组成温差测量电路，两块 AD590 分别处于被测点，温度分别为 T_1、T_2，输出电流分别为 I_1、I_2，若它们有相同的温标因子 K，则

$$I = I_1 - I_2 = K(T_1 - T_2)$$

运放 A 的输出电压 U_0 为

$$U_0 = IR_3 = KR_3(T_1 - T_2)$$

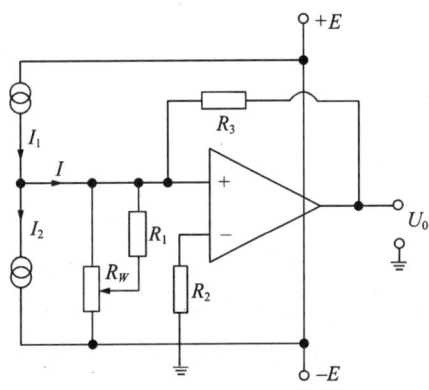

图 3-31　AD590 测量温差

可见，只要 K 一定，输出电压就正比于两个被测点的温差，但在实际中，感温器件的 K 值总有差异，因此，在电路中引入电位器 R_W，通过隔离电阻 R_1 注入一个矫正电流 ΔI，以获得平稳的零位误差。

另外将几块 AD590 串联使用，显示的总是几个被测温度中的最低温度，如图 3-32 所示。将几块并联就可以获得本测温度的平均值，如图 3-33 所示。

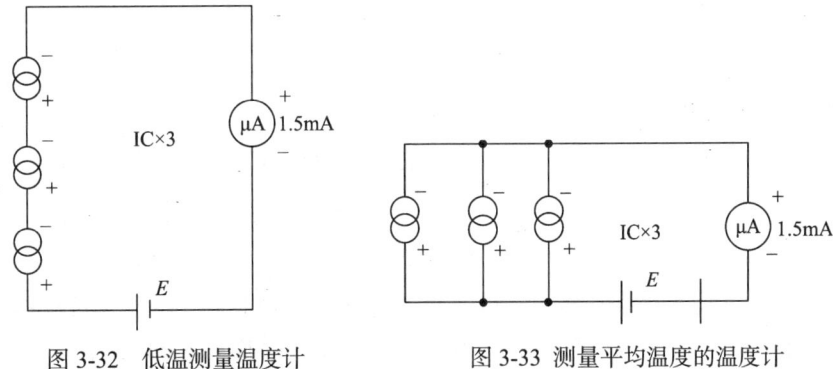

图 3-32　低温测量温度计　　　　图 3-33　测量平均温度的温度计

AD590 的用途相当广泛，除了温度测量，还可用于分立器件的补偿和校准、流速测量、流体液位测量及风速测量等。

3.4 热辐射温度传感器

3.4.1 辐射测温的物理原理

物体受热激励原子中的带电粒子，使一部分热能以电磁波的形式向空间传播。它不需要任何物质作为媒介(即在真空条件下也能传播)传递热能，这种能量的传播方式称为热辐射(简称辐射)，传播的能量叫辐射能。辐射能量的大小与波长、温度有关，它们的关系采用一系列辐射基本定律描述，而辐射温度传感器就是以这些基本定律作为工作原理而实现辐射测温的。

1. 普朗克定律(Planck's law)

普朗克定律(也称为单色辐射强度定律)揭示了在各种不同温度下黑体辐射能量按波长分布为

$$E_0(\lambda, T) = \frac{C_1}{\lambda^5 e^{\frac{C_2}{\lambda T}} - 1} \tag{3-42}$$

式中，$E_0(\lambda, T)$是单色辐射强度，定义为单位时间内每单位面积上辐射出在波长 λ 附近单位波长的能量，单位为 W/(cm²·μm)；T 是热力学温度；λ 为波长，单位为μm；C_1 为第一辐射常数，$C_1 = 3.74 \times 10^4$ W·μm/cm²；C_2 为第二辐射常数，$C_2 = 144 \times 10^4$ μm·K。

2. 维恩公式(Wien's formula)

当温度低于 3000K 时，普朗克公式可用维恩公式代替，误差不超过 1%，维恩公式为

$$E_0 = C_1 \lambda^{-5} \exp\left(-\frac{C_2}{\lambda T}\right) \tag{3-43}$$

式中，参数与普朗克公式参数一致。维恩公式比普朗克公式简单，但仅适用于温度不超过 3000K 的范围。

从式(3-43)可以看出，黑体的辐射能力是波长和温度的函数，当波长一定时，黑体的辐射能仅是温度的函数：

$$E_0(\lambda, T) = f(T) \tag{3-44}$$

3. 斯特藩-玻尔兹曼定律(Stefan-Boltzmann's law)

斯特藩-玻尔兹曼定律表明黑体的全辐射能和它的热力学温度的四次方成正比，所以这一定律又称为四次方定律：

$$E_0 = \sigma T_0^4 \tag{3-45}$$

式中，σ 为斯特藩-玻尔兹曼常数，它可由自然界其他已知的基本物理常数算得，因此它不是一个基本物理常数。该常数的值约为 5.67×10^{-8} W/(m²·K⁴)。

通常物体都不是理想的黑体，而是灰体，此时辐射能量 E 与物体温度 T 之间的关系可表示为

$$E = \varepsilon \sigma T^4 \tag{3-46}$$

式中，ε 为物体的一个特征量黑度，定义为灰体全辐射能 E 与同一温度下黑体全辐射能

E_0 的比值，即 $\varepsilon = E/E_0$。它反映了物体接近黑体的程度。

在应用辐射式温度传感器检测温度时，只需把传感器对准被测物体，而不必与被测物体直接接触。可用于检测运动物体的温度和小的被测对象的温度，与前面讨论的传感器相比，它具有如下特点。

(1) 传感器和被测对象不接触，不会破坏被测对象的温度场，可测量运动物体的温度并可进行遥测。

(2) 由于传感器或热辐射探测器不必达到与被测对象同样的温度，故仪表的测温上限不受传感器材料熔点的限制，从理论上说仪表无测温上限。

(3) 在检测过程中，传感器不必和被测对象达到热平衡，故检测速度快，响应时间短，适于快速测温。

3.4.2 辐射测温方法

根据以上讨论的辐射基本定律，辐射测温方法包括亮度法、全辐射法和比色法。

1. 亮度法

亮度法是指比较被测物体与参考源在同一波长下的光谱亮度，并使二者的亮度相等，从而确定被测物体的温度。将被测对象投射到检测元件上，测量某一特定波长的光谱辐射能量，该能量的大小与被测对象温度之间的关系符合普朗克定律，从而实现温度的测量。典型亮度法测温传感器是光学高温计。

光学高温计主要由光学系统和电测系统两部分组成，其原理如图 3-34 所示。图 3-34(a) 和(b)上半部为光学系统。1 和 4 分别为物镜和目镜，可沿轴向移动，调节目镜 4 到适当的位置，使参考源温度灯泡 3 的灯丝能被清晰地看到。调节物镜 1 的位置，使被测物体清晰地成像在参考源灯丝平面上，以便比较二者的亮度。在目镜与观察孔之间置有红色滤光片 5，测量时移入视场，使所利用光谱的有效波长 λ 限制为约 $0.66\mu m$，以保证满足单色测温条件。图 3-34(a)和(b)下半部为电测系统。温度灯泡 3 和滑动电阻器 7，按钮开关 S 和电源 U_s 相串联。调整滑动电阻器 7 的阻值可以调整流过灯丝的电流，由于电流与亮度存在对应关系，也就调整了灯丝的亮度，亮度与温度也存在对应关系。当灯丝的亮度和被测物体亮度相等时，用毫伏表 6 测量灯丝两端的电压，由于电压值反映了待测物体温度值，所以根据对应关系，指示值直接表示温度刻度。

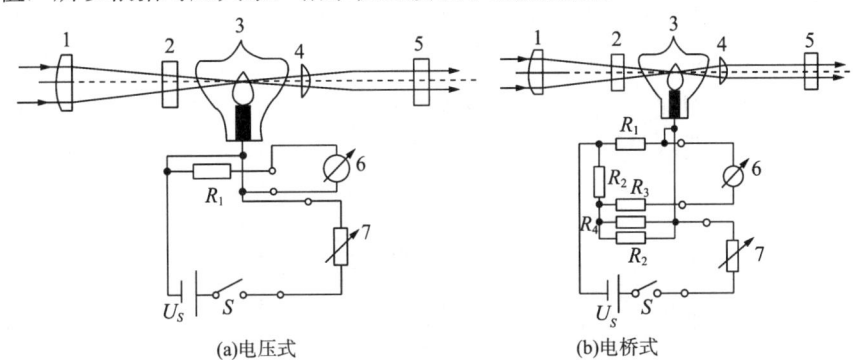

1-物镜；2-吸收玻璃；3-温度灯泡；4-目镜；5-红色滤光片；6-毫伏表；7-滑动电阻器

图 3-34 光学高温计原理及实物图

(c)光学高温计实物图

图 3-34　光学高温计原理及实物图(续)

测量时，在辐射热源(被测物体)的发光背景上可以看到弧形灯丝，如图 3-35 所示。假如灯丝亮度比辐射热源亮度低，灯丝就在这个背景上显现出暗的弧线，如图 3-35(a) 所示，如果灯丝的亮度高，则灯丝就在暗的背景上显示出亮的弧线，如图 3-35(b)所示，假如两者的亮度一样，则灯丝就隐灭在热源的发光背景里，如图 3-35(c)所示。这时由毫伏表 6 读出的指示值就是被测物体的亮度温度。

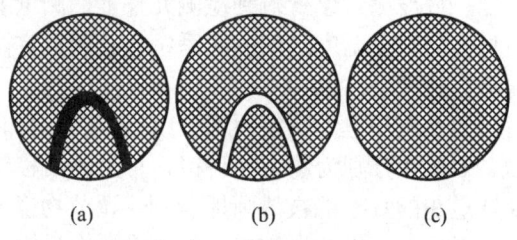

图 3-35　灯泡灯丝亮度调整图

2. 全辐射法

全辐射法是指被测对象投射到检测元件上的对应全波长范围的辐射能量，而能量的大小与被测对象温度之间的关系是由斯特藩-玻尔兹曼定律描述的测温方法得到，典型测温传感器是辐射温度计(热电堆)。

图 3-36(a)为辐射温度计的工作原理图，图 3-36(b)为实物图。被测物体的辐射线由物镜聚焦在受热板上。受热板通常为涂黑的铂片，是人造黑体，当吸收辐射能后温度升高，由连接在受热板上的热电偶或热电阻测定。通常被测物体是 $\varepsilon<1$ 的灰体。如果以黑体辐射作为基准进行标定刻度，那么知道了被测物体的 ε 值，即可根据式(3-45)、式(3-46)求得被测物体的温度。即由灰体辐射的总能量全部被黑体所吸收，这样它们的能量相等，但温度不同。可得

$$\varepsilon\sigma T^4 = \sigma T_0^4 \tag{3-47}$$

$$T = \frac{T_0}{\sqrt[4]{\varepsilon}} \tag{3-48}$$

式中，T 为被测物体温度；T_0 为传感器测得的温度。

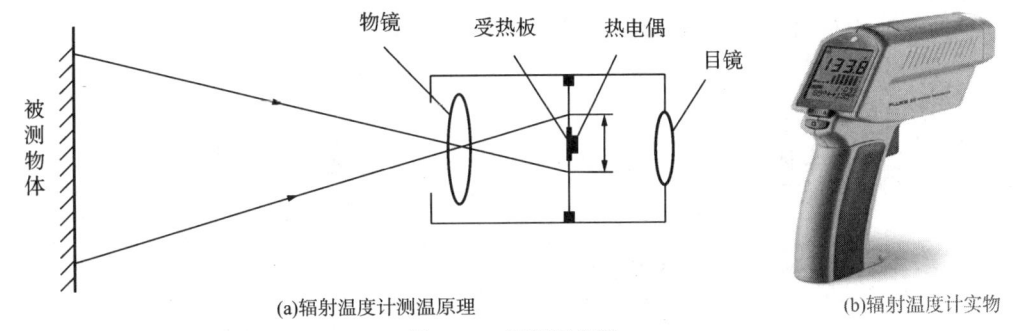

(a)辐射温度计测温原理 (b)辐射温度计实物

图 3-36 辐射温度计

3. 比色法

比色法是被测对象的两个不同波长的光谱辐射能量投射到同一个检测元件上，或同时投射到两个检测元件上，根据它们的比值与被测对象温度之间的关系实现辐射测温的方法。比值与温度之间的关系由两个不同波长下的维恩公式之比表示。对于温度为 T_0 的绝对黑体，由维恩公式可知，相应于 λ_1、λ_2 的亮度分别为

$$E_{0\lambda_1} = C_1 \lambda_1^{-5} \exp\left(-\frac{C_2}{\lambda_1 T_0}\right) \tag{3-49}$$

$$E_{0\lambda_2} = C_1 \lambda_2^{-5} \exp\left(-\frac{C_2}{\lambda_2 T_0}\right) \tag{3-50}$$

两式相除可求得被测黑体的温度为

$$T_0 = \frac{C_2[(1/\lambda_2) - (1/\lambda_1)]}{\ln(E_{0\lambda_1}/E_{0\lambda_2}) - 5\ln(\lambda_2/\lambda_1)} \tag{3-51}$$

辐射物体的两测量波长按工作条件和需要选择，通常将波长选在光谱的红色和蓝色区域内，对应蓝色 λ_1，对应红色 λ_2，即选择 $\lambda_1 < \lambda_2$，在用此法测温时，仪表所显示的值为比色温度。若温度为 T 的非黑体辐射的两个波长下的亮度比值与温度为 T_0 的绝对黑体在同样两波长下的亮度比值相等，则把 T_0 叫做实际物体的比色温度，根据定义可导出

$$\frac{1}{T} - \frac{1}{T_0} = \frac{\ln(\varepsilon_{\lambda_1}/\varepsilon_{\lambda_2})}{C_2(1/\lambda_1 - 1/\lambda_2)} \tag{3-52}$$

式中，ε_{λ_1} 对应于波长 λ_1 的单色发射系数；ε_{λ_2} 对应于波长 λ_2 的单色发射系数。由式(3-52)可以看出，对于很多金属，由于单色发射系数随波长的减小而增加，故比色温度高于实际温度。通常 ε_{λ_1} 和 ε_{λ_2} 非常接近，故比色温度和实际温度相差很小。一般可以认为灰体的发射系数不随波长而变，故它们的比色温度等于真实温度。

典型比色法测温传感器是比色温度计。图 3-37 为单通道比色温度计，(a)为原理图，(b)为实物图。同步电机带动调制盘 5 转动，盘上有两种波长的滤光片，将来自被测对象的辐射变成两个不同波长的调制辐射，交替地投射到探测元件硅光电池 7 的平面上，将

光信号转化为电信号,通过信号放大和比值运算后显示比色温度。

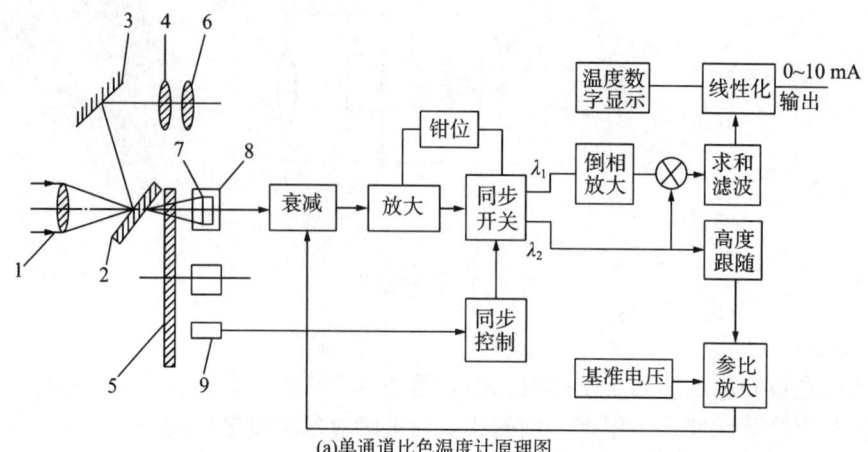

(a)单通道比色温度计原理图

1-物镜；2-通孔光栏；3-反射镜；4-物像镜；5-调制盘；6-目镜；7-硅光电池；8-恒温盒；9-同步线圈

(b)单通道比色温度计实物

图 3-37 单通道比色温度计原理及实物图

3.5 电容式温度传感器

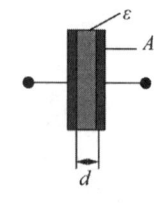

图 3-38 平板电容器原理图

由绝缘介质分开的两个平行金属板组成的平板电容器,如果不考虑边缘效应,如图 3-38 所示,则可得到其电容为

$$C = \frac{\varepsilon A}{d} \tag{3-53}$$

式中,ε 为电容器的介电常数；A 为电容器平板的面积；d 为两个金属平板之间的距离。通过改变上述三个参数,可以改变电容 C 的大小。

温度会影响介电常数的大小,从而改变电容大小。电容式温度传感器就是利用电容器中间介质的介电常数随温度变化而改变的原理进行测温。电容式温度传感器属于变介质型电容传感器，以(BaSr)TiO₃为主的陶瓷电容器，其介电常数 ε 随温度的变化而变化，因此其电容量亦随温度而变化，其特性曲线如图 3-39 所示。据此可将被测温度转换为相应的电容。结晶陶瓷电容器的低温特性较好，可用于极低温度的测量。但是，这类陶瓷电容器的容量大都会在高温、高湿状态下发生变化，必须注意防潮。

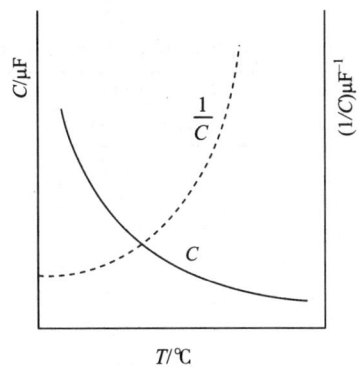

图 3-39 (BaSr)TiO₃ 电容容量与温度的关系

附　录

1. 铂铑 10-铂热电偶(S 型)分度表(ITS-90)(参考端温度为 0℃)

温度/℃	0	10	20	30	40	50	60	70	80	90
					热电动势/mV					
0	0.000	0.055	0.113	0.173	0.235	0.299	0.365	0.432	0.502	0.573
100	0.645	0.719	0.795	0.872	0.950	1.029	1.109	1.190	1.273	1.356
200	1.440	1.525	1.611	1.698	1.785	1.873	1.962	2.051	2.141	2.232
300	2.323	2.414	2.506	2.599	2.692	2.786	2.880	2.974	3.069	3.164
400	3.260	3.356	3.452	3.549	3.645	3.743	3.840	3.938	4.036	4.135
500	4.234	4.333	4.432	4.532	4.632	4.732	4.832	4.933	5.034	5.136
600	5.237	5.339	5.442	5.544	5.648	5.751	5.855	5.960	6.065	6.169
700	6.274	6.380	6.486	6.592	6.699	6.805	6.913	7.020	7.128	7.236
800	7.345	7.454	7.563	7.672	7.782	7.892	8.003	8.114	8.255	8.336
900	8.448	8.560	8.673	8.786	8.899	9.012	9.126	9.240	9.355	9.470
1000	9.585	9.700	9.816	9.932	10.048	10.165	10.282	10.400	10.517	10.635
1100	10.754	10.872	10.991	11.110	11.229	11.348	11.467	11.587	11.707	11.827
1200	11.947	12.067	12.188	12.308	12.429	12.550	12.671	12.792	12.912	13.034
1300	13.155	13.397	13.397	13.519	13.640	13.761	13.883	14.004	14.125	14.247
1400	14.368	14.610	14.610	14.731	14.852	14.973	15.094	15.215	15.336	15.456
1500	15.576	15.697	15.817	15.937	16.057	16.176	16.296	16.415	16.534	16.653
1600	16.771	16.890	17.008	17.125	17.243	17.360	17.477	17.594	17.711	17.826
1700	17.942	18.056	18.170	18.282	18.394	18.504	18.612	—	—	—

2. 镍铬-镍硅热电偶(K 型)分度表(参考端温度为 0℃)

温度/℃	0	10	20	30	40	50	60	70	80	90
					热电动势/mV					
0	0.000	0.397	0.798	1.203	1.611	2.022	2.436	2.850	3.266	3.681
100	4.095	4.508	4.919	5.327	5.733	6.137	6.539	6.939	7.338	7.737
200	8.137	8.537	8.938	9.341	9.745	10.151	10.560	10.969	11.381	11.793
300	12.207	12.623	13.039	13.456	13.874	14.292	14.712	15.132	15.552	15.974
400	16.395	16.818	17.241	17.664	18.088	18.513	18.938	19.363	19.788	20.214
500	20.640	21.066	21.493	21.919	22.346	22.772	23.198	23.624	24.050	24.476
600	24.902	25.327	25.751	26.176	26.599	27.022	27.445	27.867	28.288	28.709
700	29.128	29.547	29.965	30.383	30.799	31.214	31.214	32.042	32.455	32.866
800	33.277	33.686	34.095	34.502	34.909	35.314	35.718	36.121	36.524	36.925
900	37.325	37.724	38.122	38.915	38.915	39.310	39.703	40.096	40.488	40.879
1000	41.269	41.657	42.045	42.432	42.817	43.202	43.585	43.968	44.349	44.729
1100	45.108	45.486	45.863	46.238	46.612	46.985	47.356	47.726	48.095	48.462
1200	48.828	49.192	49.555	49.916	50.276	50.633	50.990	51.344	51.697	52.049
1300	52.398	52.747	53.093	53.439	53.782	54.125	54.466	54.807	—	—

3. 铂铑 30-铂铑 6 热电偶(B 型)分度表(参考端温度为 0℃)

温度/℃	0	10	20	30	40	50	60	70	80	90
					热电动势/mV					
0	−0.000	−0.002	−0.003	0.002	0.000	0.002	0.006	0.11	0.017	0.025
100	0.033	0.043	0.053	0.065	0.078	0.092	0.107	0.123	0.140	0.159
200	0.178	0.199	0.220	0.243	0.266	0.291	0.317	0.344	0.372	0.401
300	0.431	0.462	0.494	0.527	0.516	0.596	0.632	0.669	0.707	0.746
400	0.786	0.827	0.870	0.913	0.957	1.002	1.048	1.095	1.143	1.192
500	1.241	1.292	1.344	1.397	1.450	1.505	1.560	1.617	1.674	1.732
600	1.791	1.851	1.912	1.974	2.036	2.100	2.164	2.230	2.296	2.363
700	2.430	2.499	2.569	2.639	2.710	2.782	2.855	2.928	3.003	3.078
800	3.154	3.231	3.308	3.387	3.466	3.546	2.626	3.708	3.790	3.873
900	3.957	4.041	4.126	4.212	4.298	4.386	4.474	4.562	4.652	4.742
1000	4.833	4.924	5.016	5.109	5.202	5.2997	5.391	5.487	5.583	5.680
1100	5.777	5.875	5.973	6.073	6.172	6.273	6.374	6.475	6.577	6.680
1200	6.783	6.887	6.991	7.096	7.202	7.038	7.414	7.521	7.628	7.736
1300	7.845	7.953	8.063	8.172	8.283	8.393	8.504	8.616	8.727	8.839
1400	8.952	9.065	9.178	9.291	9.405	9.519	9.634	9.748	9.863	9.979
1500	10.094	10.210	10.325	10.441	10.588	10.674	10.790	10.907	11.024	11.141
1600	11.257	11.374	11.491	11.608	11.725	11.842	11.959	12.076	12.193	12.310
1700	12.426	12.543	12.659	12.776	12.892	13.008	13.124	13.239	13.354	13.470
1800	13.585	13.699	13.814	—	—	—	—	—	—	—

4. 镍铬-铜镍(康铜)热电偶(E 型)分度表(参考端温度为 0℃)

温度/℃	0	10	20	30	40	50	60	70	80	90
					热电动势/mV					
0	0.000	0.591	1.192	1.801	2.419	3.047	3.683	4.329	4.983	5.646
100	6.317	6.996	7.683	8.377	9.078	9.787	10.501	11.222	11.949	12.681
200	13.419	14.161	14.909	15.661	16.417	17.178	17.942	18.710	19.481	20.256
300	21.033	21.814	22.597	23.383	24.171	24.961	25.754	26.549	27.345	28.143
400	28.943	29.744	30.546	31.350	32.155	32.960	33.767	34.574	35.382	36.190
500	36.999	37.808	38.617	39.426	40.236	41.045	41.853	42.662	43.470	44.278
600	45.085	45.891	46.697	47.502	48.306	49.109	49.911	50.713	51.513	52.312
700	53.110	53.907	54.703	55.498	56.291	57.083	57.873	58.663	59.451	60.237
800	61.022	61.806	62.588	63.368	64.147	64.924	65.700	66.473	67.245	68.015
900	68.783	69.549	70.313	71.075	71.835	72.593	73.350	74.104	74.857	75.608
1000	76.358	—	—	—	—	—	—	—	—	—

5. 铁-铜镍(康铜)热电偶(J型)分度表(参考端温度为0℃)

温度/℃	0	10	20	30	40	50	60	70	80	90
					热电动势/mV					
0	0.000	0.507	1.019	1.536	2.058	2.585	3.115	3.649	4.186	4.725
100	5.268	5.812	6.359	6.907	7.457	8.008	8.560	9.113	9667	10.222
200	10.777	11.332	11.887	12.442	12.998	13.553	14.108	14.663	15.217	15.771
300	16.325	16.879	17.432	17.984	18.537	19.089	19.640	20.192	20.743	21.295
400	21.846	22.397	22.949	23.501	24.054	24.607	25.161	25.716	26.272	26.829
500	27.388	27.949	28.511	29.075	29.642	30.210	30.782	31.356	31.933	32.513
600	33.096	33.683	34.273	34.867	35.464	36.066	36.671	37.280	37.893	38.510
700	39.130	39.754	40.382	41.013	41.647	42.288	42.922	43.563	44.207	44.852
800	45.498	46.144	46.790	47.434	48.076	48.716	49.354	49.989	50.621	51.249
900	51.875	52.496	53.115	53.729	54.341	54.948	55.553	56.155	56.753	57.349
1000	57.942	58.533	59.121	59.708	60.293	60.876	61.459	62.039	62.619	63.199
1100	63.777	64.355	64.933	65.510	66.087	66.664	67.240	67.815	68.390	68.964
1200	69.536	—	—	—	—	—	—	—	—	—

6. 铜-铜镍(康铜)热电偶(T型)分度表(参考端温度为0℃)

温度/℃	0	10	20	30	40	50	60	70	80	90
					热电动势/mV					
−200	−5.603	—	—	—	—	—	—	—	—	—
−100	−3.378	−3.378	−3.923	−4.177	−4.419	−4.648	−4.865	−5.069	−5.261	−5.439
0	0.000	0.383	−0.757	−1.121	−1.475	−1.819	−2.152	−2.475	−2.788	−3.089
0	0.000	0.391	0.789	1.196	1.611	2.035	2.467	2.980	3.357	3.813
100	4.277	4.749	5.227	5.712	6.204	6.702	7.207	7.718	8.235	8.757
200	9.268	9.820	10.360	10.905	11.456	12.011	12.572	13.137	13.707	14.281
300	14.860	15.443	16.030	16.621	17.217	17.816	18.420	19.027	19.638	20.252
400	20.869	—	—	—	—	—	—	—	—	—

第 4 章 湿度传感器

学习目标

通过本章的学习,掌握温度的常见表示方法,掌握常用温度传感器的特性参数、工作原理及测量电路,了解湿度传感器的应用。

学习要求

(1) 掌握空气湿度和土壤湿度的定义及表示方法。
(2) 掌握常用湿度传感器的特性参数。
(3) 掌握不同类型湿度传感器的工作原理以及测量电路。
(4) 了解湿度传感器的应用。

简介

人类的生存和社会活动与湿度密切相关。随着现代化的实现,很难找出一个与湿度无关的领域。但在常规的环境参数中,湿度是最难准确测量的一个参数。湿度的测量比温度测量复杂很多。温度的测量可以独立进行,而影响湿度测量的因素很多,如大气压强、环境温度等。随着各方面生产活动要求的日趋精密,对环境湿度进行测量及控制已成为必要,例如,在工农业生产、气象、环保、国防、科研、航天等部门都需要较准确的湿度测量数据。

湿度测量技术发展已有 200 多年历史,常用的干湿球湿度计或毛发湿度计测量湿度的方法早已无法满足现代生产和科研活动的需要。1938 年,美国的登莫(Dummore)成功研制了浸涂式 LiCl 湿度传感器,为湿度测量技术开辟了一个新的方向。

随着对环境湿度的逐步重视,湿度传感器的研发有了很大的进步和完善。生产的需要以及科技的发展为开发新一代湿度/温度测控系统创造了有利条件,使湿度测量技术提高到了一个新的台阶。目前湿度传感器已从简单的测量模式迅速发展为集成化、智能化的复合型测量模式,并逐步实现多参数检测。

本章将逐一介绍湿度及其表示方法、常见湿度传感器原理及应用等。

图 4-1 就是农业生产中经常用到的各种湿度传感器。

(a)空气湿度传感器

(b)土壤湿度传感器

图 4-1 农业生产中常用的湿度传感器

4.1 湿度及其表示方法

4.1.1 空气湿度

空气湿度,表示大气干燥程度的物理量。在一定温度下,一定体积的空气里含有的水气越少,空气越干燥;水气越多,空气越潮湿。空气的干湿程度叫做"湿度"。空气湿度常用质量百分比和体积百分比、绝对湿度和相对湿度、露点(霜点)等物理量表示。

1. 质量百分比和体积百分比

质量为 M 的混合气体中,若含水蒸气的质量为 m,则质量百分比为

$$m/M \times 100\% \tag{4-1}$$

在体积为 V 的混合气体中,若含水蒸气的体积为 v,则体积百分比为

$$v/V \times 100\% \tag{4-2}$$

这两种方法统称为水蒸气百分含量法。

2. 绝对湿度和相对湿度

1) 绝对湿度(absolute humidity,AH)

AH 表示单位体积空气里所含水蒸气的质量,其表达式为

$$AH = \frac{M_V}{V} \tag{4-3}$$

式中,AH 的单位为 g/m^3 或 mg/m^3;M_V 为被测空气中水蒸气的质量,单位为 g 或 mg;V 为被测空气的体积,单位为 m^3。

对于空气中的水蒸气,根据理想气体状态方程 $P_V V = \frac{M_V}{\mu} RT$,可得绝对湿度为

$$AH = \frac{P_V \mu}{RT} \tag{4-4}$$

式中,P_V 为空气中水蒸气分压,即空气中的水蒸气在相同体积、温度条件下单独存在时的压力;μ 为水蒸气的摩尔质量,$\mu=18$;R 为普适气体常数,$R=8.31\text{J}\cdot\text{mol}^{-1}\cdot\text{K}^{-1}$;$T$ 为空气的热力学温度。

2) 相对湿度(relative humidity,RH)

RH 是气体的 AH 与在同一温度下,水蒸气已达到饱和的气体的 AH(AH_W)之比,常表示为 RH。其表达式为

$$RH = \left(\frac{AH}{AH_W}\right)_T \times 100\% \tag{4-5}$$

如果把待测空气看成由水蒸气和干燥空气组成的二元理想混合气体,根据道尔顿分压定律,空气中压强 $P = P_a + P_V$(P_a 为干燥空气分压,P_V 为空气中水气分压),通过理想状态方程变换,又可将相对湿度用分压表示为

$$\text{RH} = \left(\frac{P_V}{P_W}\right)_T \times 100\% \tag{4-6}$$

式中，P_V 为待测气体的水气分压；P_W 为同一温度下水蒸气的饱和蒸汽压(saturation pressure of water vapor)。表 4-1 为水饱和蒸汽压与温度的关系，图 4-2 是两者的关系图，可见随着温度的升高，水蒸气的饱和蒸汽压增加。

表 4-1 水饱和蒸汽压与温度的关系

温度/℃	−20	−10	0	10	20	30	40	60	100
水饱和蒸汽压/Pa	103	256	611	1227	2338	4245	7381	19934	101325

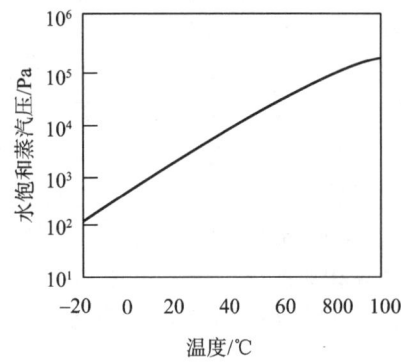

图 4-2 水饱和蒸汽压与温度的关系图

RH 给出空气的潮湿程度，它是一个无量纲的量，在实际使用中多使用 RH 这一概念。

3) RH 和 AH 的换算

已知温度，RH 和 AH 可以互相换算。

【例 4-1】 已知 20℃时 RH=60%，求 AH。

解：由表 4-1 可知，20℃的饱和蒸汽压 P_W 为 2338Pa，20℃的水蒸气分压 P_V 由式(4-6)可得：

$$P_V = P_W \cdot \text{RH} = 2338 \times 60\% = 1400(\text{Pa})$$

AH 由式(4-4)可得：

$$\text{AH} = \frac{P_V \mu}{RT} = \frac{1400 \times 18}{8.31 \times (273.15 + 20)} = 10.34(\text{g}/\text{m}^3)$$

所以 AH 为 10.34g/m³。

【例 4-2】 已知 30℃时水蒸气分压为 2000Pa，求 RH 和 AH。

解：由表 4-1 可知，30℃的饱和蒸汽压 P_W 为 4245Pa，RH 由式(4-6)可得：

$$\text{RH} = \left(\frac{P_V}{P_W}\right)_T \times 100\% = \frac{2000}{4245} \times 100\% = 47\%$$

AH 由式(4-4)可得：

$$AH = \frac{P_V \mu}{RT} = \frac{2000 \times 18}{8.31 \times (273.15 + 20)} = 14.29(g/m^3)$$

所以 RH 为 47%，AH 为 14.29g/m³。

3. 露点

水的饱和蒸汽压随温度的降低而逐渐下降。在同样的水蒸气压下，温度越低，空气相对湿度越大。当空气温度下降到某一温度时，空气中的水蒸气压达到饱和蒸汽压，相对湿度为 100%RH，空气中的水蒸气将液化而凝结成露珠，该温度称为露点温度，简称露点(dew point)。表面温度低于附近空气露点温度时表面出现冷凝水的现象，称为结露。如果露点低于 0℃，水蒸气将结霜，又称为霜点温度。

露点与相对湿度有所关联。空气中水蒸气压越小，露点越低，因此可用露点表示空气中的湿度。相对湿度越高，露点会越接近气温；当相对湿度达到 100%时，露点与气温相等。当露点不变时，相对湿度与气温成反比。透过露点就可以知道空气中的水气含量，因此露点是一项绝对湿度的指标。在天气图上，一般都以露点表示气象站的湿度。

在高露点时，一般人都会感到不适。由于高露点时气温一般都会较高、而导致人体出汗；而高露点有时也伴随着高相对湿度、汗水挥发受阻，从而使人体过热而感到不适。在内陆居住的人一般都会在露点到达 15℃至 20℃时开始感到不适，而当露点越过 21℃时更会感到闷热。

将温度为 T_1 的气体冷却，开始结露的温度为 T_2(即露点温度)。显然，温度 T_1 时的水蒸气压等于温度 T_2 的饱和水蒸气压。

【例 4-3】 已知 30℃时水蒸气分压为 2000Pa，求露点。

解：由于露点温度的饱和蒸汽压等于温度为 30℃时的水蒸气分压 2000Pa，由水饱和蒸汽压与温度的关系图看出，露点约为 20℃。

【例 4-4】 已知 30℃时 RH=30%，求露点。

解：查水饱和蒸汽压与温度的关系表可知，30℃时的饱和蒸汽压为 4250Pa，水蒸气分压为

$$30\% \times 4245 = 1330(Pa)$$

由于露点温度的饱和蒸汽压等于温度为 30℃时的水蒸气分压 1330Pa，由水饱和蒸汽压与温度的关系图看出，露点约为 10℃。

4.1.2 土壤湿度

土壤湿度是表示一定深度土层的土壤干湿程度的物理量，又称为土壤水分含量。土壤湿度的高低受农田水分平衡各个分量的制约。

1. 土壤湿度表示方法

农业气象上土壤湿度常采用下列方法与单位表示。

(1) 重量百分数。即土壤水的重量占其干土重的百分数(%)。此法应用普遍，但不便于在不同土壤间进行比较。

(2) 田间持水量百分数。即土壤湿度占该类土壤田间持水量的百分数(%)。此方法有利于在不同土壤间进行比较，但不能给出具体水量的概念。

(3) 土壤水分储存量。指一定深度的土层中含水的绝对数量，通常以毫米为单位，便于与降水量、蒸发量比较。土壤水分储存量 W(mm)的计算公式为：$W=0.1hdw$。式中，h 为土层厚度，d 为土壤容重(g/cm³)，0.1 是单位换算系数，w 为土壤湿度(重量百分数)。

(4) 土壤水势或水分势。用能量表示土壤水分含量。其单位为 Pa 或 J·g。为了方便使用，可取数值的普通对数，缩写符号为 pF，称为土壤水的 pF 值。

2. 土壤湿度测定方法

土壤湿度测定方法主要有以下 5 种。

(1) 重量法。取土样烘干，称量其干土重和含水重计算。

(2) 电阻法。使用电阻式土壤湿度测定仪测定。根据土壤溶液的电导性与土壤水分含量的关系测定土壤湿度。

(3) 负压计法。使用负压计测定。当未饱和土壤吸水力与器内的负压力平衡时，压力表所示的负压力即土壤吸水力，再求算土壤含水量。

(4) 中子法。使用中子探测器进行测定。中子源放出的快中子在土壤中的慢化能力与土壤含水量有关，借助事先标定，便可求出土壤含水量。

(5) 遥感法。通过对低空或卫星红外遥感图像的判读，确定较大范围内地表的土壤湿度。

4.2 湿度传感器概述

4.2.1 湿度传感器特性参数

湿度传感器是指能将湿度转换为与其成一定比例关系的电量输出的器件式装置。湿度传感器主要特性参数有湿度量程、感湿特征量、灵敏度、湿度温度系数、响应时间、湿滞回线和湿滞回差等。

1. 湿度量程

保证一个湿敏器件能够正常工作所允许环境相对湿度可以变化的最大范围，称为这个湿度传感器的湿度量程。

理想的湿度传感器的使用范围应当是 0~100%RH 的全量程。但对于一种具体的传感器，一般是无法覆盖全量程的，所以湿度传感器的测量量程越大，使用的价值就越大。用于木材干燥的空气环境有效湿度范围一般在 0~40%，空调：30%~70%；气象：0~100%。用于检测设施农业的空气环境有效湿度范围一般在 30%~90%。

2. 感湿特征量

每一种湿度传感器都有其感湿特征量，如电阻、电容、电压和频率等。湿度传感器的感湿特征量随环境相对湿度变化的关系曲线称为该元件的感湿特征量-相对湿度特性曲线，简称感湿特性曲线，如图 4-3 所示。

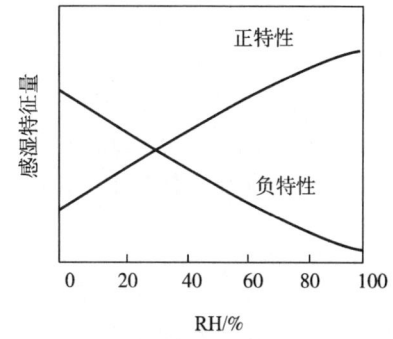

图 4-3 感湿特性曲线

以电阻为例，在规定的工作湿度范围内，电阻值随环境湿度变化的关系特性曲线简称阻–湿特性。湿度传感器的电阻值随湿度的增加而增大，称为正特性湿敏电阻器，如 Fe_3O_4 湿敏电阻器。阻值随湿度的增加而减小，称为负特性湿敏电阻器，如 TiO_2-SnO_2 陶瓷湿敏电阻器。

3. 灵敏度

湿度传感器的灵敏度，就其物理含义而言，应当反映相对于环境湿度的变化、元件感湿特征量的变化程度。表示为

$$S = \frac{dY}{dRH} \tag{4-7}$$

式中，Y 为湿度传感器的感湿特征量。因此，湿度传感器的灵敏度应当是湿致元件的感湿特性曲线的斜率。在感湿特性曲线是直线的情况下，用直线的斜率表示湿度传感器的灵敏度。

不同湿度传感器，相对灵敏度的要求不同。对于低湿型或高湿型的湿度传感器，它们的量程较窄，灵敏度要求高。对于全湿型湿度传感器，因为电阻值的动态范围很宽，给配制二次仪表带来不利，所以灵敏度的大小要适当。

人们希望感湿特性曲线应当在全量程上是连续的，曲线各处斜率(斜率反映湿度传感器的灵敏度)相等，即特性曲线呈直线。斜率应适当，因为斜率过小，灵敏度降低；斜率过大，稳定性降低，这些都会给测量带来困难。但是，实际上，大多数的湿度传感器的感湿特性曲线并不是线性的，而且曲线各处的斜率在不同的相对湿度范围内也不相同。所以利用感湿特性曲线的斜率来反映湿度传感器灵敏度并不太合适。

目前，湿度传感器灵敏度的表示仍没有统一的方法。在实际操作中，较普遍采用的方法是在不同环境湿度下用元件的感湿特征量之比来表示灵敏度。例如，日本生产的 $MgCr_2O_4$-TiO_2 湿度传感器的灵敏度用一组电阻比 R1%/R20%，R1%/R40%，R1%/R60%，R1%/R80%及 R1%/R100%表示，其中，R1%，R20%，R40%，R60%，R80%及 R100%分别为相对湿度在 1%，20%，40%，60%，80%及 100%时湿度传感器的电阻值之比。

4. 湿度温度系数

湿度传感器的感湿特性曲线受温度的影响明显，随环境温度的改变，会呈现不同的感湿特性曲线。这会直接给测量带来不可避免的误差。环境温度变化而引起的感湿特征量变化越小，环境温度变化所引起的测量误差也就越小。因此有必要定义一特性参数来表征感湿特性曲线随环境温度而变化的程度。湿度传感器的湿度温度系数就是这样的特性参数，如图 4-4 所示。

湿度传感器的湿度温度系数通常有两种表达方式：特征量温度系数和感湿温度系数。

特征量温度系数定义为：在环境湿度不变的条件下，湿度传感器特征量的相对变化量与对应的温度变化量之比，即

$$C = \frac{Y_2 - Y_1}{Y_1 \Delta T} \times 100\% \tag{4-8}$$

感湿温度系数定义为：在湿度传感器感湿特征量恒定的条件下，该感湿特征量值所

表示的环境相对湿度随环境温度的变化率,即

$$C = \frac{\mathrm{RH}_2 - \mathrm{RH}_1}{\Delta T} \times 100\% \tag{4-9}$$

由湿度传感器的湿度温度系数值,即可得知湿度传感器由于环境温度的变化所引起的测湿误差。

5. 响应时间

在一定温度下,当相对湿度发生跃变时,湿度传感器的输出特征量达到稳态所需要的时间即为响应时间。一般是以输出特征量变化整个变化量的 63.2%时所需要的时间作为响应时间 τ,也称为时间常数。响应时间反映相对湿度发生变化时反应速度的快慢,单位是 s,如图 4-5 所示。

响应时间分为吸湿响应时间和脱湿响应时间。大多数湿度传感器脱湿响应时间大于吸湿响应时间,一般以脱湿响应时间作为响应时间。在标记时,应写明湿度变化区的起始与终止状态。

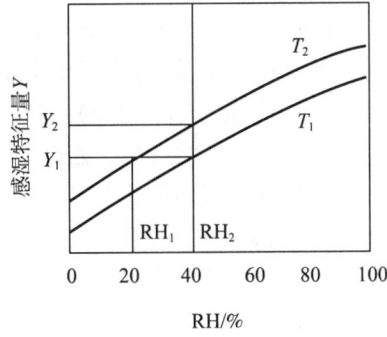

图 4-4 湿度温度特性曲线

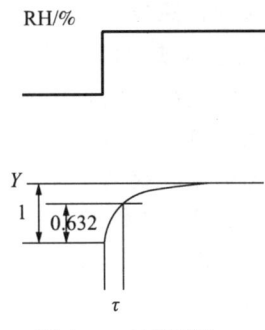

图 4-5 响应时间 τ

6. 湿滞回线和湿滞回差

湿度传感器吸湿和脱湿的响应时间各不相同,而且吸湿和脱湿的特性曲线也不相同。一般总是脱湿比吸湿滞后,这一特性称为湿滞现象。

湿滞现象可以用吸湿和脱湿特征曲线所构成的回线表示,这一回线称为湿滞回线,如图 4-6 所示。

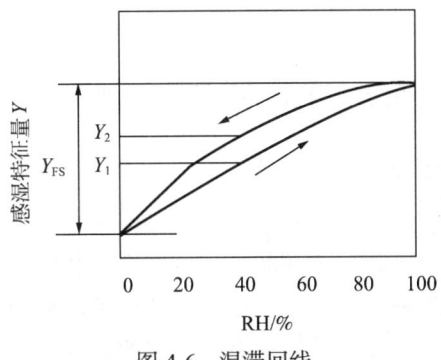

图 4-6 湿滞回线

在湿滞回线上所表示的最大量差值为湿滞回差。湿滞量为

$$\frac{Y_2 - Y_1}{Y_{FS}} \times 100\% \tag{4-10}$$

一个理想化的湿敏器件所应具备的性能为：①使用寿命长，长期稳定性好；②灵敏度高，感湿特性曲线的线性度好；③使用范围宽，湿度温度系数小；④响应时间短；⑤湿滞回差小；⑥能在有害气氛的恶劣环境中使用；⑦器件的一致性和互换性好，易于批量生产；⑧器件感湿特征量在易测范围以内。

4.2.2 湿度传感器分类

湿度传感器基本形式都是利用湿敏材料对水分子的吸附能力或对水分子产生物理效应的方法测量湿度。对某些物质而言，当水分子附着或渗透入后，会使物质的电气性能(如电阻值、介电常数等)发生变化，所以利用这些物质的这种特性可制成电阻式湿度传感器和电容式湿度传感器。

电阻式湿度传感器利用导电率随湿度发生变化而检测湿度。根据湿敏材料种类不同可分为无机电解质湿度传感器、陶瓷电阻式湿度传感器和高分子电阻式湿度传感器。其中多孔陶瓷材料的种类最多，有 $MgCr_xO_4\text{-}TiO_2$ 系、$TiO_2\text{-}V_2O_5$ 系、$TiO_2\text{-}SnO_2$ 系、$BaTiO_3\text{-}SrTiO_3$ 系、TiO_2 系、$SrTiO_3$ 系、$La_2O_3\text{-}TiO_2\text{-}V_2O_5$ 系、$ZrO_2\text{-}Y_2O_3$ 系等。高分子电阻型的主要材料是高分子固体电解质材料，如高氯酸锂-聚氯化乙烯、Nafion膜、双二甲胺基甲基乙烯基硅烷和溴甲烷的季铵化物共聚物、四乙基硅烷的等离子共聚膜等。电阻式湿度传感器具有感湿灵敏度高、线性度好、响应时间短、工艺简单、成本低等优点。

电容式湿度传感器利用电容电极间介质吸附水蒸气时电容量发生变化检测湿度。按照极间介质分为有机高分子和陶瓷材料两大类。有机高分子电容式湿度传感器主要以醋酸纤维素及衍生物为介质，目前常用醋酸丁酸纤维素、聚酰亚胺、硅树脂为介质。陶瓷电容式湿度传感器用玻璃和陶瓷如 $BaTiO_3\text{-}BaSnO_2$ P型半导体多孔陶瓷材料作介质，通过控制陶瓷组分的分散性、孔径、粒度等改善组件的敏感特性。

除了以上两种湿度传感器，目前还有利用透光量随湿度而改变的光纤湿度传感器，下面将一一介绍。

4.3 电阻式湿度传感器

4.3.1 无机电解质湿度传感器

电解质型湿度传感器利用物质吸收水分子而导电率发生变化检测湿度。电解质是以离子形式导电的物质，分为固体电解质和液体电解质。若物质溶于水中，在极性水分子作用下，能全部或部分地离解为自由移动的正、负离子，称为液体电解质。电解质溶液的电导率与溶液的浓度有关，而溶液的浓度在一定的温度下是环境相对湿度的函数，因

此可以测量相对湿度。电解质型湿度传感器按电解质材料不同分为无机电解质湿度传感器和有机电解质湿度传感器。有机高分子电解质湿度传感器将在4.3.3节介绍,本节主要讲解无机电解质温度传感器。

典型的无机电解质湿度传感器是氯化锂湿敏电阻元件。氯化锂湿敏电阻是利用吸湿性盐类潮解,离子电离率发生变化而制成的测湿元件。

在溶液中,Li^+和Cl^-是以正、负离子形式存在的。Li^+对水分子的吸引力强,离子水合程度高,其溶液中的离子导电能力与浓度成正比。当溶液置于一定湿度环境中时,若环境相对湿度高,氯化锂将吸收水分而使其电离程度提高,导电能力增强,从而使氯化锂湿度传感器电阻降低;反之,环境相对湿度变低,氯化锂将释放出部分水分而使其电离程度下降,导电能力下降,其电阻上升,所以用氯化锂湿度传感器可实现对相对湿度的测量。这种传感器将温度信息转化为容易测量的电信号,使得温度的测量变得十分简便。

氯化锂湿度传感器的结构主要有登莫式、浸渍式以及光硬化树脂电解质湿度传感器。

1. 登莫式氯化锂湿度传感器。

登莫式氯化锂湿度传感器结构如图4-7所示,在聚苯乙烯包封的铝圆管A上做出两条相互平行的铝引线作为电极B,在该聚苯乙烯管上涂覆一层经过适当碱化处理的聚乙烯醋酸盐和氯化锂水溶液的混合液,以形成均匀薄膜,覆盖铝电极。图4-8为氯化锂湿敏特性曲线,若只采用一个传感器件,测湿范围约为相对湿度的30%,其检测范围较为狭窄。因此,设法将氯化锂含量不同的几种传感器组合使用,使其检测范围达到20%~90%的相对湿度。

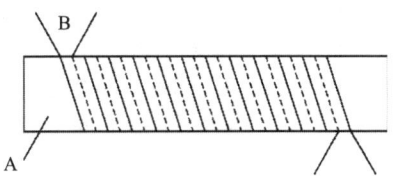

图4-7 登莫式氯化锂湿度传感器

2. 浸渍式氯化锂湿度传感器。

浸渍式氯化锂湿度传感器是在基片材料上直接浸渍氯化锂溶液构成的。这类传感器的浸渍基片材料为天然树皮。这种方式与登莫式不同,它部分地避免了高湿度下所产生的湿敏膜的误差。植物的髓脉具有细密的网状结构,有利于水分子的吸入和放出。由于采用了表面积大的基片材料,并直接在基片上浸渍氯化锂溶液,因此这种传感器具有小型化的特点,适于微小空间的湿度检测。

图4-9为玻璃带上浸氯化锂的湿度传感器的感湿特性曲线,阻值的对数与相对湿度(50~85)%RH呈线性关系。与登莫式传感器一样,若仅使用一个这种传感器,则所能检测的湿度范围狭窄。因此,为了能够对传感器材料所能检测的整个湿度范围都进行检测,就必须使用几个特性不同(改变氯化锂溶液浓度的器件)的传感器。20世纪70年代研制成功玻璃基板含浸湿湿敏元件,采用两种不同浓度的氯化锂水溶液浸泡多孔无碱玻璃基板

(孔径平均500Å),可制成测湿范围为20%~80%RH的元件。

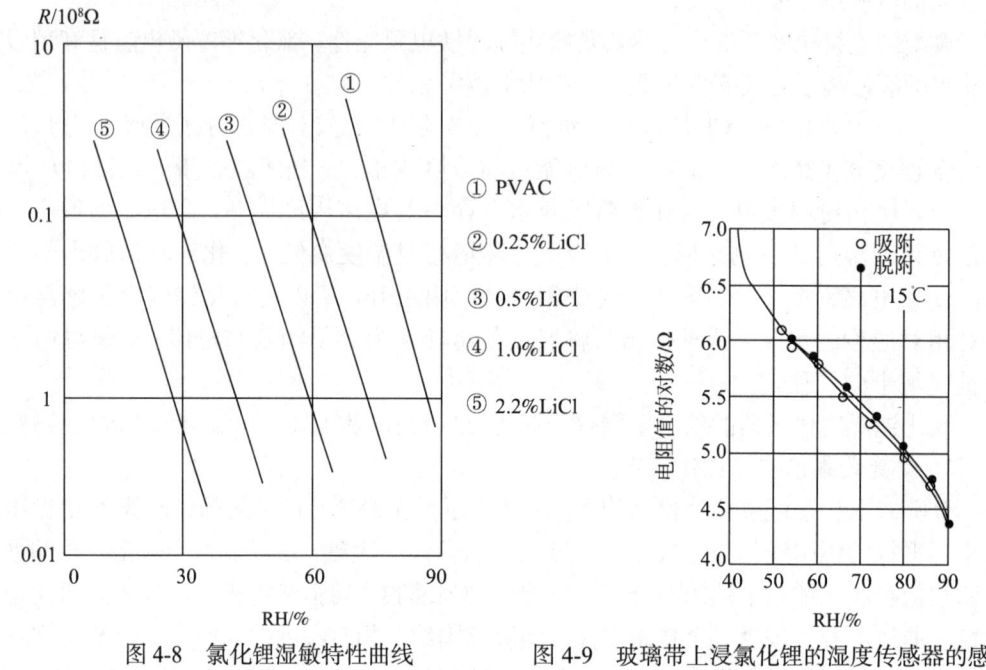

图 4-8　氯化锂湿敏特性曲线　　　图 4-9　玻璃带上浸氯化锂的湿度传感器的感湿特性曲线

3. 光硬化树脂电解质湿度传感器

将树脂、氯化锂、感光剂和水按一定比例配成胶体溶液,浸涂在蒸镀有电极的塑料基片上,干燥后放置在紫外线下,助膜剂曝光并热处理,即可形成耐温耐湿的感湿膜。它可在 80℃温度下使用,并且有较好助耐水性,不怕"冲蚀",从而提高了元件的性能。

表 4-2 列出了典型氯化锂湿敏电阻元件的主要技术特性。氯化锂湿度传感器的优点是原理简单、灵敏度高、滞后小,不受测试环境风速的影响,监测精度高达±5%,但其耐热性差,不能用于露点以下测量,期间性能的重复性不理想,在高湿环境中容易产生潮解,从而影响精度,使用寿命短。一种改进的办法是将其制成胶体形式而不是溶液。为了进一步提高测量精度和范围,LiCl 常与多孔 SiO_2 或其他无机氧化物组成复合材料传感器。

表 4-2　典型氯化锂湿敏电阻元件主要技术特性

名称	型号	精度/%RH	测湿范围/%	工作温度/℃	响应时间/s
氯化锂湿敏元件	MSK-1A	2~3	20~95	−5~+40	<60
	MSK-2	5	30~90	−10~+40	
氯化锂湿敏电阻器	MS	2~4	40~90	0~+40	10~40

续表

名称	型号	精度/%RH	测湿范围/%	工作温度/℃	响应时间/s
光硬化树脂电解质湿度传感器		1~2	15~100	−10~+80	
氯化锂湿敏元件	PL-1	5	20~100	−10~+40	
氯化锂湿敏元件	SL-2 SL-2	2	10~95 40~90	+5~+50 +10~+40	
氯化锂湿敏元件	PSB-1 PSB-2 PSB-3 PSB-4	2~3	45~65 55~75 30~70 40~80 30~90 15~90	+5~+50	

4.3.2 陶瓷电阻式湿度传感器

陶瓷电阻式湿度传感器一般以金属氧化物为原料，制成多孔陶瓷。利用多孔陶瓷的阻值对空气中水蒸气的敏感特性而制成。

半导体陶瓷湿敏电阻通常是用两种以上的金属氧化物半导体材料混合烧结而成的多孔陶瓷。典型产品是烧结型陶瓷湿度传感器 $MgCr_2O_4$-TiO_2。此外，还有 TiO_2-V_2O_5、ZnO-Li_2O-V_2O_5、$ZnCr_2O_4$、ZrO_2-MgO、Fe_3O_4、Ta_2O_5 等。这类湿度传感器的感湿特征量大多数为电阻。除了 Fe_3O_4，都为负特性湿度传感器，即随着环境相对湿度的增加，阻值下降。由于水分子中氢原子具有很强的正电场，当水分子在半导体瓷表面吸附时可能从半导体瓷表面俘获电子，使半导体表面带负电，相当于表面电势变负，电阻率随湿度增加而下降。也有少数陶瓷湿度传感器，它的感湿特性量为电容，将在 4.4.1 节中描述。

该类湿度传感器具有许多优点：测湿范围宽，可实现全湿范围内的湿度测量；工作温度高，常温型工作温度在 150℃ 以下，高温型工作温度可达 800℃，响应时间较短，精度高，抗污染能力强，工艺简单，成本低。

陶瓷湿度传感器按其制作工艺分为涂覆膜型、烧结体型等。

1. 涂覆膜型陶瓷湿度传感器

此类湿度敏感元件是把感湿粉料(金属氧化物)调浆涂覆在已制好的梳状电极或平行电极的滑石瓷、氧化铝或玻璃等基板上。Fe_3O_4、V_2O_5 及 Al_2O_3 等湿度传感器均属此类。

其中比较典型且性能较好的是 Fe_3O_4 湿度传感器。涂覆膜型 Fe_3O_4 湿度传感器结构如图 4-10 所示。一般采用滑石瓷作为元件的基片，在基片上用丝网印刷工艺印刷梳状金电极，将纯净的黑色 Fe_3O_4 胶粒用水调制成适当黏度的浆料，然后用笔涂或喷雾在已有金电极的基片上，经低温烘干后，引出电极即可使用。

Fe_3O_4 湿度传感器湿度湿滞曲线如图 4-11 所示，元件的湿滞现象在高湿较为明显，最大湿滞回差为 ±4%RH，可以满足民用的要求。

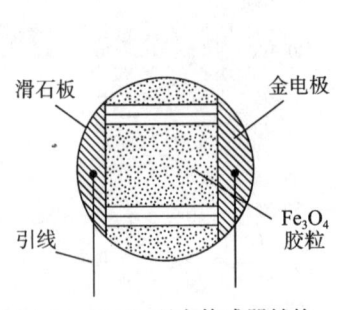

图 4-10 Fe₃O₄ 湿度传感器结构

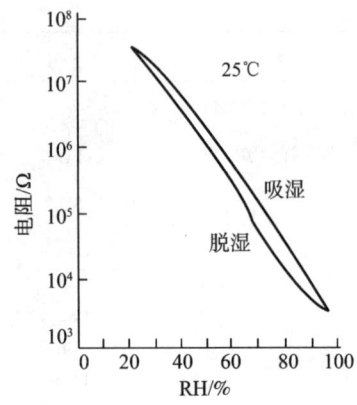

图 4-11 Fe₃O₄ 湿度传感器湿度湿滞曲线

Fe_3O_4 湿度传感器的响应时间如图 4-12 所示，脱湿响应时间比吸湿响应时间长。

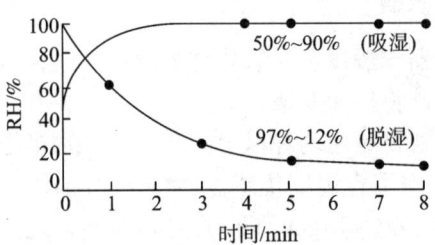

图 4-12 Fe₃O₄ 湿度传感器的响应时间

2. 烧结体型陶瓷湿度传感器

烧结体型元件的感湿体是通过典型的陶瓷工艺制成的。即将易于成型的结合剂和增塑剂等作用于大小合适的陶瓷粉料颗粒，通过外加压力轧膜、流延或注浆等方法成型，之后置于合适的烧制氛围，利用规定的温度烧制而成，最后冷却、清洗、检选。将检选出的合格产品被覆电极，并在电极上装好引线，就可得到满意的陶瓷湿度传感器。这类元件的可靠性、重现性等均比涂覆元件好，而且是体积导电，不存在表面漏电流，元件结构也简单。

烧结体型元件是一类十分有发展前途的湿度传感器，其中较为成熟且具有代表性的是 $MgCr_2O_4$-TiO_2 陶瓷湿度传感器、V_2O_5-TiO_2 陶瓷湿度传感器、羟基磷灰石陶瓷湿度传感器及 ZnO-Cr_2O_3 陶瓷湿度传感器等。

(1) $MgCr_2O_4$-TiO_2 陶瓷温敏元件(MCT 型)。$MgCr_2O_4$-TiO_2 陶瓷湿度传感器结构如图 4-13 所示，在 $MgCr_2O_4$-TiO_2 陶瓷片的两面设置高孔金电极，并用掺金玻璃粉将引出线与金电极烧结在一起。元件安放在一种高度致密的、疏水性的陶瓷底片上。由于有毒气氛会对元件造成污染，还需要在陶瓷片的外面安装一个由镍铅丝烧制而成的加热清洗圈(又称为 Kathal 加热器)，这样可以经常对元件进行加热清洗，排除污染。为消除底座上测量电极 2 和 3 之间由于吸湿和沾污而引起的漏电，在电极 2 和 3 的周围设置了金短路环。陶瓷烧结体微结晶表面对水分子进行吸湿或脱湿时，引起电极间电阻值随相对湿度呈指数变化，从而湿度信息转化为电信号。

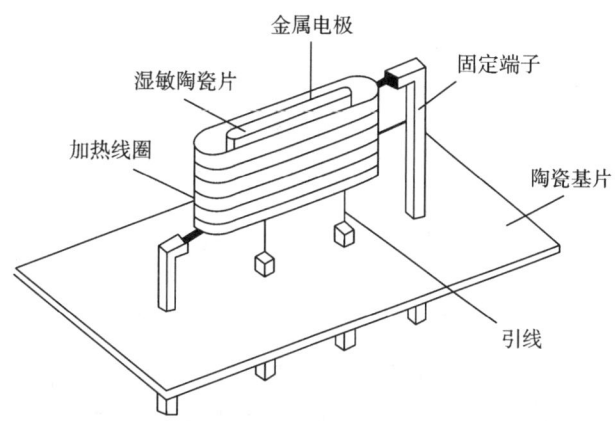

图 4-13 MgCr$_2$O$_4$-TiO$_2$ 陶瓷湿度传感器结构

一般认为 MgCr$_2$O$_4$-TiO$_2$ 半导体陶瓷湿度传感器感湿机理是利用陶瓷烧结体微结晶表面对水分子进行吸湿或脱湿使电极间电阻值随相对湿度呈指数变化。感湿体是 MgCr$_2$O$_4$-TiO$_2$ 系多孔陶瓷。陶瓷的气孔大部分为粒间气孔，气孔直径随 TiO$_2$ 添加量的增加而增大。粒间气孔与颗粒大小无关，相当于一种开口毛细管，容易吸附水分。材料的主晶相是 MgCr$_2$O$_4$ 相，此外还有 TiO$_2$ 相等，感湿体是一个多晶多相的混合物。

MgCr$_2$O$_4$-TiO$_2$ 陶瓷湿度传感器的电阻-湿度特性如图 4-14 所示，随着相对湿度的增加，电阻值急骤下降，基本按指数规律下降。在单对数的坐标中，电阻-湿度特性近似呈线性关系。当相对湿度由 0 变为 100%RH 时，阻值从 $10^8\Omega$ 下降到 $10^4\Omega$，即变化了 4 个数量级。

在不同的温度环境下测量 MgCr$_2$O$_4$-TiO$_2$ 陶瓷湿度传感器的电阻-温度特性，如图 4-15 所示，从 20℃到 80℃各条曲线的变化规律基本一致，具有负温度系数，感湿负温度系数为 -0.38%RH/℃。如果要求精确的湿度测量，需要对湿度传感器进行温度补偿。

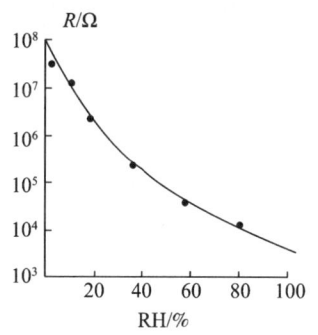

图 4-14 MgCr$_2$O$_4$-TiO$_2$ 陶瓷湿度传感器的电阻-湿度特性

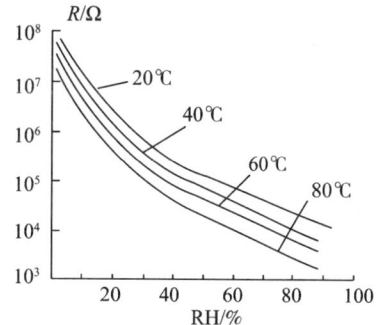

图 4-15 不同温度环境下，MgCr$_2$O$_4$-TiO$_2$ 陶瓷湿度传感器的电阻-温度特性

MgCr$_2$O$_4$-TiO$_2$ 陶瓷湿度传感器的响应时间特性如图 4-16 所示，根据响应时间的规定，从图中可知，响应时间小于 10s。

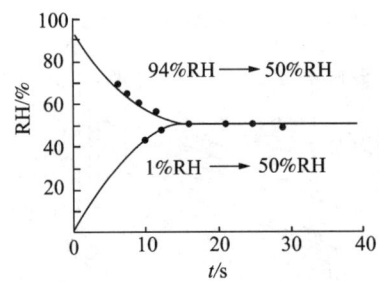

图 4-16 $MgCr_2O_4$-TiO_2 陶瓷湿度传感器的时间响应特性

$MgCr_2O_4$-TiO_2 湿度传感器体积小，测湿范围宽，一片即可测(0~100)%RH，并可用于高温环境(150℃)，最高承受温度可达 600℃；能用电热反复进行清洗，除掉吸附在陶瓷上的油雾、灰尘、盐、酸、气溶胶或其他污染物，以保持精度不变；响应速度快(一般不超过 20s)，长期稳定性好。显然，这类传感器适合在高温和高湿环境中使用，也是目前在高温环境中测湿的少数有效传感器之一。

(2) V_2O_5-TiO_2 陶瓷湿度传感器。V_2O_5-TiO_2 陶瓷湿度传感器系陶瓷多孔质烧结体，是利用体积吸附水汽现象的湿度传感器。TiO_2-V_2O_5 湿敏元件用典型陶瓷工艺在 1000~1350℃烧结后自然冷却，用 RuO_2 或 Ag 制作电极，测定电极间的电阻检测湿度。其中 V_2O_5 添加剂使材料半导化，V^{5+} 取代 Ti^{4+} 改变微孔参数和形状使电导增大。这类元件的特点是测湿范围宽，能够耐高温，响应时间短；缺点是容易发生漂移，漂移量与相对湿度成比例。

(3) 羟基磷灰石陶瓷湿度传感器。羟基磷灰石陶瓷湿度传感器是国外研究得比较多的磷灰石系陶瓷湿度传感器。羟基的存在有利于提高元件的长期稳定性。当在 54%RH 和 100%RH 湿度下，以每 5min 加热 30s(450℃)的周期进行 4000 次热循环试验后，其误差仅为±3.5%RH。

(4) ZnO-Cr_2O_3 陶瓷湿度传感器。上面介绍的几种烧结型陶瓷湿度传感器均需要加热、清洗、去污。这样在通电加热及加热后，延时冷却这段时间内元件不能使用，因此，测湿是断续的。这在某些场合下是不允许的，为此国外研制出不用电热清洗的陶瓷湿度传感器，ZnO-Cr_2O_3 陶瓷湿度传感器就是其中的一种。该湿度传感器的电阻率几乎不随温度改变，老化现象很小，长期使用后电阻率变化只有百分之几；元件的响应速度快，(0~100)%RH 时，约 10s；湿度变化±20%时，响应时间仅 2s；吸湿和脱湿时几乎没有湿滞现象。

4.3.3 高分子电阻式湿度传感器

高分子湿度传感器利用有机高分子材料的吸湿性能与胀缩性能制成湿敏元件。高分子湿度传感器在玻璃等绝缘基板上蒸发梳状电极，通过浸渍或涂覆，使其在基板上附着一层有机高分子感湿膜。利用电解质高分子感湿膜吸湿后引起电阻值发生明显变化，可制成高分子电解质湿度传感器。利用胀缩性高分子聚合物在结露点附近吸湿后具有显著的体积胀缩特性，可制成高分子胀缩型湿度传感器。

常用的高分子材料是醋酸纤维素、尼龙和硝酸纤维素等。高分子湿敏元件的薄膜做得极薄，一般约 5000Å，使元件易于很快吸湿与脱湿，减少了滞后误差，响应速度快。这种湿敏元件的缺点是不宜用于含有机溶媒气体的环境，元件也不能耐 80℃ 以上的高温。

1. 高分子电解质湿度传感器

高分子电解质湿度传感器利用高分子电解质在不同湿度下电离产生不同数量的导电离子使阻值变化，从而测定环境中的湿度。导电机理为水分子的存在影响高分子膜内部导电离子的迁移率。

感湿电阻膜通常由含有强极性基的高分子电解质及其盐类如 $-NH_4^+Cl^-$、$-SO_3^-H^+$、$-NH_2$ 等高分子材料制成。低湿吸附下，由于没有荷电离子产生，电阻值很高。RH 增加时，凝聚化的吸附水成为导电通道，高分子电解质的成对离子起载流子作用，吸附水自身离解的质子(H^+)、水和氢离子(H_3O^+)也起载流子作用，使电阻急剧下降。目前感湿材料设计的主要要求为：在共聚时要适当分配亲水性与疏水性聚合物的比例，以提高灵敏度；提高感湿材料对基片的附着力，具有良好的耐水性。目前高分子电解质湿度传感器的典型代表是聚苯乙烯磺酸铵湿度传感器。

1) 聚苯乙烯磺酸锂湿度传感器结构

聚苯乙烯磺酸锂湿度传感器是用聚苯乙烯作为基片，其表面用硫酸进行磺化处理，引入磺酸基团($-SO_4H-$)，形成具有共价键结合的磁化聚苯乙烯亲水层，如图 4-17 所示。

为了提高湿度传感器的感湿特性，再引入氯化锂溶液中，通过离子交换 Li 置换出磺酸基团中的氢离子 H^+，形成磺酸锂感湿膜，最后在感湿膜表面再印刷上多孔性电极。

2) 主要特性

(1) 电阻-湿度特性。当环境湿度变化时，传感器在吸湿和脱湿两种情况的感湿特性曲线

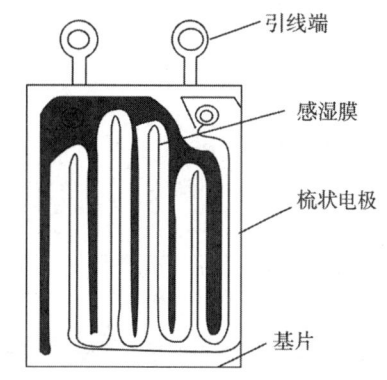

图 4-17 聚苯乙烯磺酸锂湿度传感器的结构

如图 4-18 所示。在整个湿度范围内，传感器均有感湿特性，其阻值与相对湿度的关系在单对数坐标纸上近似为一直线。实验证明，元件的感湿特性与基片表面的磺化时间密切相关，亦即与亲水性的离子交换树脂的性能有关。元件的湿滞回差亦较理想，在阻值相同的情况下，吸湿和脱湿时湿度指示的最大差值为(3~4)%RH。

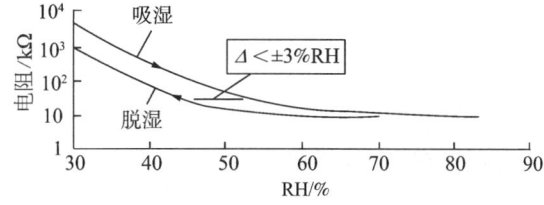

图 4-18 聚苯乙烯磺酸锂湿度传感器的感湿特性

(2) 温度特性。聚苯乙烯磺酸锂的电导率随温度的变化较为明显，具有负温度系数。

在(0~55)℃时，温度系数为(–0.6%～–1.0%)RH/℃，如图4-19所示。

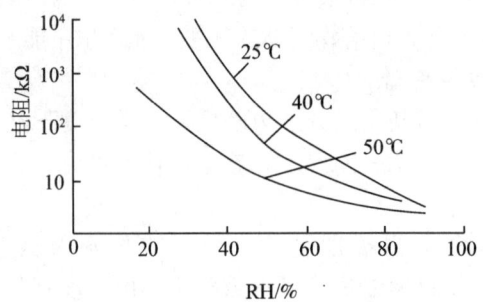

图4-19 聚苯乙烯磺酸锂湿度传感器的温度特性

(3) 其他特性。聚苯乙烯磺酸锂湿度传感器的升湿响应时间比较长，降湿响应时间比较短，响应时间在一分钟之内。有良好的稳定性。存储一年后，测量误差不超过2%RH，可以满足器件稳定性的要求，如图4-20所示。

对湿度传感器进行抗水浸性能的实验(水浸两小时)，结果如图4-21所示，水浸后元件阻值略有提高，在低湿段较为明显。

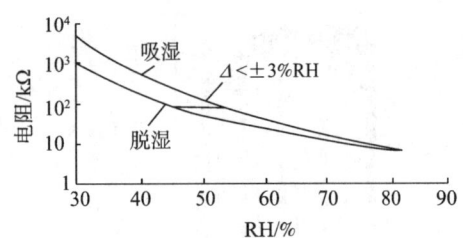 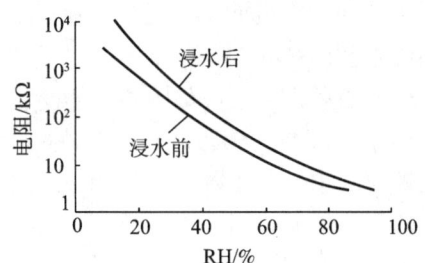

图4-20 聚苯乙烯磺酸锂湿度传感器的稳定性　　图4-21 聚苯乙烯磺酸锂湿度传感器的抗水浸性能

典型磺酸锂湿敏电阻元件主要技术特性见表4-3。

表4-3　典型磺酸锂湿敏电阻元件主要技术特性

型号	精度/%RH	测湿范围/%RH	工作温度/℃	时间常数/s	稳定性	滞后/%RH	温度系数/(%RH/℃)
SP-1	±8	0~100	–30~+80	30	2.5%RH/年	±8	0.5
SP-2	±2.5	0~100	–38~+93			±2.5	0.5

2. 高分子胀缩型湿度传感器

有机纤维素具有吸湿溶胀、脱湿收缩的特性。利用这种特性，将导电的微粒或离子掺入其中作为导电材料，就可将其体积随环境湿度的变化转换为感湿材料电阻的变化。这一类湿度传感器主要有碳湿度传感器和结露敏感元件等。

1) 碳湿度传感器

碳湿度传感器采用的感湿材料是溶胀性能较好的羟乙基纤维素(HEC)。羟乙基纤维素碳湿度传感器多采用丙烯酸塑料作为基片，采用涂刷导银漆或真空镀金、化学淀积等方法，在基片两长边的边缘上形成金属电极，然后，再在其上浸涂一层由羟乙基纤维素、导电碳黑和润湿性分散剂组成的浸涂液，待溶剂蒸发后即可获得一层具有胀缩特性的感湿膜，经老化、标定后即可使用。

羟乙基纤维素碳湿敏感元件的感湿特性曲线如图 4-22 所示，该曲线出现明显"隆起"现象。这一现象的出现是由混入浸涂液中的离子性杂质所引起的。实践证明，在干燥和超净条件下制得的元件，曲线的"隆起"现象就极其轻微，如图4-23所示。

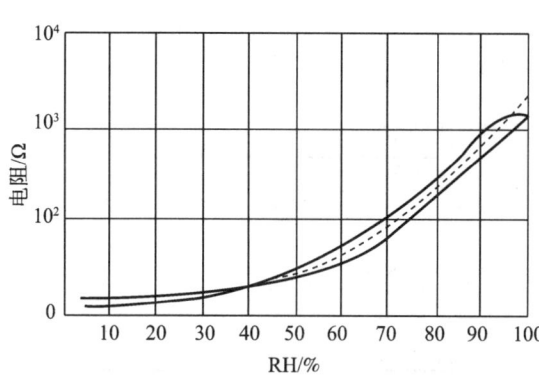 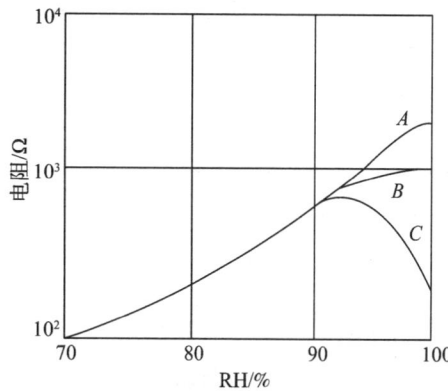

图4-22　羟乙基纤维素碳湿敏感元件的感湿特性曲线　　图4-23　羟乙基纤维素碳湿敏感元件的感湿特性曲线的"隆起"现象

曲线 A 是理想的元件所应具有的感湿特性曲线；曲线 B 为在正常批量生产中元件的感湿特性曲线；曲线 C 是在高湿和离子污染较重的条件得到元件的感湿特性曲线，"隆起"现象明显。

2) 结露敏感元件

结露敏感元件结构如图 4-24 所示，在印制有梳状电极的氧化铝基板上，涂覆一层电阻式感湿膜，该感湿膜由具有胀缩物黏合剂的聚合物感湿性高分子和掺入的导电性微粉组成，它吸湿后产生体积变化，从而引起电阻的变化。通过改变感湿功能聚合物与导电性微粉材料的比率，调整灵敏度、耐湿性、稳定性和阻值。

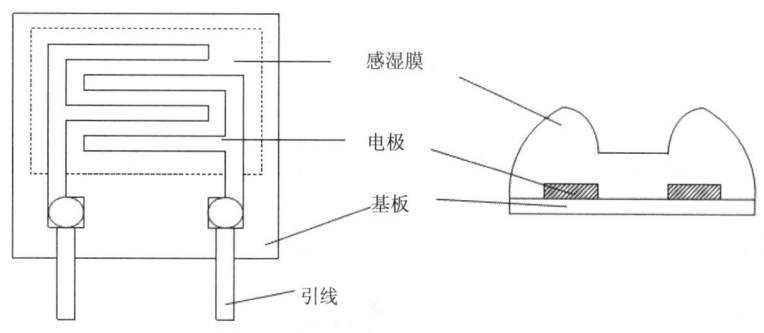

图4-24　结露敏感元件结构图

该元件具有独特的开关式阻值变化特性。在低湿时几乎没有感湿灵敏度，而在高湿

(94%RH 以上)时,其阻值剧增。在低湿时,感湿膜吸附水分较少,感湿膜处于收缩状态,导电微粉浓度较高、距离小,因而阻值较低。湿度增加时,感湿膜吸收的水分增多,导电微粉间的距离增大,阻值相应增加。在高湿区出现结露时,感湿膜吸湿量大大增加而急剧膨胀,导电微粉浓度迅速下降,导电微粉构成的导电链越过"临界状态",微粉间连接极弱,使阻值急剧增大,从而在结露点附近产生了元件电阻的开关型变化。

即使在使用中有灰尘和其他气体产生的表面污染,对元件的湿度特性影响仍然很小;能够检测并区别结露、水分等高湿状态;尽管存在滞后等因素会引起特性变化,但由于具有急剧的开关特性,所以工作点变动较小;能使用直流电压设计电路,因为是导电无极化现象,所以可用直流电源。其主要技术特性见表 4-4。

表 4-4 结露敏感元件主要技术特性

电阻值	响应时间	使用电压	工作温度/℃	测湿范围/%RH	测湿检测量程/%RH
75%RH 时: 10kΩ 以下 94%RH 时: 2~20kΩ 100%RH 时: 200kΩ 以上	25℃、60%RH 60℃、100%RH 达到 100kΩ 的时间<10 s	0.8 V 以下 (AC 或 DC)	−10~+160	0~100	94~100

该元件被大量应用于检测和防止磁带机和照相机结露、小汽车玻璃窗除露、复印机和建筑材料结露、高压配电柜结露等。如磁带机因结露而附着水珠,磁带和移动机构间的摩擦力发生变化,使磁带的走速不稳定,磁鼓和磁头的磁粉会受到损坏。结露组件安装到需检测的附近,当出现结露时机器自动进入强制停机状态。

4.3.4 高分子电组式湿度传感器

当有机高分子感湿膜吸湿后引起介电常数发生明显变化时,有这种变化特性的高分子电介质材料可做成电容式湿敏元件。高分子电容式湿度传感器基于电极间的高分子感湿材料吸附水分子时,其介电常数变化。当环境中相对湿度为 $U\%RH$ 时,高分子的介电常数 ε_u 为

$$\varepsilon_u = \varepsilon_r + aW_u\varepsilon_{H_2O} \tag{4-11}$$

式中,ε_r 为 0%RH 时高分子的介电常数;ε_{H_2O} 为高分子中吸附水的介电常数;W_u 为 $U\%RH$ 时高分子单位质量所吸附水分子质量,与该湿度下的水蒸气相对压(P/P_0)成正比,$W_u = b(P/P_0)$,a、b 为常数。

因此该湿度下电容量 C_u 与环境中水蒸气相对压(P/P_0)关系为

$$C_u = \varepsilon_0\varepsilon_u\frac{S}{d} = \varepsilon_0(\varepsilon_r + aW_u\varepsilon_{H_2O})\frac{S}{d} = \varepsilon_0\varepsilon_r\frac{S}{d} + ab\varepsilon_0\varepsilon_{H_2O}\frac{S}{d}(P/P_0) \tag{4-12}$$

式中,ε_0 为真空介电常数;S 为电极的有效电极面积;d 为高分子感湿膜厚,因此电容量 C 与环境中水蒸气相对压(P/P_0)呈线性关系。

4.4 电容式湿度传感器

4.4.1 陶瓷电容式湿度传感器

氧化铝薄膜湿度传感器是典型的陶瓷电容式湿度传感器。该湿度传感器测湿的原理主要是多孔的氧化铝薄膜易于吸收空气中的水蒸气，从而改变了其本身的介电常数，这样由氧化铝做电介质构成的电容器的电容值，将随空气中水蒸气分压而变化。测量电容即可得出空气的相对湿度。

1. 氧化铝薄膜湿度传感器的基本结构

氧化铝薄膜湿度传感器结构如图 4-25 所示，多孔导电层 A 是用蒸发金膜制成的对面电极，它能使水蒸气浸透氧化铝层；B 为湿敏部分；C 为绝缘层(高分子绝缘膜)；D 为导线。该类型传感器具有体积小，工作温度范围宽(-111～+20℃和+20～+60℃)，元件响应快，在低湿下灵敏度高，没有"冲蚀"等优点；但对污染敏感而影响精度，高湿时精度较差，工艺复杂，老化严重，稳定性较差。采用等离子法制作的元件，稳定性有所提高。

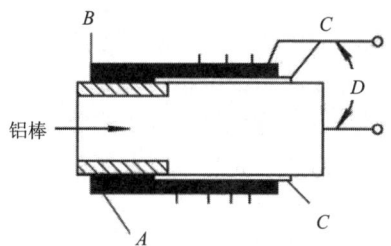

图 4-25 氧化铝薄膜湿度传感器结构

2. 氧化铝薄膜湿度传感器湿敏特性

多孔氧化铝薄膜湿度传感器的电容-湿度曲线如图 4-26 所示，湿度增加电容值增加。低湿度范围有好的线性，高湿范围线性变差，湿度进一步提高，曲线渐变平缓。在低湿度范围内，随湿度的增加开始第一物理吸附层，湿度达 40%时第一物理吸附层接近完成，形成一层连续的水膜。在低湿度水蒸气吸附属单分子吸附，电容与 RH 呈正比变化。在高湿度条件下，会形成多层物理吸附层，与 RH 之间的关系是非线性的。随着孔的个数的增加，电容值增大。

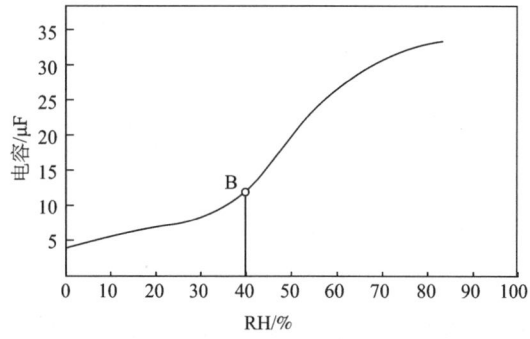

图 4-26 氧化铝薄膜湿度传感器的电容湿度曲线

4.4.2 高分子电容式湿度传感器

高分子电容式湿度传感器是湿度测量控制领域应用广泛的一类新型湿敏元件。与其他类型湿敏元件相比,该类湿敏元件具有测量范围宽、线性输出、湿滞小、响应时间短、温度特性好、稳定性高、使用方便等特点。另外,其制作工艺可与半导体工艺相兼容,适用于湿敏元件小型化、批量化生产。

1. 高分子电容式湿度传感器的工作原理

高分子电容式湿度传感器采用湿敏高分子材料制成,电容器介质材料主要有高分子薄膜和醋酸纤维素等。作为感湿材料的高分子聚合物,能随周围环境 RH 大小成比例地吸附和释放水分子。因为这类高分子大多是具有较小电介常数(ε_r=2~7)的电介质,而水分子偶极矩的存在大大提高了聚合物的介电常数(ε_r=83)。因此将此类特性的高分子电介质做成电容器,测定其电容量的变化,即可得出环境相对湿度。

2. 高分子电容式湿度传感器的基本结构

高分子电容式湿度传感器结构如图 4-27 所示,在玻璃基片上蒸发梳状金电极作为下电极,将高分子材料按一定比例溶解于丙酮、乙醇(或乙醚)溶液中配成感湿溶液,然后通过浸渍或涂覆的方法,在基片上附着一层高分子感湿薄膜,再用蒸发工艺制成上电极,其厚度为 20μm 左右。其上部多孔质的金电极可使水分子透过,水的介电系数比较大,室温时约为 79。感湿高分子材料的介电常数并不大,当水分子被高分子薄膜吸附时,介电常数发生变化。随着环境湿度的提高,高分子薄膜吸附的水分子增多,因而湿度传感器的电容量增加,根据电容的变化测得相对湿度。

3. 高分子电容式湿度传感器主要特性

(1) 电容-湿度特性。电容随着环境湿度的增加而增加,基本上呈线性关系。测湿范围宽,有的可覆盖全湿范围。当测试频率为 1.5MHz 左右时,其输出特性有良好的线性度。对其他测试频率,如 1kHz、10kHz,尽管传感器的电容量变化很大,但线性度欠佳。可外接转换电路,使电容-湿度特性趋于理想直线,如图 4-28 所示。

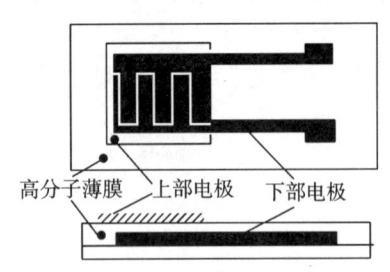

图 4-27 高分子薄膜电介质电容式湿度传感器结构   图 4-28 高分子薄膜电介质电容式湿度传感器电容-湿度特性

(2) 响应特性。高分子薄膜可以做得极薄,响应时间都很短,一般都小于 5s,有的响应时间仅为 1s。

(3) 电容-温度特性。感湿特性受温度影响非常小,在 5~50℃范围内;电容温度系数较小,约为 0.06%RH/℃,有的可忽略不计。高分子薄膜电介质电容式湿度传感器使用温度范围宽,有的可达–40~+150℃,如表 4-5 所示。

表 4-5 醋酸纤维有机膜湿度传感器主要技术特性

参数型号	测湿范围/%RH	工作温度/℃	精度/%RH	相应时间/s	温度系数/(%RH/℃)
6061HM	0~100	–40~+150	±1~2	1	0.05

4. 高分子感湿材料要求

高分子感湿材料应符合以下要求:

(1) 灵敏度随相对湿度变化成线性,湿滞要小,温度系数小,输出不受其他气体影响。因为温度上升,高分子聚合物膨胀,介质膜厚 d 增加,对电容量呈负贡献;但膨胀又使介质对水的吸附量增加,呈正贡献。可见湿敏电容的温度特性受多种因素支配,不同的湿度温漂不同,不同的温区呈不同的温度系数,不同的感湿材料温度特性不同。所以高分子介质在吸湿后,多相介质复合介电常数有加和性,提高了吸水异质层的介电常数,使湿敏电容的电容量与相对湿度成正比。

(2) 当吸附量小且为物理吸附时,吸附水分子的量与平衡相对压(P/P_0)呈线性关系。

(3) 含有较弱极性基醚键(—O—)、羰基(—CO—)、巯基(—SO$_2$—)等疏水性高分子材料,如醋酸丁酸纤维素(CAB)和聚酰亚胺(PI)等是亲水性较弱的聚合物。因为较大偶极矩的极性基与水分子有较强作用形成氢键结合,为化学吸附,很难脱附,产生湿滞。防止或减弱水分子的凝聚是减小湿滞的关键之一(被吸附的水分子间相互作用产生凝聚(cluster)),所以可用疏水基分隔极性基防止吸附水分子凝聚,有代表性的疏水基有烷基、苯基等碳氢、碳氟化物。

4.5 湿度传感器的应用实例

不同环境的湿度测量应选用不同的传感器。当环境温度在–40~70℃时,可选用高分子湿度传感器和陶瓷湿度传感器。干净环境下用高分子湿度传感器,污染严重的环境下用陶瓷湿度传感器;当温度在 70~100℃范围时大多数使用陶瓷湿度传感器;当温度超过 100℃时利用陶瓷湿度传感器,但不用相对湿度概念,而用绝对湿度的概念。

在使用陶瓷传感器的场合,为使传感器准确稳定地工作,需附加自动加热清洗装置。例如,在低湿条件下以数小时为周期加热清洗,在高湿条件下需频繁地加热清洗(工作在 80%RH 以上时,每隔 30s 左右就需清洗一次)。下面介绍几种典型的应用实例。

4.5.1 汽车后窗玻璃自动去湿装置

汽车后窗玻璃自动去湿装置安装如图 4-34 所示。R_H 为设置在后窗玻璃上的湿度传感器,R_L 为嵌入玻璃的加热电阻。由 T_1 和 T_2 接成施密特触发电路,在 T_1 基极上接由 R_1、R_2 和湿度传感器电阻 R_H 组成的偏置电路。在常温常湿下 R_H 阻值较大,T_1 导通,T_2 截止,继电器 K 不工作,加热电阻无电流流过。当湿度过大时,R_H 阻值减小使 T_1 截止,T_2 翻转为导通,K 工作,其常开触点 K_1 闭合,加热电阻开始加热,后窗玻璃上的潮气被驱散。

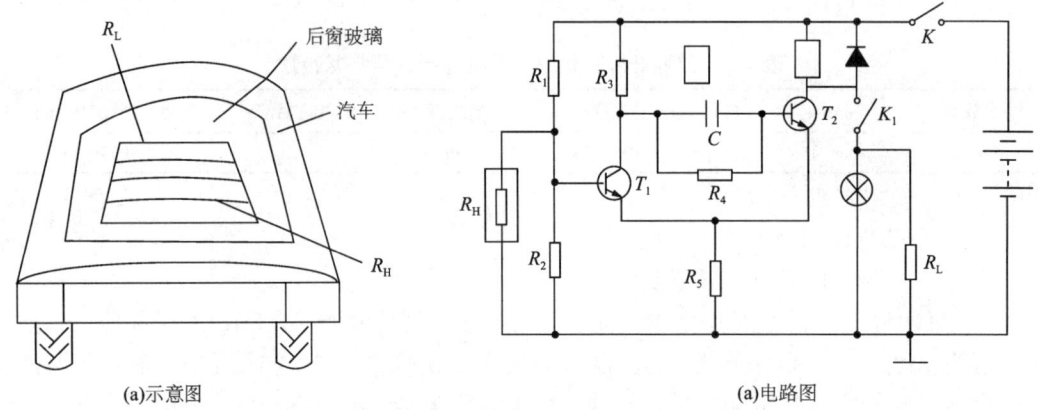

图 4-34 汽车后窗玻璃自动去湿装置图

4.5.2 浴室镜面水汽清除器

浴室镜面水汽清除器的整体结构如图 4-35 所示，主要由电热丝、结露传感器和控制电路等组成，其中电热丝和结露传感器安装在玻璃镜子的背面，用导线将它们和控制电路联接。

控制电路如图 4-36 所示，结露传感器 B 用来检测浴室内空气的水气。T_1 和 T_2 组成施密特电路。当镜面周围空气湿度变低时，B 阻值变小，约为 2kΩ，T_1 的基极电位约为 0.5V，T_2 导通，T_3 和 T_4 截止，双向晶闸管 VS 的控制极无电流通过。如果镜面的湿度增加使 B 阻值增大到 50kΩ，T_1 导通，T_2 截止，T_3 和 T_4 均导通。此时晶闸管 VS 控制极有控制电流通过，电流流过加热丝 R_L 使镜面加热。随着镜面温度逐步升高，水气被蒸发从而使镜面恢复清晰。加热丝 R_L 加热的同时指示灯 VD_2 点亮。调节 R_1 的阻值，可使加热丝在确定的某一相对湿度条件下开始加热。控制电路的电源由 C_3 降压，经整流、滤波和 VD_3 稳压后供给。

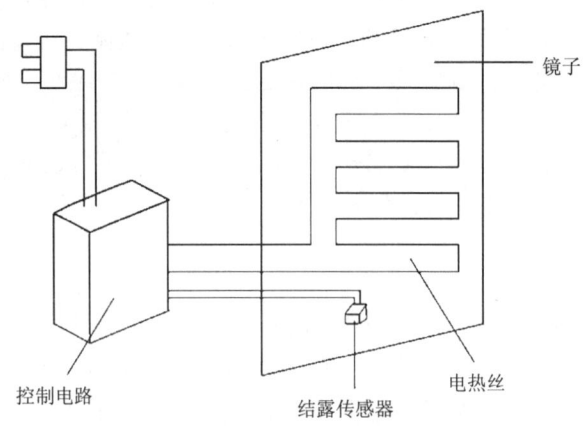

图 4-35 浴室镜面水汽清除器

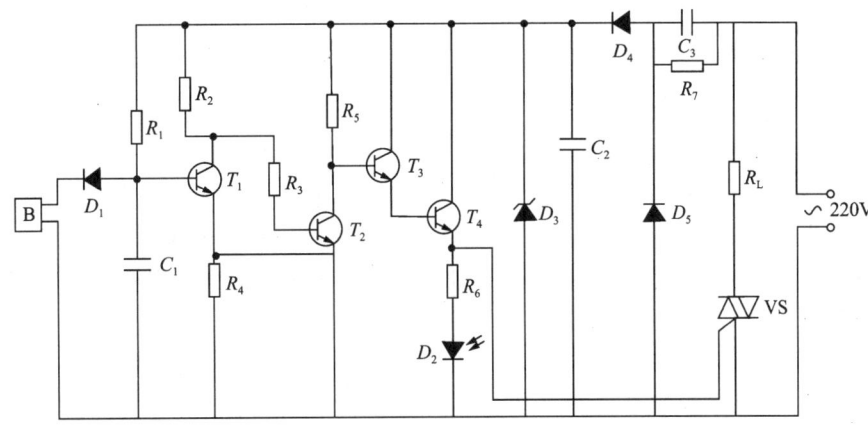

图 4-36 浴室镜面水汽清除器控制电路

4.5.3 土壤缺水告知器

土壤的电阻值与其湿度有关,潮湿的土壤电阻仅有几百欧,干燥时土壤电阻可增大到数十千欧以上,因此,可以利用土壤电阻值的变化来判断土壤是否缺水。

土壤缺水告知器电路原理如图 4-37 所示。用一对金属探板作为土壤湿度传感器,埋在需要监视的土壤中。为了防止土壤中的极板发生极化,采用交变信号与土壤电阻组成分压器。由 IC_1、R_1 和 C_1 组成一个振荡器,IC_2 为振荡器的缓冲电路。R_2 与传感器测得的电阻形成的分压由 VD_1 削去负半部分,经 T_1 缓冲并由 VD_2、R_4 和 C_3 整流,经 R_5 输送给 IC_3 比较器的同相端,与 RP 设定的基准电压进行比较。当土壤潮湿时其阻值变小,C_3 两端电压较低,比较器 IC_3 输出电压 U_{out} 为低电位;当土壤缺水时,C_3 两端电压高于基准设定电压时,比较器 IC_3 输出电压 U_{out} 为高电位。U_{out} 可对指示报警电路进行控制,达到土壤缺水告知的目的。

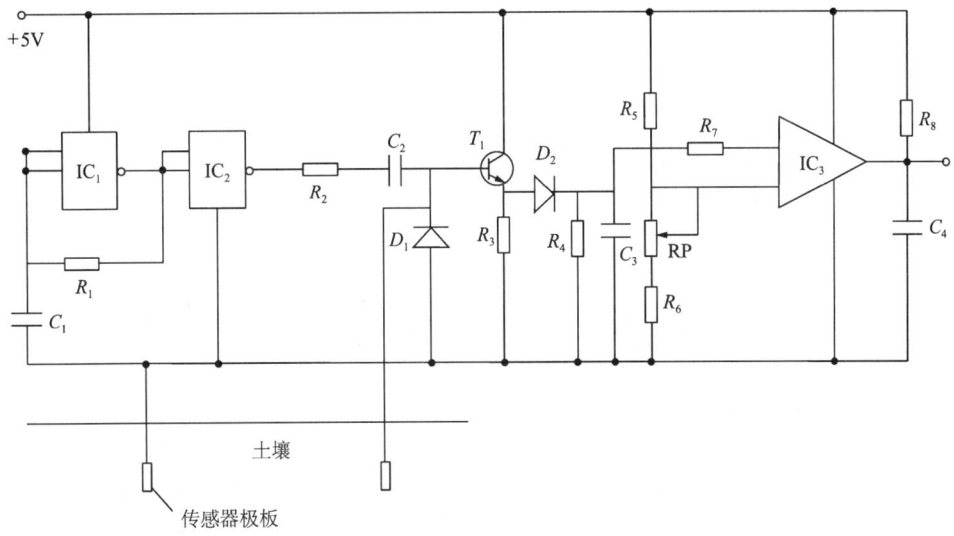

图 4-37 土壤缺水告知器电路原理图

4.5.4 电容式谷物水分测量仪

电容式传感器测量谷物水分是由于干燥谷物的相对介电常数远小于水,而含水谷物的相对介电常数介于干燥谷物和水之间,谷物水分含量的高低直接影响谷物介电常数 ε。以谷物作为电容器的极间介质,当电容器的极板面积 A 和极板间的距离 d 保持不变时,通过测量电容器的电容值变化即可测定谷物的相对介电常数 ε 值,由此可获得被测谷物的含水量。电容式谷物水分测量仪采用筒式电容式水分传感器,谷物装入传感器筒内后,介电常数会随谷物水分含量不同而变化。

测量仪的电路框图如图 4-38 所示。电路原理图如 4-39 所示。其中脉冲发生器和单稳态电路由一块时基电路组成,IC_1 组成占空比为 50%,频率为 8kHz 的方波发生器,其输出的方波经 C_3、R_2 组成的微分电路输出尖脉冲(见 A、B 波形)。尖脉冲经 D_1 去掉正向脉冲,由负向脉冲触发 IC_2 使单稳态电路翻转,单稳恢复时间由 R_3 和电容式水分传感器的容量 C_3 决定。从 IC_2 的 9 脚输出频率不变、脉冲宽度随传感器 C 变化的矩形波(见 C 波形)。从 IC_2 的 9 脚输出的调宽方波和 IC_1 的 5 脚输出的方波输入由 R_4、D_2、D_3 组成与门,与门将两个波形中脉宽不同的部分检出(见 D 波形),经 D_4 隔离加到由 R_5、RP_2、C_5 等组成的积分电路,从 E 点输出与谷物水分对应的平均直流电压。其中 RP_1 用来调整水分低端覆盖,RP_2 用来调整高端覆盖。从 E 端输出的电压表示被测谷物水分的含量,可用数字电压表显示水分,也可用电流表指示水分。当使用电流表显示时,应串入一个电阻,把电流表变为电压表才可使用。

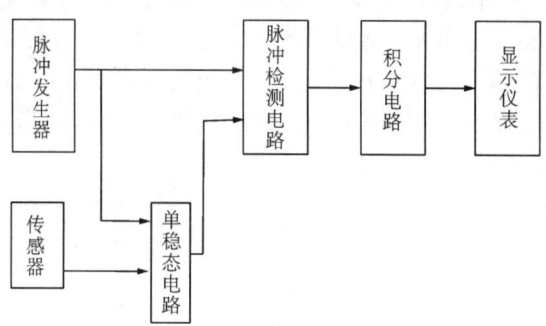

图 4-38 电容式谷物水分测量仪的电路框图

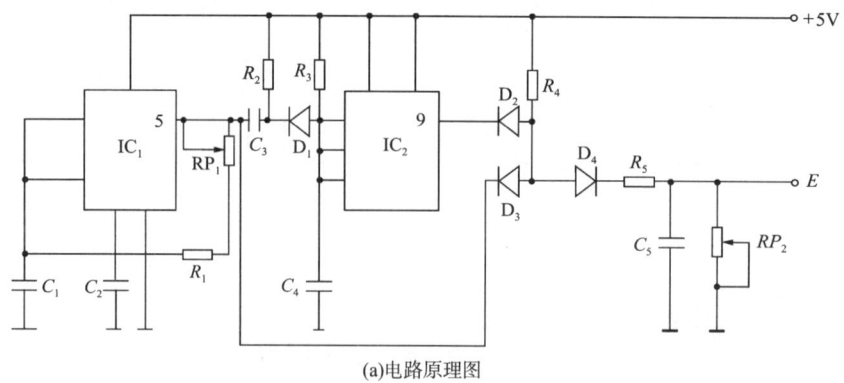

(a)电路原理图

图 4-39 电容式谷物水分测量仪的电路原理图和波形图

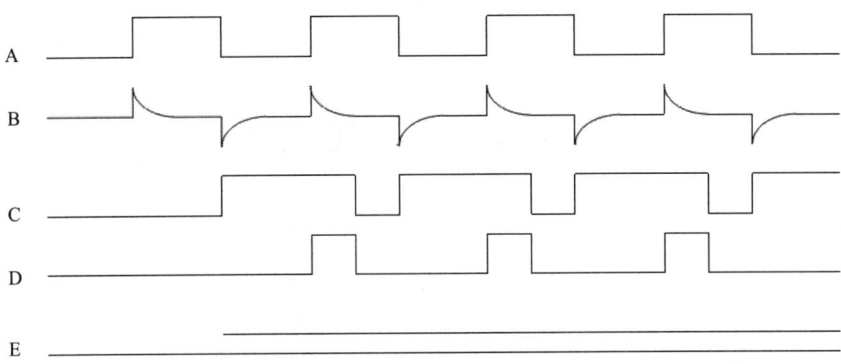

(b)波形图

图 4-39 电容式谷物水分测量仪的电路原理图和波形图(续)

第 5 章 气体传感器

学习目标

通过本章的学习,掌握常见气体传感器的工作原理、基本结构、特性参数、误差补偿以及转换电路的相关知识,了解农业中常用的气体传感器。

学习要求

(1) 掌握电阻型半导体气体传感器的敏感材料及机理,了解常见气敏元件。
(2) 掌握红外吸收式气敏传感器的工作原理,了解其优缺点。
(3) 掌握体声波气体传感器和声表面波气体传感器的原理。
(4) 了解农业中常用气体传感器的工作原理、基本结构和应用特点。

简介

气体传感器是传感器的重要分支之一,是利用物理效应、化学反应等机理把气体的种类和浓度检测出来,并通过敏感芯片和转换部件转换成电信号的器件。气体传感器的应用已深入人类生产生活的方方面面,广泛应用于国防军事、工农业生产、能源和资源开发、医疗、环保、灾害预测、交通运输、家庭等各个方面。

本章将逐一介绍半导体气体传感器、红外吸收式气体传感器以及声波气体传感器。图 5-1 所示为常见的气体传感器。

(a)固体电解质 CO_2 气体传感器

(b)半导体氨气传感器

图 5-1 常用的各种气体传感器

5.1 气体传感器概述

气体传感器是气体检测的关键部分。早在 1964 年,Wickens 等便利用气体在电极上的氧化还原反应首先研制出气敏传感器,气体传感器的研发从此拉开了帷幕。1968 年,日本费加罗公司将研发的气体传感器推向市场。气体传感器面向市场后带来了巨大的经济效益,市场的需要使各种性质的气体传感器应运而生。气体传感器的应用广泛,可以适用于各种场合,如环境检测、气体泄漏检测等。

气体种类繁多,性质各不相同,因此,气体传感器种类也很多。气体传感器根据其工作原理主要有半导体气体传感器、接触燃烧式气体传感器、电化学式气体传感器、红外吸收型气体传感器、气相色谱仪以及声波气体传感器等。本章将根据常用气体传感器需求,主要讲解半导体气体传感器、红外吸收型气体传感器以及声波气体传感器。

5.2 半导体气体传感器

5.2.1 半导体气体传感器及其分类

自从 1962 年半导体金属氧化物陶瓷气体传感器问世以来。半导体气体传感器已经成为当前应用最普遍、最有实用价值的气体传感器,这种类型的传感器在气体传感器中约占 60%。

半导体气体传感器的感应元件通常采用金属氧化物或金属半导体氧化物为材料制成,元件与气体接触时,会与气体相互作用并产生表面吸附或反应,从而引起载流子运动,使电导率、伏安特性或表面电位变化,借此检测特定气体的成分及其浓度。按照半导体变化的物理性质,半导体气体传感器可分为电阻型和非电阻型两种,如表 5-1 所示。

表 5-1 半导体气体传感器的分类

	主要的物理特性	传感器举例	工作温度	代表性被测物质
电阻型	表面控制型	氧化锡、氧化铅	室温~450℃	可燃性气体
	体控制型	氧化钛、氧化钴、氧化镁、氧化锡	300~450℃ 700℃以上	酒精 可燃性气体 氧气
非电阻型	表面电位	氧化银	室温	硫醇
	二极管整流特性	铂/硫化镉、铂/氧化钛	室温~200℃	氢气、一氧化碳、酒精
	晶体管特性	铂栅 MOS 场效应管	150℃	氢气、硫化氢

电阻型半导体气体传感器是利用半导体接触气体时,其阻值的改变来检测气体的浓度。电阻型半导体气体传感器按照半导体与气体相互作用是在其表面还是在内部,又可分为表面控制型和体控制型。而非电阻型半导体传感器根据气体的吸附和反应,利用半导体的功函数,对气体进行直接或间接检测。目前,正在积极开发的有 MOS 二极管式、结型二极管式以及场效应管式(MOSFET)半导体气体传感器。

下面重点介绍电阻型半导体气体传感器。

5.2.2 电阻型半导体气体传感器

电阻型半导体气体传感器由于结构简单,不需要专门的放大电路来放大信号,所以很早就应用到了各个领域。

1. 电阻型半导体气体传感器的敏感材料

气敏材料作为传感器最为关键的一部分,其性质直接影响传感器的性能。常见电阻型敏感材料见表5-2，主要分为金属氧化物、复合材料和高分子材料。其中，SnO_2、ZnO、Fe_2O_3 作为传统金属氧化物已被广泛研究，但在实际应用中存在选择性差、操作温度高、稳定性差等问题，为了提高对气体检测的选择性和灵敏度，一般都掺有少量的贵金属(如钯、铂、银等)。近十几年来In_2O_3、WO_3 等新型金属氧化物材料进行了深入系统的研究，从灵敏度、选择性、响应时间等方面看，是检测 CO、O_3、H_2S、NH_3 等气体的理想材料。此外，钙钛矿型(ABO_3)和 $K_2NiF_4(A_2BO_4)$ 复合半导体材料由于其结构稳定、组分容易调节而被广泛应用于半导体气体传感器中。在高分子材料方面，主要有酞菁、卟啉、卟吩和它们的衍生物。近些年来，聚吡咯、二萘嵌苯、蒽、β-胡萝卜等也被作为气敏材料进行了研究。

表 5-2 敏感材料的种类以及检测气体

材料类型	典型材料	工作温度/℃	代表检测气体
金属氧化物	SnO_2、ZnO、Fe_2O_3、La_2O_3、In_2O_3、Al_2O_3、NiO、SiO_2 等	200~500	可燃性气体 NH_3、CO、NOx、O_3、CH_4、异丁烷、H_2、H_2O、SO_2 等
复合材料	ABO_3（$YFeO_3$、$LaFeO_3$、$ZnSnO_3$、$CdSnO_3$、Co_2TiO_3）、A_2BO_4（$MgFe_2O_4$、$CdFe_2O_4$、$CdIn_2O_4$）	200~400	C_2H_5OH、H_2S、CO_2、LPG、CH_3OH、丙酮等
高分子材料	酞菁、卟啉、卟吩及其衍生物、聚吡咯、二萘嵌苯、蒽、β-胡萝卜	常温	NH_3、NO_2、H_2

2. 电阻型半导体气体传感器的敏感机理

由表 5-2 可以看出，气敏材料具有多样性，气敏材料与气体作用的方式同样也具有多样性，因此此类传感器敏感机理也都不一致，没有统一的理论解释。不同半导体气体传感器由于材料物质的吸附作用，引起表面化学反应以及体原子价态的出现，从而使半导体的电阻因材料物质的不同而不同。根据这一现象，对半导体气体传感器提出了表面电荷层模型、体原子价控制模型、接粒界势垒模型，这些模型的敏感机理可以统一理论解释为气体与敏感材料相互作用时电子之间的相互转移。

1) 表面电荷层模型

在金属氧化物表面上，由于表面结构的不连续性或晶格缺陷，在吸附不同种类的气体之后，将形成不同形式的表面能级。表面能级与金属氧比物本体能带之间有电子的接受关系，因而形成表面的空间电荷层。由于吸收不同种类气体之后空间电荷层变化，引起气敏元件电导值发生变化，从而利用表面电导的变化检测气体的种类和浓度。

例如，在空气中，氧气吸附在 N 型半导体氧化物表面上，从半导体氧化物中夺取电子，形成 O_2^-、O^- 或 O^{2-} 等化学吸附氧，同时在半导体氧化物表面形成空间电荷层，导致表面能带向上弯曲，电子浓度减小，电导下降。当还原性气体存在时，它和半导体氧化物上的化学吸附氧发生反应，重新将电子释放回半导体，导致电子浓度升高，电导上升。

2) 体原子价控制模型

体原子价控制模型指的是气敏元件与被测气体之间的相互作用引起气敏材料体内结构组成的改变，从而引起了敏感元件电阻的变化。

非化学计量比的金属氧化物材料与还原性气体接触反应时,材料的组成结构发生改变,导致器件的阻值发生变化。如基于尖晶石结构的 γ-Fe_2O_3 陶瓷器件,在高温下晶体中的肖特基缺陷,导致结构中的三价铁离子转变为二价离子,并在晶体内扩散,致使材料电阻下降。而这种价态的改变在气体脱附后有可能发生可逆的转变。在复合氧化物材料中(如钛矿型氧化物 ABO_3 中),材料发生化学反应会导致氧的解离,使 ABO_3 结构被破坏,器件电阻升高。

3) 接粒界势垒模型

半导体材料中晶粒间存在晶界势垒,气体分子发生化学吸附或反应时,会导致材料晶界势垒的变化。如掺杂 CuO 的 SnO_2 敏感材料,当接触 H_2S 气体时,材料中的 CuO 变为 CuS,使材料的晶界势垒发生明显改变,材料的电阻也会发生显著变化,在高温脱附过程中,CuS 又被氧化成 CuO,器件的电阻上升。利用接粒界势垒模型可以解释材料对 H_2S 的敏感机理。

3. 电阻型半导体气体传感器敏感元件结构

电阻型半导体气敏元件主要有三种结构形式:烧结型、薄膜型和厚膜型。其中烧结型应用最广泛,以氧化锡(SnO_2)烧结型气敏元件为例。这类器件以 SnO_2 半导体材料为基体,将铂电极和加热丝埋入 SnO_2 材料中,用加热、加压、温度为 700~900℃ 的制陶工艺烧结成形,如图 5-2 所示。因此,被称为半导体陶瓷,简称半导瓷。半导瓷内的晶粒直径为 1μm 左右,晶粒直径大小的取值会影响电阻的大小,但气体检测灵敏度却受晶粒大小的影响很小。元件中常添加铂和钯等作为催化剂,以提高其灵敏度和选择性。添加剂的成分与含量、元件的烧结温度和工作温度都会影响元件的选择性。

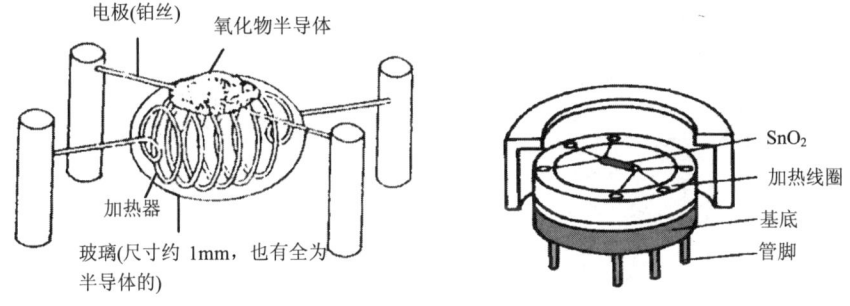

图 5-2 烧结型气敏元件结构

烧结型气敏元件相对于其他类型而言,其制作工艺简单,成本低,功耗小,器件寿命长;但由于测量回路和加热回路间没有间隔,会相互影响,另外如果烧结不充分会造成器件机械强度不高,加热丝在受热和不受热状态的涨缩不同,电性能一致性较差,并且电极材料较贵重,因此烧结型在应用时也有一定的局限性。

图 5-3 为薄膜型器件。它采用蒸发或溅射工艺,在石英基片上形成氧化物半导体薄膜(其厚度在 100nm 以下),制作方法也很简单。实验证明,SnO_2 半导体薄膜的气敏特性最好,但这种半导体薄膜为物理性附着,因此器件间性能差异较大。

图 5-4 为厚膜型器件。这种器件是将氧化物半导体材料与硅凝胶混合制成能印刷的

厚膜胶，再把厚膜胶印刷到装有电极的绝缘基片上，经烧结制成。由于这种工艺制成的元件机械强度高，离散度小，适合大批量生产，所以是一种很有前途的器件。

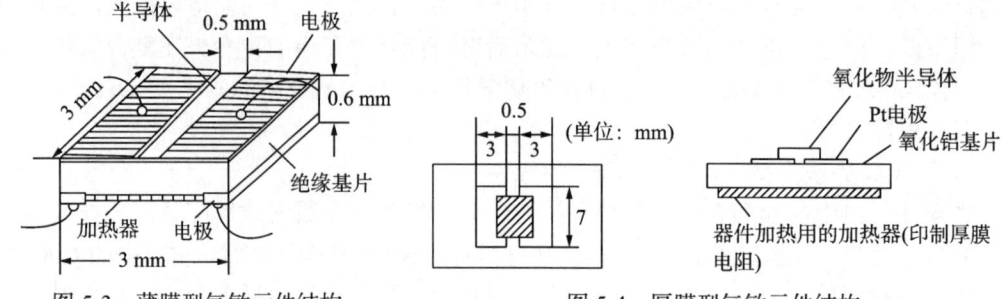

图 5-3　薄膜型气敏元件结构　　　　图 5-4　厚膜型气敏元件结构

电阻型半导体气敏元件通常工作在高温状态(200~450℃)，目的是将附着在敏感元件表面上的尘埃、油污等烧掉，加速气体的吸附，提高其灵敏度和响应速度。因此三种气敏元件结构上都有电阻加热丝，加热方式一般有直热式和加热式两种。

直热式气敏器件的结构及符号如图 5-5 所示。直热式器件是将加热丝、测量丝直接埋入 SnO_2 或 ZnO 等粉末中烧结而成，工作时加热丝通电，测量丝用于测量器件阻值。这类器件制造工艺简单、成本低、功耗小，可以在高电压回路下使用，但热容量小，易受环境气流的影响，测量回路和加热回路间没有隔离而相互影响。

国产 QN 型、MQ 型和日本费加罗 TGS#109 型气敏传感器均属此类结构。

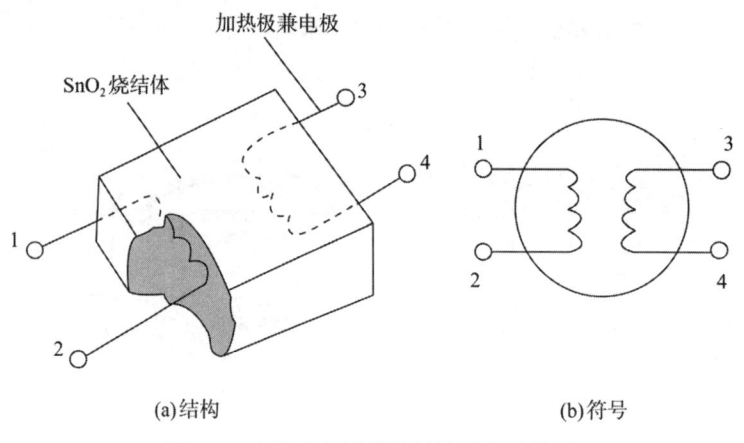

图 5-5　直热式气敏器件结构及电路符号

与直热式气敏元件相比，旁热式的结构多加了陶瓷管，结构如图 5-6 所示。它的特点是将加热丝放置在一个陶瓷管内，管外涂梳状金电极作为测量极，在金电极外涂上 SnO_2 等敏感材料。

旁热式结构的气敏传感器克服了直热式结构的缺点，使测量极和加热极分离，而且加热丝不与气敏材料接触，避免了测量回路和加热回路的相互影响，器件热容量大，降低了环境温度对器件加热温度的影响，所以这类结构器件的稳定性、可靠性都比直热式器件好。

国产 QM-N5 型和日本费加罗 TGS#812、813 型等气敏传感器都采用这种结构。

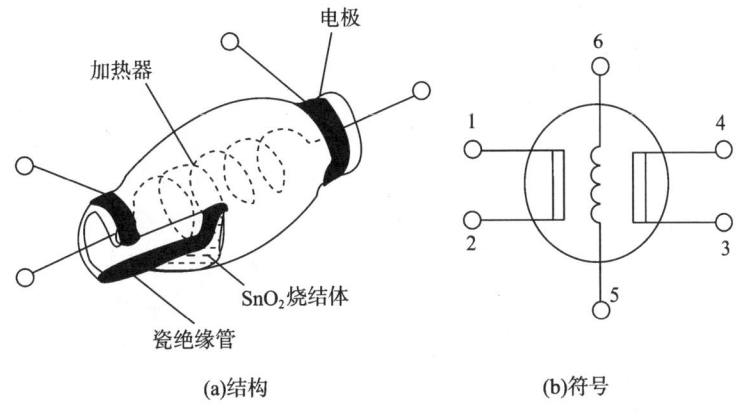

图 5-6 旁热式气敏器件结构及电路符号

5.2.3 半导体气体传感器主要特性参数

1. 气敏元件的电阻值

将电阻型气敏元件在常温下洁净空气中的电阻值，称为气敏元件(电阻型)的固有电阻值，表示为 R_a。一般其固有电阻值在 $10^3 \sim 10^5 \Omega$。测定电阻型气敏元件的电阻值，必须在洁净空气中进行。

2. 气敏元件的灵敏度

灵敏度是用来表征气敏元件的电参量(如电阻型气敏元件的电阻值)随被测气体浓度的变化而改变的程度。灵敏度越大，表明气敏元件对气体浓度变化的感应能力越强。灵敏度可以采用电阻表示法，当被测气体浓度变化时，气敏元件在待测气体中的电阻值会发生变化，所以可以用气敏元件的电阻与被测气体浓度的函数作图，其斜率即为传感器的灵敏度。此外还可采用电阻比表示法，即电阻比灵敏度：

$$K_R = \frac{R_a}{R_g} \tag{5-1}$$

式中，R_a 为气敏元件在空气中的阻值；R_g 为气敏元件在待测气体中的阻值。

也可以用输出电压比表示法，即电压比灵敏度：

$$K_V = \frac{V_a}{V_g} \tag{5-2}$$

式中，V_a 为气敏元件在空气中负载电阻的输出电压；V_g 为气敏元件在待测气体中负载电阻的输出电压。

图 5-7 所示为 SnO_2 半导瓷气敏元件的灵敏度特性曲线，它是用元件电阻比与气体浓度关系表示的灵敏度特性。SnO_2 半导瓷气敏元件电阻 R_S 与检测气体浓度 c 的关系为

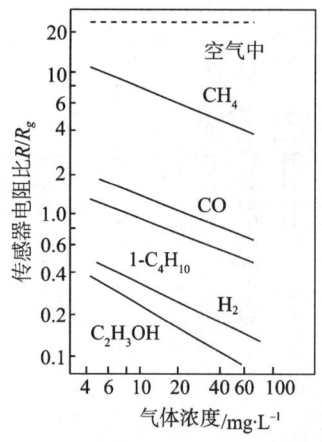

图 5-7 SnO₂ 半导瓷气敏元件的灵敏度特性曲线

$$\log R_S = m \log c + n \quad (5\text{-}3)$$

式中，m、n 为常数。m 表示随气体浓度而变化的传感器灵敏度(也称为气体分离率)。对于可燃性气体来说，m 值多数在 1/2~1/3。n 与气体检测灵敏度有关，除了随传感器材料和气体种类不同而变化，还会根据测量温度和激活剂的不同而发生大幅度的变化。

3. 气敏元件的分辨率

气敏元件的分辨率表示气敏元件对被测气体的识别(选择)以及对干扰气体的抑制能力。气敏元件分辨率 S 表示为

$$S = \frac{\Delta V_g}{\Delta V_{gi}} = \frac{V_g - V_\alpha}{V_{gi} - V_\alpha} \quad (5\text{-}4)$$

式中，V_α 为气敏元件在空气中工作时，负载电阻上的输出电压；V_g 为气敏元件在规定浓度被测气体中工作时，负载电阻上的电压；V_{gi} 为气敏元件在 i 种气体浓度为规定值中工作时，负载电阻的电压。

4. 气敏元件的初期稳定时间、响应时间和恢复时间

长期在非工作状态下存放的气敏元件，因表面吸附空气中的水分或者其他气体，导致其表面状态的变化，在加上电负荷后，随着元件温度的升高，发生解吸现象。因此，使气敏元件恢复正常工作状态，需要一定的时间，称为气敏元件的初期稳定时间。

图 5-8 表示了气体接触 N 型半导体时所产生的器件阻值变化情况。开启加热开关后，气体传感器按设计规定的电压值使加热丝通电加热，敏感元件电阻值首先是急剧的下降，一般过 2~10min 过渡过程后达到稳定的电阻值，达到初始稳定状态后的敏感元件才能用于气体检测。初期稳定时间除了与元件材料有关，还与元件材料所处大气环境有关。

当半导体气敏元件被加热到稳定状态，待测气体接触半导体表面而被吸附时，吸附在表面的气体分子作自由扩散(称为物理吸附)，随着运动能量的减小，吸附在表面的分子一部分被蒸发掉，另一部分残留在表面产生热分解而被固定在吸附处(称为化学吸附)。当吸附分子的亲和力(气体的吸附和渗透特性)大于半导体的功函数时，吸附分子将从器件获得电子而变成负离子吸附，半导体表面呈现电荷层。另外，如果吸附分子的离解能小于半导体的功函数，吸附分子将向器件释放出电子，而形成正离子吸附。具有负离子吸附倾向的气体被称为氧化型气体或电子接收性气体，如氧气等；具有正离子吸附倾向的气体被称为还原型气体或电子供给性气体，如 H_2、CO、碳氢化合物和醇类。

当 P 型半导体被还原型气体吸附，而 N 型半导体被氧化型气体吸附时，半导体中的载流子将减少，而使半导体的电阻值增大。反之，当 N 型半导体被还原型气体吸附，P 型半导体被氧化型气体吸附时，则载流子数将会增多，使半导体电阻值下降。

空气中氧气的含量基本上是不变的，因此吸附气体为氧气时，氧的吸附量将是恒定

的，对器件阻值的影响恒定，电阻值也就相对固定。由于器件阻值会随吸附气体浓度的变化而变化。根据这一特性，吸附气体的种类和浓度可以从阻值的变化得知。

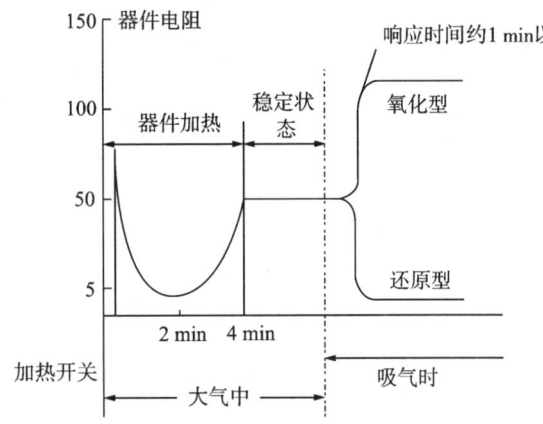

图 5-8　N 型半导体吸附气体时器件阻值变化图

达到初始稳定状态的元件，迅速置入被测气体之后，其电阻值减小(或增加)的速度称为气敏响应速度特性。另外气敏元件还有对被测气体中的响应时间，它指的是气敏元件与一定浓度的被测气体开始接触，随着电阻值的增加，当阻值达到该浓度所对应的稳定电阻值的 63%时所需要耗费的时间。通常用符号 t_r 表示。气敏元件的响应时间在一定程度上也反映了在工作温度下气敏元件对被测气体的响应速度。半导体气敏时间(响应时间)一般不超过 1min。

测试完毕，把传感器置于大气环境中，其阻值复原到初始状态的速度称为元件的复原特性。气敏元件的恢复时间反映其复原特性，表示在工作温度下被测气体由该元件上解吸的速度，从气敏元件脱离被测气体开始计时，直到其阻值恢复到在洁净空气中阻值的 63%时所需时间。

5. 气敏元件的加热电阻和加热功率

气敏元件通常的工作温度在 200℃以上。加热电路的电阻或加热器的电阻提供了气敏元件必要工作温度，也简称为加热电阻，用 R_H 表示。直热式的加热电阻值一般小于 5Ω；旁热式的加热电阻大于 20Ω。

气敏元件正常工作所需的加热电路功率，称为加热功率，用 P_H 表示，数值在 0.5~2.0W。

5.2.4　半导体气体传感器应用电路

1. 电源电路

气敏元件的工作电压不高，一般为 3~10V，但一定要稳定。尤其是供给加热的电压时，必须满足稳定的条件。因为电压不稳会使加热器的温度变化很大，气敏元件的工作点发生漂移，检测准确性得不到保证。

2. 辅助电路

在设计、制作应用电路，必须考虑气敏元件自身的一些特性，如温度系数、湿度系数和初期稳定性等。图 5-9 为温度补偿电路，当环境温度降低时，负温度热敏电阻 R_5 的阻值增大，使相应的输出电压得到补偿。

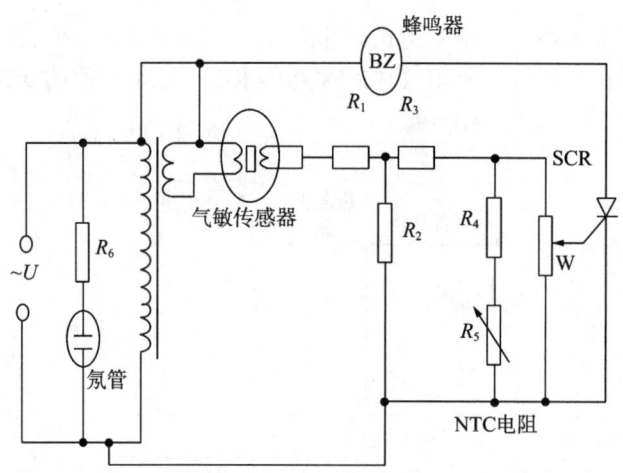

图 5-9 温度补偿电路

图 5-10 是使用正温度系数热敏电阻 R_2 的延时电路，图中 R_2 为 PTC 热敏电阻。

在刚接通电源时，热敏电阻的温升很小，其电阻值也小，电流大部分经热敏电阻回到变压器，蜂鸣器(BZ)不会发生报警信号。当通电 1~2min 后，热敏电阻温度升高，阻值急剧增大，通过蜂鸣器的电流增大，电路进入正常工作状态。

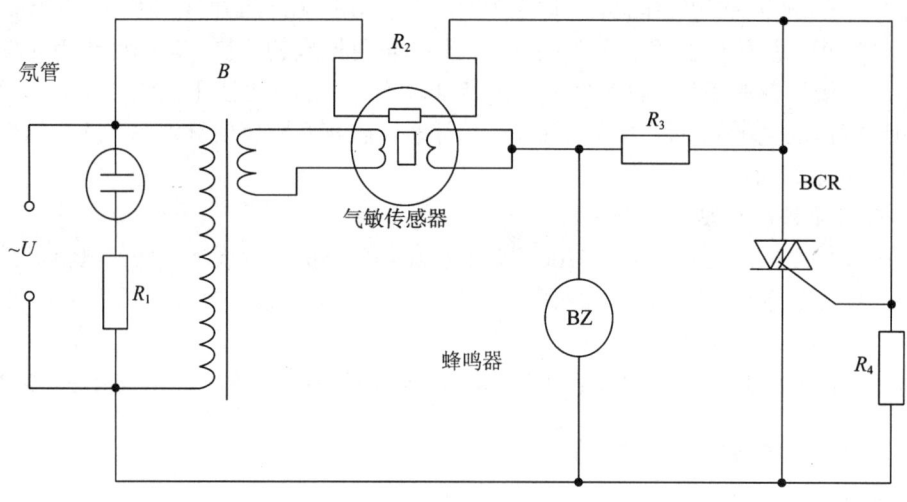

图 5-10 延时电路

3. 工作电路

工作电路是气敏元件应用电路的主体部分。

有串联蜂鸣器的应用电路，如图 5-11 所示。随着环境中可燃性气体浓度的增加，气敏元件的阻值下降到一定值后，流入蜂鸣器的电流，足以推动其工作而发出报警信号。

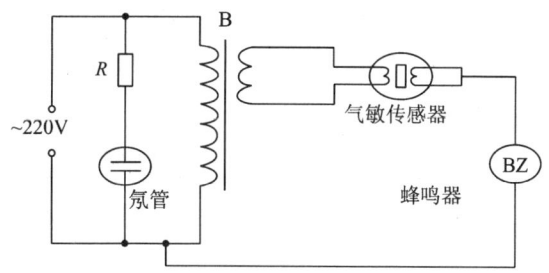

图 5-11 家用可燃性气体报警器电路

图 5-12 是差分式气体检测仪电路,其中 BG_1、BG_2 等元件组成差分放大电路,其输出端接有 W_3 和一只微安表。合上开关 K_1,使气敏元件 R_Q 预热后,再合上开关 K_2,在洁净空气中调整 W_2,使 BG_1、BG_2 基极对地电位相等;调节 W_4,使 BG_1、BG_2 的集电极电位差为零;调节 W_3,使表头读数为零。应注意 $W_1 \sim W_4$ 是相互制约的。气敏元件 R_Q 接触到可燃气体后,阻值发生变化,BG_1 的基极电位发生改变,差分电路工作,接在输出端的微安表上有电流通过。

通过电流的大小与被测可燃气体的浓度成正比。如果将微安表盘的刻度标上相应的气体浓度,则可直接读出被测气体的含量。在此电路中,BG_1、BG_2 的参数应力求一致,最好选用差分对。该电路检测气体的灵敏度可达 100×10^{-6}。

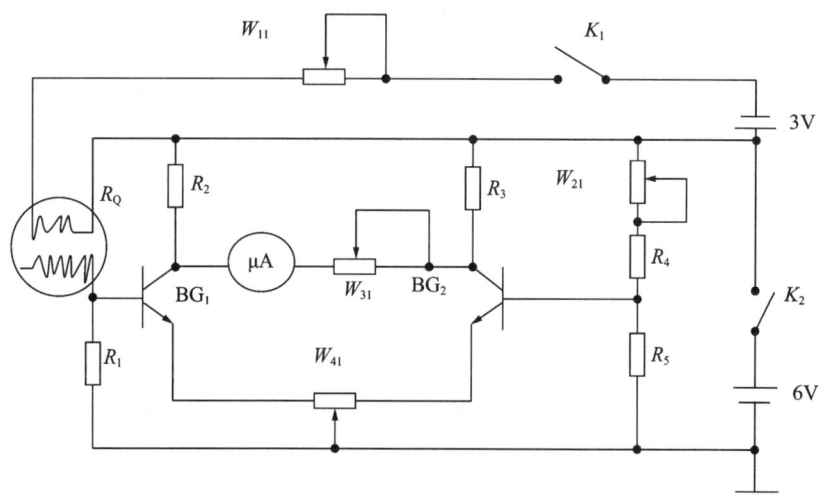

图 5-12 差分式气体检测仪电路

如图 5-13 所示为烧结型 SnO_2 气敏器件基本测试电路。这是采用直流电压的测试方法。图 5-13 中的 0~10V 直流电源为半导体气敏器件的加热器电源,0~20V 直流电源则提供测量回路电压 U_c。R_L 为负载电阻兼作电压取样电阻。从测量回路可得到回路电流 I_c 为

$$I_c = \frac{U_c}{R_S + R_L} \tag{5-5}$$

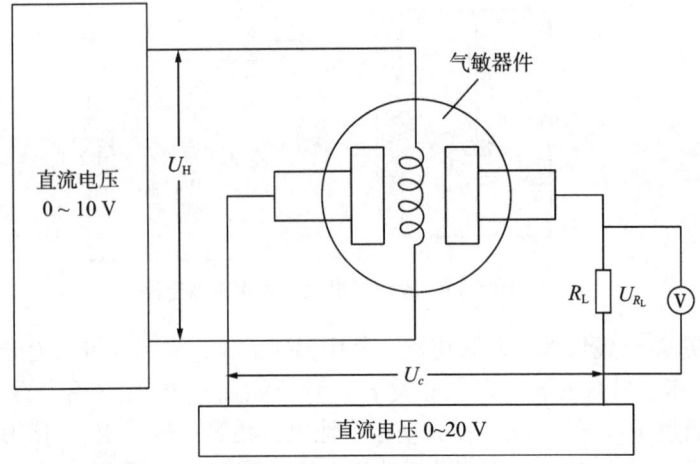

图 5-13 烧结型 SnO_2 气敏器件基本测试电路

式中，R_S 为气敏器件电阻。另外，负载压降 U_{R_L} 为

$$U_{R_L} = I_c R_L = \frac{U_c}{R_S + R_L} R_L \tag{5-6}$$

从式(5-6)可得气敏器件电阻 R_S，即

$$R_S = \frac{U_c - U_{R_L}}{U_{R_L}} R_L \tag{5-7}$$

这就是说，在空气中或者在某一气体浓度下，半导体气敏器件的电阻 R_S 可由式(5-7)计算。同时，由于半导体气敏器件和某气体相互作用后器件的 R_S 发生变化时，U_{R_L} 也相应地发生变化，这就是能够知道有无某种气体及其浓度的大小，也就是达到检测某种气体的目的。

5.3 红外吸收式气体传感器

光谱吸收法表明许多气体分子在红外波段存在特征吸收；根据朗伯-比尔(Lambert- Beer)定律，特征吸收强度与气体浓度呈正比例关系。据此原理设计而成的红外气体传感器可用于分析混合气体中某种或某几种待测气体组分的浓度，是非常重要、非常经典的气体传感器。

5.3.1 红外气体传感器的测量原理

被测气体对中红外光线的吸收是红外气体传感器分析气体的基础，吸收规律符合朗伯-比尔定律。

1. 吸收光谱

当分子从外界吸收电磁辐射能时，电子、原子、分子受到激发，会从较低能级向较高能级跃迁，跃迁后和跃迁前的能量差值表示为

$$E_2 - E_1 = h\nu \tag{5-8}$$

式中，E_2 表示跃迁后的较高能级的能量；E_1 表示跃迁前的较低能级的能量；ν 为辐射光的频率；h 为普朗克常数，4.136×10^{-15}eV·s。

电磁辐射时，若某一频率辐射光所对应的能量 E 恰好与粒子某两能级的能量之差 E_2-E_1 相等时，辐射能便会被该粒子吸收而发生能级跃迁，则此时对应电磁辐射的波长和频率称为某种粒子的特征吸收波长和特征吸收频率。

振动能级的基频主要位于中红外波段，各种基团振动的倍频和合频吸收主要在近红外波段。另外近红外吸收弱，灵敏度低，而中红外吸收能力强，灵敏度高。

气体的吸收光谱是一系列的吸收带，吸收带由很多带宽很窄的吸收线组成，高精度的分光仪可以将吸收带展开成独立的吸收峰。每种气体都有各自对应的吸收波长，表 5-3 为常见气体的特征吸收波长。

表 5-3 常见气体的特征吸收波长

气体名称	分子式	红外线特征吸收波段范围/μm	传感器常用波长/μm
一氧化碳	CO	4.5~4.7	4.66
二氧化碳	CO_2	2.75~2.8，4.26~4.3，4.25~14.5	4.27
甲烷	CH_4	3.25~3.4，7.4~7.9	3.33
二氧化硫	SO_2	4.0~4.17，7.25~7.5	7.3

2. 朗伯-比尔定律

红外能量能否被吸收取决于红外线波长与被测气体吸收谱线是否相吻合。红外光线穿过被测气体后的光强衰减满足朗伯-比尔定律。

单色光照射于吸收介质表面，在通过一定厚度的介质后，部分光能会被介质吸收，透射光的强度会因此而减弱。吸收介质的浓度越大，介质的厚度越大，被吸收的光能就越多，则光强度的减弱越显著，其关系为

$$A = \lg \frac{I_0}{I_t} = \lg \frac{1}{T} = Klc \tag{5-9}$$

式中，A 为吸光度；I_0 为入射光的强度；I_t 为透射光的强度；T 为透射比，或称透光度；K 为吸收系数或摩尔吸收系数；l 为吸收介质的厚度，一般以 cm 为单位；c 为吸光物质的浓度，单位可以是 g/L 或 mol/L。

比尔-朗伯定律的物理意义是，当一束平行单色光垂直通过某一均匀非散射的吸光物质时，其吸光度 A 与吸光物质的浓度 c 及吸收层厚度 l 成正比。当气体的吸收较小(吸收率低、浓度低或光程较短)，可用式(5-9)来近似表达气体的吸收。经被测气体吸收后剩余的光能用红外检测器检测。以上关系表明光的衰减会随着气体浓度的增大而增大。因此，红外光线通过被测气体时，可通过红外光线的衰减来测量气体浓度。

为了保证读数呈线性关系，使测量气室的长度与待测组分浓度成反比，待测组分浓度较高时对应的传感器的测量气室则较短，最短可达 0.3mm；而待测组分浓度较低时对应的传感器的测量气室则较长，最长的有大于 200mm。

5.3.2 红外气体传感器的基本结构

红外气体传感器由光学部件和测量电路构成,测量电路的结构由光学部件及系统功能决定。光学部件通常由红外辐射光源、通过样气的测量气室、红外检测器等构成,通常称为红外三大部件。

1. 红外辐射光源

在线红外气体传感器主要使用广谱(宽谱)光源。广谱光源的光谱覆盖波长从 1μm 到 15~20μm,通常使用范围为 2~12μm。宽谱光源的谱带宽度通常在几个微米,如 2~5μm 就是其中的一种。常见的红外辐射光源有连续光源和断续光源。

1) 连续光源

发出的光能量是连续不断的。由电机带动的切光片对光线调制,产生特定频率的红外辐射光。

采用同步电机作为切光电机的传感器要求电源频率在较窄范围,如(50±0.5)Hz,超出规定的范围,会产生电源频率影响误差。

2) 断续光源

发出的光能量是随时间变化的,如脉冲光源。通过控制输入光源的电信号(电压或电流)的频率,可以产生特定频率的红外辐射光。

2. 气室

抽取式测量的红外仪器需要气室,而原位式和开放式红外气体分析器可以不需要气室。双光路分析器的气室分为测量气室和参比气室,测量气室连续地通过待测样气,参比气室完全密封并充有中性气体(多为 N_2)。单光路分析器的气室只有测量气室,没有参比气室。

3. 红外检测器

红外气体分析器的检测器用于检测通过气室的红外光能,检测器分为两种类型:气动检测器和固体检测器。气动检测器主要有薄膜微音检测器和微流量检测器;固体检测器主要有光电导检测器、热释电检测器和热电堆检测器。

5.3.3 常见红外气体传感器

1. 电容麦克型红外吸收式气敏传感器

1)电容麦克型红外吸收式气敏传感器结构

电容麦克型红外吸收式气敏传感器包括两个具有相同构造形式但作用完全不同的光学系统:其中一个红外光入射到比较槽,槽内密封着某种气体;另一个红外光入射到测量槽,槽内通入待测气体,如图 5-14 所示。

两个光学系统的光源同时(或交替地)以固定周期开闭。

2)电容麦克型红外吸收式气敏传感器原理

由于气体种类的不同,不同气体对不同波长的红外光具有不同的吸收特性。当被测气体种类不同时,检出槽内的光量差值将会随之变化。如果测量的是同种气体,光量差值就会因为气体的浓度的不同而有差异,一般光量差值会随浓度的增高而增加。因此当某种被测气体被测量槽的红外光照射时,测量槽红外光光强会因为被测气体的种类和浓度而发生变化,这样就可以知道被测气体的种类和浓度。实际测量中通常采用两个光学系统,而且这两个光学系统的开闭呈周期性,因此光强差值是作为振幅输入到检测器的。

此外,检测器密封有一定气体。当被检测器内气体吸收红外光后,由于两种光量振幅的周期性变化,导致温度的周期性变化,而这种温度的周期性变化将最终以竖隔薄膜两侧的压力的变化形式,通过电容量的改变量输出至放大器。

2. 量子型红外光敏元件

量子型红外光敏元件(图5-15)的主要特点是能直接把光量变为可以测量的电信号;同时光学系统与气体槽在构造上合二为一,使结构得到很大的简化。

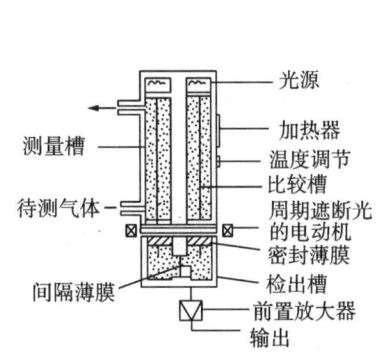

图 5-14 电容麦克型红外吸收式气敏传感器结构图

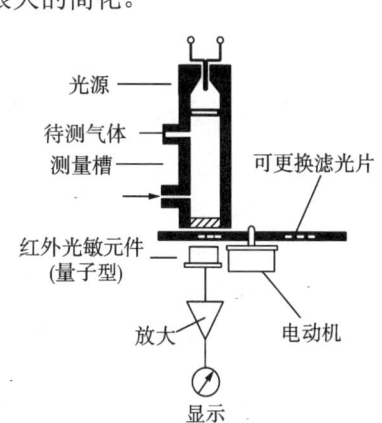

图 5-15 量子型红外光敏元件

结构上的简化带来的好处是:当改变红外滤光片时,量子型红外光敏元件的灵敏度会得到提高,红外光谱的响应特性得到了合理的应用。另外还可以根据被测气体的不同种类以及浓度改换不同的滤光片,以满足不同的测量要求。这样被测气体的种类和浓度范围都得到了一定程度的扩大。

3. 红外气体传感器的优缺点

红外气体传感器及仪器应用广泛,适用于监测近乎各种气体。具有精度高、选择性好、可靠性高、不中毒、不依赖氧气、受环境干扰因素较小、寿命长等显著优点。并在未来逐步成为市场主流。

但由于红外气体传感器正在处于起步阶段,技术壁垒高,市场占有率低,规模化生产程度低,成本高,基本在千元左右。

5.4 声波气体传感器

声波气体传感器主要有体声波(bulk acoustic wave,BAW)气体传感器和声表面波(surface acoustic wave,SAW)气体传感器。其中,石英晶体微天平(quartz crystal microbalance,QCM)和 SAW 器件具有结构简单、体积小、成本低、响应时间短、灵敏度高、可靠性好等优点而广泛应用于分析化学、环境监测以及现场气体检测等方面。

QCM 和 SAW 传感器都属于压电型传感器。利用声波产生的力作用,以压电效应为基础，将产生的声波信号，通过测量声波参数(振幅、频率、波速等)变化而获得被分析检测物的信息。两者的不同之处在于：QCM 属于 BAW，声波在晶体内部传播，即声波经过石英晶体或其他压电材料的内部的从一面传递到另一面。而 SAW 器件的声波只在表面传播，即声波在晶体表面上从一位置传播到另一位置。QCM 和 SAW 器件本身对气体不具有选择性，所以还需要在器件上涂覆适当的气体敏感薄膜，通过与待测气体的吸附引起声波参数发生变化，从而实现对气体的检测。

5.4.1 QCM 气体传感器

1. 简介

QCM 的发展开始于 20 世纪 60 年代初期，作为质量检测仪器，它的测量非常灵敏，可以测量的质量变化达到单分子或原子的数量级；测量精度很高，其测量精度可达纳克级。QCM 利用了石英晶体谐振器的压电特性，质量所产生的机械外力引起石英的形变，从而产生极化，通过石英晶振电极将形变引起的电信号转化为石英晶体振荡电路输出信号的频率变化，再利用计算机等其他辅助设备获得高精度的数据。

QCM 的原理是利用了石英晶体的压电效应。压电效应是某些固体电介质所具有的特殊效应：当晶体受到机械压力发生伸长或压缩形变时，会产生极化，在相对的两面上出现异号的极化电荷，产生电场。这种在没有外电场作用，由于形变而发生极化的现象，称为压电效应。压电效应有逆效应：当晶体加上电场时，晶体会发生机械形变，这种现象称为电致伸缩。因此，压电晶体可以把做成晶体振荡器，在晶体薄片的两面镀上电极，利用压电晶体的正-逆压电效应，通过电极对晶片加交变电压，外加的交变电场使晶片发生周期性机械形变，即产生机械振动，机械振动又使晶片发生极化，产生交变电场。虽然通常晶片产生机械振动的振幅和交变电场的振幅都非常微小，但外加交变电压的频率存在一谐振频率值，当交变电压的频率取该值时，振幅会明显加大，这种现象称为压电谐振。压电谐振可以类比 LC 回路的谐振现象：晶体不振动时相当于数值约几个皮法到几十皮法的静电电容 C；而晶体振动时可等效为数值为几十毫亨到几百毫亨电感 L，这样便构成了 QCM 的振荡器，电路的振荡频率等于石英晶体振荡片的谐振频率。晶片的谐振频率由本身的性质(如晶片的切割方式、几何形状、尺寸)决定。只要把晶体的这些属性按要求做得精确，石英谐振器组成的振荡电路就可获得很高的频率稳定度。石英晶体的压电效应如图 5-16 所示。

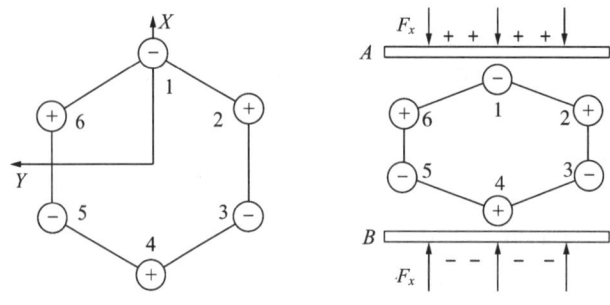

图 5-16 石英晶体的压电效应

2. QCM 气体传感器的结构

根据 QCM 的工作原理，QCM 气体传感器的工作方式主要组成有石英晶体谐振器、信号检测和数据处理等。石英晶体谐振器由石英晶体薄片镀上电极组成。石英晶体在切割为晶片时，按照切割的不同方向和切割角度的不同，可将石英晶体谐振器分为 AT 切、BT 切、CT 切等几大类。QCM 气体传感器一般采用 AT 切压电石英晶体，所谓 AT 切(AT-CUT)指的是沿着与石英晶体主光轴成 35°15′切割。这样切割而得到石英晶体振荡片具有零温度系数点，零温度系数点大致落在大气环境温度的范围内。石英晶体谐振器就是在石英晶体振荡片的两个对应面上涂敷金、银或者铂层作为电极，整个石英晶片夹在两电极之间，这样便构成了类似于三明治结构的石英晶体谐振器。由于压电晶体的正-逆压电效应，压电晶体的机械振动和交变电场相互影响和产生。使声波从石英晶体材料的一面传递到另一面，在晶体内部传播。声波的波长 λ 由石英的厚度 d 决定。

$$d = \frac{n}{2}\lambda \quad (n \text{ 为奇数}) \tag{5-10}$$

由式(5-10)可知，当 n 一定时，石英基片的厚度与声波波长成正比。当声波速度保持不变时，波长和频率成反比，当石英基片的厚度减小时，声波的波长减小，声波的频率将增加。这样当电信号的频率变化时，石英晶体振荡电路将输出这一信号变化。典型的 QCM 器件的频率为 5~30MHz，可以直接采用频率计数器进行计数。

利用敏感膜对气体分子有选择性的吸附性能，可以在谐振器表面制备一层敏感膜，当谐振器置于被测气体中与被测气体接触时，被测气体中的待测气体分子被吸附到谐振器表面，导致谐振器表面附着质量改变，从而导致谐振器谐振频率的变化，即可通过检测频率的方式得到待测气体的信号。如图 5-17 所示。

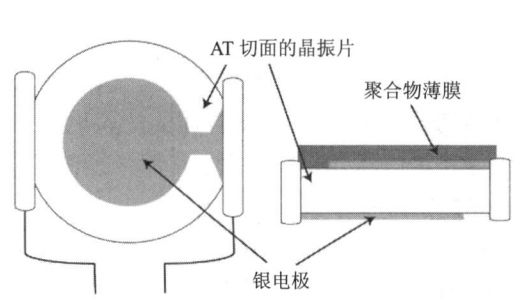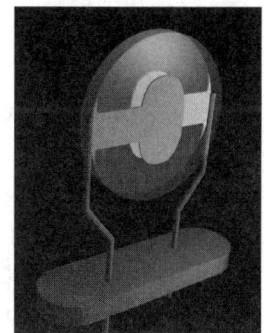

图 5-17 QCM 气体传感器的构造

3. QCM 气体传感器的工作原理

为了对质量敏感性传感器做定量研究，1959 年，Sauerbrey 用无穷大且各向同性的平板模型作为基础，给出了厚度剪切谐振器的谐振频率偏移与表面质量变化之间的定量关系。对于定量分析石英晶体谐振器的质量敏感特性，这一关系式非常重要。目前大部分相关的实验研究仍然采用该公式。具体的 Sauerbrey 公式为

$$\Delta f = -\frac{2f_0^2 \Delta M}{A\left(\rho_q \mu_q\right)^{1/2}} \tag{5-11}$$

Sauerbrey 公式适用于 AT 切型或 BT 切型的厚度剪切式 QCM。其中,f_0 是 QCM 的基频;ΔM 是谐振器的质量改变量;ρ_q 是石英晶体密度;μ_q 是剪切模量;A 为石英晶体的反应面积。对于石英晶体来说,ρ_q 为 2.648g/cm^2,剪切模量 μ_q 为 2.947×10^{11}g/(cm·s^2),于是式(5-11)可以转换为

$$\Delta f = -2.26 \times 10^{-6} \frac{f_0^2 \Delta M}{A} \tag{5-12}$$

式中,频率的单位为 Hz;质量 ΔM 的单位为 g;面积 A 的单位为 cm^2。

由 Sauerbrey 方程可知,当检测某分析物时,可以在压电石英电极表面上有选择性的涂覆一层具有高特异性的感应分子薄膜。将压电石英电极置于含有被测分析物的测试环境之中,被测分析物的分子吸附于感应电极表面,导致谐振器表面附着质量改变,由电极振动频率变化值就可以推导出被分析物的质量。例如,对于基频为 8MHz 的 QCM,若电极直径为 4mm,则 1μg 的质量变化将引起谐振频率改变为

$$\Delta f = -2.26 \times 10^{-6} \times \frac{(8 \times 10^6)^2 \times (1 \times 10^{-6})}{\pi (2 \times 10^{-1})^2} \approx -1151 \text{(Hz)} \tag{5-13}$$

由以上计算可知,当频率测量精度为 1Hz,纳克级的质量变化也可通过测量频率检测出来。目前频率测量精度已经非常高,可以检测到 10^{-12}g 量级的表面质量变化。这就是该器件被称为石英晶体微天平(简称 QCM)的原因。

5.4.2 SAW 气体传感器

1. 简介

19 世纪末,英国科学家 Rayleigh 发现了在固体表面传播的声波,即声表面波(SAW)。近几十年来随着人们对 SAW 的分析研究,对 SAW 的基本性质的认识也越来越深入。1965 年,美国 White 和 Voltmer 发明了能在压电晶体材料表面上激励表面波的金属叉指换能器(interdigital transducer,IDT),使 SAW 的应用越来越广泛。

SAW 是指在压电固体材料表面产生和传播的弹性波,随着固体材料的深度增加弹性波的振幅将会迅速减小。SAW 与 BAW 相比,有两个非常显著的特点:①SAW 波的能量密度高。声波在固体表面层的传播,而表面层的厚度约等于一个波长,因此能量较密集,大约占总能量的 90%。②SAW 的传播速度慢。在很多情况下,SAW 的传播速度为 3000~5000m/s,小于横波的速度,而大约只有纵波速度的一半。

按照边界和介质条件的不同,SAW 可以划分为不同类型。SAW 的基本类型有瑞利波、切变水平声平板膜(APM)、拉姆波、表面横波(STW)、乐甫波等。

瑞利波存在于一切固体中,通常的 SAW 一般都指瑞利波。瑞利波由纵向分量及与

表面垂直的剪切分量组成，因此瑞利波是一种沿固体基片表面传播的二维波。粒子位移处于径向平面，即与表面垂直的平面。瑞利波的透射深度一般在一个波长的量级，所以能量集中。如图 5-18 所示。当频率越高，波长越短时，则能量集中的表面层越薄。对传感器而言，能量集中的部位灵敏度高，所以利用 SAW 的传感器，器件表面声波能量集中，表面扰动的灵敏度高。

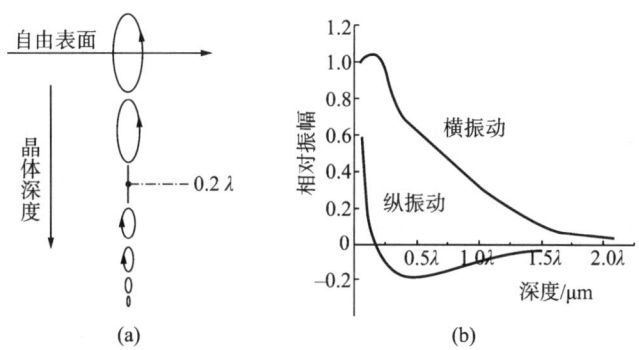

图 5-18　在各向同性固体中，瑞利波质点运动变化规律

SAW 传感器是继陶瓷、半导体和光纤等传感器之后发展起来的新型传感器。

瑞利波用于传感器的研究早于其他几种波型。1979 年，Wohltjen 等通过瑞利波实现了第一只 SAW 传感器。它属于延迟线型 SAW 传感器并首次用于探测化学蒸汽，从此利用 SAW 器件制备气体传感器拉开了帷幕。接下来的几年，人们尝试将 SAW 用于液体化学分析，却发现瑞利波浸入液体中时会迅速衰减，灵敏度也随之迅速降低，使实际的有效检测无法进行，其原因在于压缩波的能量会通过粒子沿表面垂直方向的位移而将能量带入液体内部，使表面沿水平方向方向的能量逐渐减弱。通过理论分析，切变波的能量不会沿垂直方向而发射到液体中。因此为了避免能量传递衰减的情况，在制作工艺上，对石英器件可采用 ST 切型，将其制成切变水平声平板膜薄片，沿 x 方向传播的平行极化方向进行检测。这样便可提高灵敏度，缺点是较易损坏。

20 世纪后期，拉姆波、表面横波、乐甫波相继被用于传感器。20 世纪 80 年代中期，人们开始研究慢拉姆波器件，在非常薄的硅基片薄板上激发出的非对称零阶模(柔性平板波)，该波在传播途径中以薄板本身成为波导，相速度较低。1992 年，表面横波被用于传感器。在传播路径中，以薄膜金属栅作为波导，使得声波能量集中在器件表面，对表面扰动具有高灵敏度。同样在 1992 年，人们研制出了用于液体测量的乐甫波器件。在这类器件中，电极处于晶体与波导层的交界面称为金属叉。在传播途径中，石英晶体上表面沉积了一层波导层，大部分声能量集中在波导层。

表 5-4 给出了基于上述几种类型的 SAW 传感器在质量灵敏度、噪声、气体或液体工作环境、器件的牢固性、加工工艺的复杂性及应用方面的对比。从表中可见，质量灵敏度强烈依赖于声能量在基片表面的集中程度。拉姆波器件具有最高的质量灵敏度，但它的制作工艺要比其他器件复杂。考虑到各个方面，采用灵敏度较高，又易加工制作的瑞利波 SAW 器件作为的敏感元件。后文中凡是涉及的 SAW 器件均指的是瑞利波 SAW 器件。

表 5-4　几种 SAW 传感器特性对照

波的类型	灵敏度/噪声 灵敏度典型值/(Hz/(g/cm^2))	工作环境	器件的牢固性	工艺复杂性	典型应用
瑞利波	高/低 100~200	气体	高	低，平面工艺，金属到晶体	气体，电压
APM	中/低 20~40	气体、液体	中	低，平面工艺，金属到晶体	气体，生物化学
拉姆波	高/中 200~1000	气体、液体	低/中	高，硅上的平面工艺	生物化学，密度，声速
STW	高/低 100~200	气体、液体	高	低，平面工艺，金属到晶体	气体，生物化学
乐甫波	高/低 150~500	气体、液体	高	中，平面工艺，金属到晶体，薄膜	气体，生物化学，黏度

2. SAW 气体传感器的结构

SAW 气体传感器由 SAW 器件、敏感的界面膜材料和信号检测组成。在 SAW 气体传感器中，SAW 器件主要采用了两种结构类型：延迟线型(SAW-DL)和谐振器型(SAW-R)。SAW-DL 是由压电材料基片与一个发射叉指换能器和一个接收 IDT 所构成的。如果在发射 IDT 电极两端加入高频电信号，压电材料的表面由于逆压电效应就会产生机械振动并同时激发出与外加电信号频率相同的表面声波，这种表面声波会沿基板材料表面传播。最终由另一端的换能器(接收 IDT)将声信号通过正压电效应转换为电信号输出。基片可以是石英、铌酸锂等压电晶体，IDT 叉指状金属电极借助于半导体平面工艺技术可以制作，通常采用阻抗较小，质量较轻的铝叉指电极，有时根据抗腐蚀的需求，也可采用金叉指电极。SAW-R 由叉指换能器 IDT、压电材料基片以及金属栅条式反射器所构成，反射栅条成对设计并放置在 IDT 的两侧，组成了反射腔体。反射栅是由基片上有规律地重复排列的金属指条(也可以是在基片上刻蚀的沟槽)组成的 SAW 分布式反射系统，每个指条只能反射很小一部分 SAW，当大量指条重复排列时，每个指条的反射信号以不同相位叠加，形成了对不同频率的 SAW 反射性能的频率选择性，在同步频率上，各反射信号同相相加，几乎达到了完全反射。左右两个反射栅阵列合在一起构成了声学上的谐振腔。SAW 谐振器的 IDT 可以是一个或两个，分别称为单端口谐振型和双端口谐振型，如图 5-19 所示。IDT 的指宽、叉指间隔、反射栅指条的间隔、两个反射栅的间距都必须根据 SAW 谐振器的中心频率设计。一般，SAW-DL 具有高 Q 值，较宽的 3dB 带宽以及大的线性检测范围。与 SAW-DL 相比，SAW-R 则具有尺寸小、插损小、调频范围窄、稳定度高等优点。

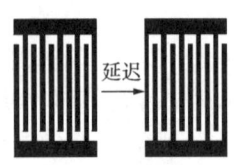
（a）延迟线型

（b）单端口谐振型

（c）双端口谐振型

图 5-19　SAW 传感器的器件结构

由于延迟线的结构比较简单,所以早期的 SAW 传感器大都采用延迟线形式。为了实现更好的灵敏度,往往需要较长的传播路径。Yamanaka 等设计了一种新型球型使表面波气体传感器,如图 5-20 所示,用直径为 10mm 的石英球作为压电晶体基片,在球体的赤道上刻蚀叉指电极。表面声波可以在赤道上进行多个来回的传播,增加了传播路径,并且当一束窄带的 SAW 波束(校准波束)在球面上传播时几乎没有衍射损耗。该球型 SAW 气体传感器典型的相对速度变化为 10 ppm/s(ppm=10^{-6}),中心频率为 45MHz,灵敏度达到 10ppb(ppm=10^{-9})。在用做氢气传感器时 SAW 来回 41 次,传播路径达 1.3m,传播时间长达 403μs。因此 25ps 的采样周期实现相对时间分辨率达 0.06ppm。这么高的分辨率,当传感薄膜厚度为 20nm 时,测得氩气中 3%氢气引起速度发生 7ppm 的变化,响应时间达 60s。

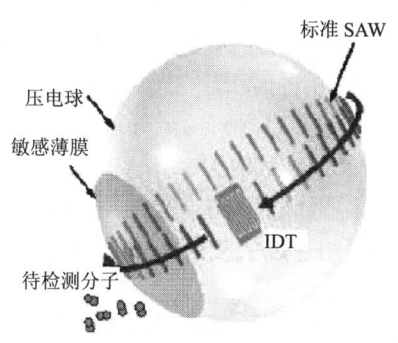

图 5-20　球形 SAW 传感器的器件结构

20 世纪 90 年代,由于性能上的优势,SAW 谐振器在 SAW 传感器领域中得到越来越广泛的应用。与延迟线器件相比,SAW 谐振器的主要特点为尺寸小、插损小、调频范围窄、稳定度高。SAW 谐振器具有两种类型,单端和双端,其典型的频率特性曲线用 E5070B 型网络分析仪可以测得,如图 5-21 所示。从图中可以明显看出,在相同的中心频率(433.92MHz)的情况下,单端的 Q 值是 1330.1,而双端的 Q 值是 3858.8,明显高于单端谐振器。本文后面所采用的 SAW 谐振器均选用高 Q 值的 SAW 双端谐振器。

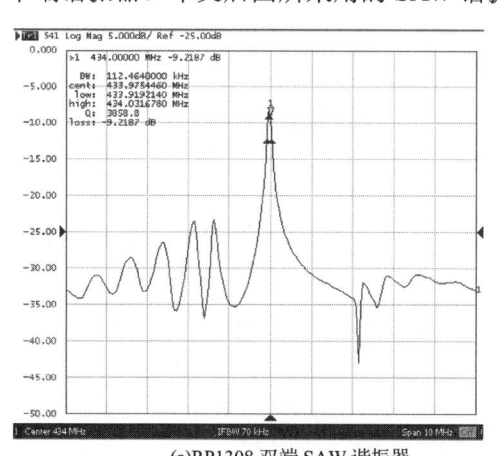
(a)RP1308 双端 SAW 谐振器

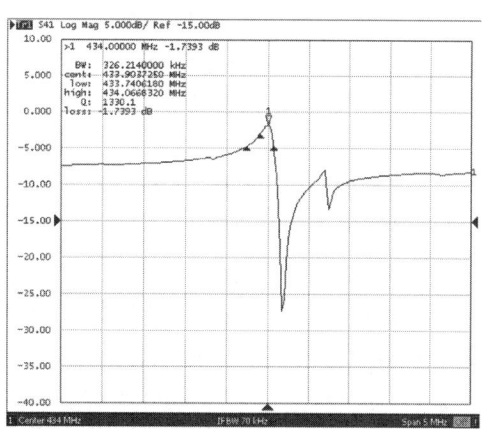
(b)RO2101 单端 SAW 谐振器

图 5-21　SAW 谐振器的频率特性曲线

SAW 器件的频率范围与叉指电极的制作工艺有关，采用 0.5μm 的微细加工工艺，可得到从 50MHz 到数 GHz 的工作频率。当基片或基片上覆盖的特异薄膜材料受被测对象调制时，沿基片传播的表面声波的工作频率将改变并由接收叉指电极构成频率输出的传感器。

SAW 传感器在测量时用不同设备可以测量不同的物理量，如用网络分析仪，可以用于插损频率测量，用矢量电压表可以测相位变化，用谐振回路和放大器补偿形成共振回路来测频率，而用差分式频率测量时可以抵消其他可改变频率的因素如温度、化学、压力等的影响来测所要测量的变化。

3. SAW 气体传感器的工作原理

SAW 气体传感器的检测机理随敏感膜材料种类不同而异。当敏感膜用各向同性的绝缘材料时，对气体的吸附作用转变为覆盖层密度的变化，SAW 延迟线传播途径上的质量负载效应，使 SAW 波速发生变化，进而引起 SAW 谐振器频率的偏移；当敏感膜采用导电材料或金属氧化物半导体材料时，膜材料的电导率随吸附气体的浓度而改变，从而引起 SAW 波速漂移和衰减，振荡频率相应发生变化。

SAW 的相速度可受到若干因素的影响 $V=V(m, c, \sigma, \varepsilon, T, p)$，每一个因素都可能代表一种传感效应。对于瑞利波相速度的相对变化如下：

$$\frac{\Delta V}{V_R} = \frac{1}{V_R}\left(\frac{\partial V}{\partial m}\Delta m + \frac{\partial V}{\partial c}\Delta c + \frac{\partial V}{\partial \sigma}\Delta \sigma + \frac{\partial V}{\partial \varepsilon}\Delta \varepsilon + \frac{\partial V}{\partial T}\Delta T + \frac{\partial V}{\partial p}\Delta p + \cdots\right) \tag{5-14}$$

式中，V_R 是未受外界扰动时的 SAW 的速度，其他参数分别为质量 m、刚度 c、电导 σ、介电常数 ε、温度 T 和压强 p。

研究人员发现外界环境中涂膜后的 SAW 速度主要受到质量载荷效应，声电效应和黏弹性效应的影响。SAW 速度与三种效应具体可以表示为

$$\frac{\Delta v}{v_0} = -c_m f_0 \Delta\left(\frac{m}{A}\right) + 4c_\varepsilon \frac{f_0}{v_0^2}\Delta(hG') - \frac{K^2}{2}\Delta\left[\frac{\sigma_0^2}{\sigma_0^2 + v_0^2 C_0^2}\right] \tag{5-15}$$

式中，c_m 为基片质量敏感系数；c_z 为基底弹性系数；m/A 为单位面积的质量；f_0 为 IDT 的中心频率；h 为薄膜厚度；G' 为剪切模量的实部；K 为机电耦合系数；σ_0 为薄膜的面电导率；$C_0=\varepsilon_p+\varepsilon_a$ 为基片单位长度的电容；ε_p 是基片的介电常数；ε_a 是自由空间的介电常数。实际应用中，测量 SAW 的速度并不是一件容易的事情，而 SAW 的传播速度与频率存在关系 $k \cdot \Delta v/v = \Delta f/f$，$k$ 为一个与中心距有关的常数。所以通常 SAW 传感器是通过检测 SAW 器件的振荡频率变化来感知被测量的。

Auld 对不导电的各向同性的薄膜涂层根据微扰理论推导出当膜厚小于 SAW 波长的 1%时 SAW 振荡器谐振频率的变化：

$$\Delta f = (k_1 + k_2 + k_3)\rho h f_0^2 - h f_0^2 \frac{\mu}{V_R^2}\left(4k_1\frac{\lambda + \mu}{\lambda + 2\mu} + k_2\right) \tag{5-16}$$

式中，k_1、k_2、k_3 为压电晶体材料常数；V_R 为未受扰动时 SAW 相速度；h 为表面膜厚度；

ρ 为膜密度；μ 为膜材料的剪切模量；λ 为膜的 Lame 常数；f_0 为基频；Δf 为频移。该式表征了敏感膜两种效应对 SAW 器件产生的频率变化：右侧第一式由敏感膜的质量沉积效应(mass loading effect)产生；右侧第二式由敏感膜的黏弹效应(viscoelastic effect)产生。若采用有机膜，其剪切模量非常小，所以第二项可以忽略，此时谐振频率的变化可以表示为

$$\Delta f = (k_1 + k_2 + k_3)\rho h f_0^2 \qquad (5\text{-}17)$$

对于 ST-切石英晶体(y 轴旋转 42°切 x 传播的石英，即这种石英的切割面是 y 轴关于 x 轴旋转 42°后与 x 轴构成的平面，这种切向的石英称为 ST 切石英)，忽略黏弹性作用，式(5-17)可写成

$$\Delta f = -2.26 \times 10^{-6} \rho h f_0^2 = 2.26 \times 10^{-6} \frac{f_0^2 \Delta M}{A} \qquad (5\text{-}18)$$

该式与 Sauerbrey 方程式(5-12)具有相同的形式，反映了频移与质量变化的关系，当吸附在基片的质量增加时，振荡频率会减小。由于 SAW 的基频可以达到 GHz 的量级，而 QCM 的基频只能到几十 MHz，因此 SAW 气体传感器的灵敏度比 QCM 气体传感器高很多，在理论上，SAM 气体传感器检测下限可达 fg。

5.4.3 声波气体传感器表面敏感膜的选择

声波器件本身对气体不具有选择性，需要在器件上涂覆适当的气体敏感薄膜，通过与待测气体的吸附引起声波参数发生变化，从而实现对气体的检测。待测气体种类繁多，因此必须有选择性地选择敏感膜。

当声波器件涂覆敏感膜时，由敏感膜质量引起的频率变化 Δf_s 则表示为

$$\Delta f_s = -2.26 \times 10^{-6} \frac{f_0^2}{A} m_s \qquad (5\text{-}19)$$

式中，m_s 是所涂覆的敏感膜的质量。

当涂覆敏感膜的声波器件置于气体中时，由于敏感膜被气体吸附而引起的频率变化为 Δf_v：

$$\Delta f_v = -2.26 \times 10^{-6} \frac{f_0^2}{A} m_v \qquad (5\text{-}20)$$

式中，m_v 是敏感膜上吸附的气体质量。将式(5-19)与式(5-20)相除可得

$$\Delta f_v = \frac{m_v}{m_s} \Delta f_s \qquad (5\text{-}21)$$

吸附在敏感膜上的气体质量 m_v、气体在敏感膜上的质量浓度 C_s 以及涂覆的敏感膜体积 V_s 可表示为

$$m_v = C_s V_s \tag{5-22}$$

涂覆的敏感膜质量又可以用密度和体积表示为

$$m_s = \rho_s V_s \tag{5-23}$$

式中，ρ_s 是敏感膜的密度。联立式(5-21)可得

$$\Delta f_v = \frac{C_s}{\rho_s} \Delta f_s \tag{5-24}$$

定义一比值 K 为

$$K = C_s / C_v \tag{5-25}$$

比值中的 C_s 和 C_v 为被检测气体分别在敏感膜固相中和气相中的质量浓度。分配系数 K 值可用来表征敏感膜与气体分子相互作用的程度，即 K 越大，敏感膜和气体分子之间的吸附作用越强。

联立以上相关式子，整理后可得

$$\Delta f_v = \frac{K C_v}{\rho_s} \Delta f_s \tag{5-26}$$

如果通过实验获得分配系数 K、质量浓度 C_v、敏感膜的密度 ρ_s 以及涂膜前后的频率变化 Δf_s 的数据，由式(5-25)可以预测 QCM 气体传感器的气敏响应 Δf_v，也可以已知 Δf_v 的情况下测量气体的浓度 C_v。

由分配系数 K 的大小，可知敏感膜和气体分子之间的吸附作用的强弱。为了描述气液色谱柱中固定相和气体之间的分配系数，Abraham 等最先提出线性溶剂能量关系(linear solvation energy relationship, LSER)模型，LSER 模型便是通过分配系数量化评价流动相和固定相性质的模型。由于气液色谱柱分配现象和声波气体传感器的相似性，Grate 等采用 LSER 模型量化传感器表面敏感膜和待测气体之间的吸附作用，以此来估计 QCM 和 SAW 气体传感器的响应结果。

LSER 用方程表示为

$$\log K = c + r R_2 + s \pi_2^H + a \sum \alpha_2^H + b \sum \beta_2^H + l \log L^{16} \tag{5-27}$$

其中描述待测气体的溶剂化的参数有 R_2、π_2^H、$\sum \alpha_2^H$、$\sum \beta_2^H$ 和 $\log L^{16}$，它们表征待测气体的溶解性，其中 R_2 表示过量摩尔折射度(表征 n 电子和 p 电子的极化度)，π_2^H 表示偶极性，α_2^H 表示氢键酸度，β_2^H 表示氢键碱度，L^{16} 表示 25℃下溶液在十六烷中的气液分配系数。r、

s、a、b、l 是常系数，表征了敏感膜的吸收性质，其中 r 为极化度，s 为偶极性，a 为氢键碱度，b 为氢键酸度，l 为敏感膜空腔作用和色散作用之和。这些常系数的获得是通过气相色谱对固定相的敏感材料进行测定的，大概需要对 20~30 个不同物质的 $\log K$ 测定后再通过多元线性化回归得到的。式(5-26)中 c 为方程回归系数。对于敏感膜薄膜，方程中各项对吸收过程的影响需要逐项量化分析，这样才能很好地理解敏感膜的选择性和敏感度。

各种蒸汽的溶剂化参数已被收集并整理在相关文献中，表 5-5 列出了本书所涉及的气体的溶剂化参数。表 5-6 列出了常见聚合物敏感材料的 LSER 参数。

表 5-5　各种不同气体的溶剂化参数

	甲烷	水蒸气	甲醇	乙醇	异丙醇	氯仿
R_2	0	0	0.278	0.246	0.212	0.425
π_2^H	0	0.45	0.44	0.42	0.36	0.49
$\sum \alpha_2^H$	0	0.82	0.43	0.37	0.33	0.15
$\sum \beta_2^H$	0	0.35	0.47	0.48	0.56	0.02
$\log L^{16}$	−0.323	0.26	0.97	1.485	1.764	2.48
分子量	16	18.02	32.04	46.07	60.1	119.38
密度	0.4660	0.9950	0.7910	0.7890	0.7850	1.4985
沸点	−161.45	100	64.6	78.3	82.4	61.7
蒸汽压		3.2kPa@25℃	16.8	7.87 kPa@25℃	33	159
SVC@25℃		23,027	218,866	146,186		1263,149

表 5-6　常见聚合物敏感材料的 LSER 参数

聚合物	常数 c	极性 r	偶极性 s	氢键碱性 a	氢键酸性 b	l	特点
PIB	−0.77	−0.08	0.37	0.18	0.00	1.02	低偶极低氢键酸碱性
ZDOL	−0.49	−0.75	0.61	1.44	3.67	0.71	较强酸弱碱
FPOL	−1.21	−0.67	1.45	1.49	4.09	0.81	强酸弱碱
P4V	−1.33	−1.54	2.49	1.51	5.88	0.90	强酸弱碱强偶极性
SXPYR	−1.94	−0.19	2.43	6.78	0.00	1.02	强碱
PEI	−1.60	0.50	1.52	7.02		0.77	强碱
PEM	−1.65	−1.03	2.75	4.23	0.00	0.87	强偶极性中碱性
PVPR	−0.57	0.67	0.83	2.25	1.03	0.72	中偶极弱氢键酸碱性
PECH	−0.75	0.10	1.63	1.45	0.71	0.83	中偶极弱氢键酸碱性

实际运用时，根据待测气体的特性合理地选择敏感膜，以使敏感膜与待测气体的吸附作用最强。

5.5　农业中的气体传感器

5.5.1　农业环境检测 CO_2 含量的传感器

环境中 CO_2 含量的检测非常重要，在温室、大棚中是否需通风换气或是否增施气肥都取决于 CO_2 含量的多少。一般情况下，环境中 CO_2 含量检测数据以单位为 mg/L，有效范围在 100~1000mg/L。检测 CO_2 含量的传感器既可以检测农作物的生长环境如大棚、温室中，也可以用在畜禽的生长环境(如密封/半密封的畜禽舍)中。对农作物而言，主要检测有光照情况下，作物生长环境中的 CO_2 含量是否低于作物光合作用的最佳浓度，而对畜禽，CO_2 有一最大浓度值，超过该值，畜禽的生长发育将会受到严重影响，因此，检测密封环境下 CO_2 浓度是否超出最大浓度是非常重要的，以便于及时通风换气。

下面重点介绍基于温室大棚的 CO_2 浓度传感器设计。

温室是一个相对封闭的环境，作物在温室内不断进行着 CO_2 的吸收与释放过程，因此，温室内的 CO_2 浓度与外界环境有明显的差异。一般来说，白天温室内绿色植物光合作用旺盛，CO_2 浓度急剧下降；夜间光合作用停止，作物呼吸作用释放 CO_2，CO_2 室内浓度逐渐升高。

作物群体的 CO_2 来源包括空气和土壤。假定温室面积为 $A_S(m^3)$，空间容积为 $V(m^3)$，则其室内 CO_2 的浓度对时间的变化率可表示为

$$V\frac{dC_n}{dt} = Q_{CO_2} - (C_n - C_w)nV - (P_n - r_0)A_S \tag{5-28}$$

$$\frac{dC_n}{dt} = 0 \tag{5-29}$$

$$Q_{CO_2} = (C_n - C_w)nV + (P_n - r_0)A_S \tag{5-30}$$

式中，Q_{CO_2} 为计算 CO_2 施用量(g/h)；C_n 为室内空气设定的 CO_2 目标浓度(g/m^3)，在常温常压下，$1g/m^3$ 相当于 $531mL/m^3$；C_w 为室外空气 CO_2 浓度(g/m^3)；n 为换气次数(次/h)；P_n 为净光合作用强度，一般为 $1\sim8g/(m^2\cdot h)$。

基于 CO_2 浓度对时间的变化率，设计了红外吸收型 CO_2 传感器来监测温室内的 CO_2 浓度。CO_2 传感器探头结构如图 5-22 所示。是由红外光源、测量气室、可调干涉滤光镜、光探测器、光调制电路、放大系统等组成的。通常采用镍铬丝作为红外光源，镍铬丝通电加热后可发出红外线，其波长为 $3\sim10\mu m$，这一波段中在 $4.26\mu m$ 处为 CO_2 气体的强吸收峰。在气室中，CO_2 吸收光源发出的光具有特定的波长，所以 CO_2 对红外线的吸收情况可以用探测器检测并显示。图 5-22 中的干涉滤光镜是可调的，它的主要功能是通过调节改变其通过的光波波段，从而探测器探测到信号的强弱也会发生改变。红外探测器实际上是薄膜电容，红外能量吸收后会导致气体温度升高，造成室内压力变大，因此电容两极间的距离发生改变，电容值随之改变。CO_2 气体的浓度越大，电容值改变也就越大。

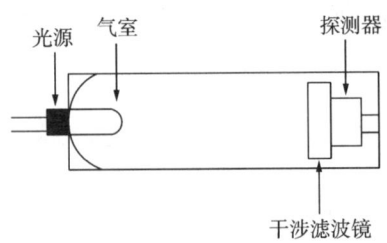

图 5-22 CO_2 红外传感器探头结构

检测电路设计的原理框图如图 5-23 所示。检测电路由红外 CO_2 传感器、稳流电路、数字滤波电路、放大电路、温度补偿、单片机系统等组成。设计的基本原理是红外 CO_2 传感器将 CO_2 气体浓度的检测结果转换成相应的电信号，电信号输出后分别经过数字滤波提取电信号以及放大电路进行放大处理，再将处理后的信号输入到单片机系统，并经温度和气压补偿等处理后，由单片机系统输出到显示装置以实现对 CO_2 气体浓度的检测。

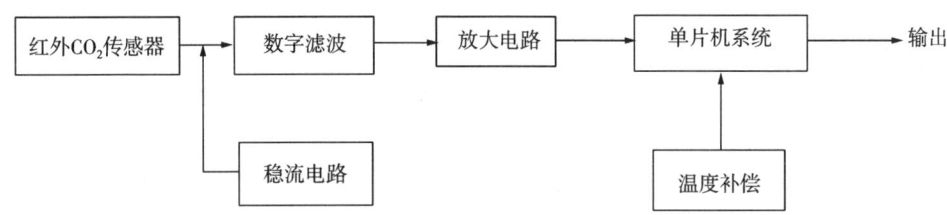

图 5-23　检测电路原理框图

按照上述设计原理可设计出如图 5-24 所示的 CO_2 检测电路。

电路中的滤波电路由 R_1、R_2、R_3、R_4、C_1、C_2 和运放组成，当信号频率趋于零时，C_1 的电抗会趋于无穷大，因此正反馈很弱；当信号频率趋于无穷大时，C_2 的电抗趋于零。这样当信号频率为趋于零和无穷大范围内的任何一个值时，都保证了滤波电路可以正常提取相应的电信号。

滤波电路之后的放大电路，其作用是将滤波电路输出的信号在一定的程度上得到放大，以便驱动负载。另外电路中进行相位补偿的部分是用 R_6 和 C_4 串联以构成校正网络实现。

A/D 转换、输入或者中断系统组成单片机系统，表明单片机既可采用中断方式读入 A/D 转换的结果，也可以采用查询方式，最后的结果数码管显示具体数值。

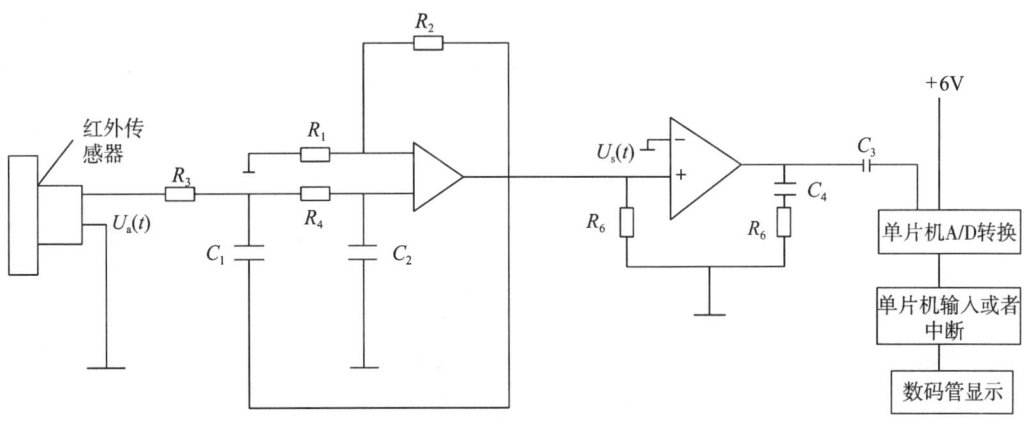

图 5-24　CO_2 检测电路图

5.5.2　检测畜禽舍环境中 NH_3 含量的传感器

对于畜禽舍环境，需要随时对畜禽舍环境中 NH_3 的含量进行检测，以决定是否需要通风换气和清除粪便。NH_3 的含量一般以 mg/L 为单位，有效范围在 0~100mg/L。检测

NH₃含量的传感器一般多用于养鸡场，尤其是蛋鸡场，因为 NH_3 是影响鸡蛋产量的关键因素。在鸡场中，饲料含有大量的蛋白质，鸡对饲料不能完全消化而使大量蛋白质通过粪便排出，经过一系列复杂的化学反应后最终转变为 NH_3，而一旦 NH_3 浓度超过一定值，蛋鸡产蛋率明显下降，甚至不产蛋，需要数周后才能恢复。一般安装 1 个即可。

(1) 能用于检测 NH_3 的方法很多，根据制作 NH_3 传感器时所用的敏感材料及检测方法的不同，NH_3 传感器主要有金属氧化物 NH_3 传感器、导电聚合物 NH_3 传感器、光化学和电化学型传感器等。

(2) 金属氧化物 NH_3 传感器。金属氧化物 NH_3 传感器大多用 WO_3 或 SnO_2 等作敏感材料，其工作温度较高，至少都在 300℃左右，有时甚至更高。金属氧化物 NH_3 传感器测量 NH_3 的原理是将 NH_3 吸附(一般为化学吸附)于氧化物敏感材料，在吸附前后，氧化物电导率会有非常明显的变化，而 NH_3 的浓度决定其变化的大小，因此通过测量敏感层氧化物电导率的变化就可以测定 NH_3 浓度的大小。

(3) 导电聚合物 NH_3 传感器。导电聚合物是一类新型的聚合物，已经在诸多方面得到了应用。可充电池的电极材料、分子识别材料以及电致变色装置的显示材料等都是导电聚合物。另外，一些导电聚合物(如聚吡咯、聚苯胺以及聚噻吩等)在氧化还原状态不同时，其导电性会有很大的差异，如聚吡咯在还原态和在氧化状态时会分别表现出绝缘体和导体的性质；聚苯胺的氧化和还原状态所对应的电导率会在一个很大的范围($10 \sim 10^{-10}$S/cm)变化。由于还原型气体 NH_3 能改变导电聚合物的氧化状态，从而使它们的电导率改变，所以将导电聚合物用作 NH_3 传感器的敏感材料，当接触 NH_3 时，通过测量导电聚合物电导率(或电阻)的变化，便可间接获得 NH_3 的浓度(或含量)。目前 NH_3 传感器敏感材料用得最多的是聚吡咯和聚苯胺。

(4) 电化学 NH_3 传感器。电化学 NH_3 传感器是通过测量电极在响应 NH_3 时电位或电流的变化而检测 NH_3 浓度的方法，依据测量的物理量不同可分为电位型和电流型。利用电极电位(如 NH_3 敏电极的电位等)和 NH_3 浓度(或分压)之间的关系进行测量的传感器即为电位型，而电流型则是测量在某个电位下响应电极的极限扩散电流，由于极限扩散电流与气体(如 NH_3)的浓度(或分压)成正比，进而可间接通过极限扩散电流来分析与检测 NH_3 的含量。

(5) 光化学型 NH_3 传感器。光化学 NH_3 传感器是通过测定体系颜色变化或吸收光谱上特定谱峰的变化而达到测定体系中 NH_3 浓度或含量的方法。

溶于溶液中的 NH_3 与许多试剂反应后会出现体系的颜色变化。并且与溶液的 pH 与 pH 试纸的颜色的关系类似，NH_3 浓度与体系颜色的变化有密切的关系，最著名的 NH_3 显色反应是 Nessler 反应，由 K_2HgI_4 溶于碱性溶液(一般是 NaOH 溶液)中制成的 Nessler 试剂与 NH_3 反应后生成黄棕色配合物，NH_3 含量与配合物的颜色(色度)成正比，通过比色测定就可定量出溶液中 NH_3 的浓度。

5.5.3 检测大棚通风口中 SO_2 含量的传感器

现在很多大棚中采取燃烧加温的方式来给大棚中加温，这种办法是比较廉价，但是燃烧就会产生 SO_2，温室中水分一般是很多的，SO_2 遇到水，就会产生 H_2SO_4 硫酸，对作物的影响也不容忽视。SO_2 含量传感器用于检测通风口中 SO_2 的含量。

为了测量 SO_2 的浓度,目前已经提出了许多定性定量的分析方法。

(1) 电导法。该方法是在稀酸性 H_2O_2 溶液中通入一定体积含 SO_2 的空气样品,H_2O_2 将 SO_2 氧化成 H_2SO_4,使溶液中离子浓度增加,引起溶液电导率的变化,通过测定其溶液电导率的变化,求出大气中 SO_2 的浓度。测量范围 0~1 mg/L,电导法的优点是测量简便快速且测量结果准确,另外还可以进行连续测量,用于自动化仪器测定非常适合。但这种方法最大的缺点是容易受到其他对电导率有影响的物质如 H_2S、NH_3、HCl、CO_2 等的影响。

(2) 电量法。此方法又称为库仑法,很早用于测定 SO_2,其原理是在 KI 电解液中,恒流源在阳极上连续不断地产生元素碘,之后又在阴极上被还原,这样元素碘的浓度是平衡的,当空气试样被通入 KI 电解液中,本来参比电极没有电流产生,当空气试样中含有 SO_2 时,由于 SO_2 与碘会发生化学反应,使电解液中的碘的含量减少,这样电解液中的碘量就不足以维持恒流源了,一部分不得不通过参比电极,空气试样中的 SO_2 含量与参比电极的电流强度成正比,SO_2 含量的测量范围为 0~10 mg/L,最低为 0.01 mg/L。为了不让其他含硫化合物如 H_2S、硫醇、有机硫化物影响测量的选择性和灵敏度,使用电量法时需要采用化学填充膜过滤器来分离。因为测量电流的大小比测量液体试剂的量容易得多,因此这种方法简单易行。

(3) 离子色谱法。在盛有 Na_2CO_3-$NaHCO_3$ 溶液的采样吸收瓶中收集大气中的 SO_2,瓶中的 Na_2CO_3-$NaHCO_3$ 溶液吸收 SO_2 后,再利用 H_2O_2 氧化处理使其转变成酸性阴离子即 SO_4^{2+},按照离子交换的原理,可以对 SO_4^{2+} 进行定量分析。具体做法是先用电导检测器测量 SO_4^{2+} 的电导值,再与色谱数据工作站联机,将检测到的电导信号进行数据处理,根据峰面积定量,从而可计算 SO_4^{2+} 的含量。通过 SO_4^{2+} 的含量可算出大气中 SO_2 的浓度。

(4) 电化学传感器法。电化学传感器即 SO_2 电化学传感器,它主要是利用传感器的敏感电极使 SO_2 气体分子在其上发生电化学反应,从而导致传感器的输出电信号发生改变。电信号改变值的测量即能反映 SO_2 气体浓度的变化,以此可以间接地检测到 SO_2 浓度。电化学传感器具有灵敏度较高、检测范围宽、性能稳定并且结构简单、价格低廉以及可实时连续测定等特点。

第6章 光照传感器

学习目标

通过本章的学习，了解光照对生物的影响；掌握太阳辐射及机理，掌握常见光照度传感器的工作原理，了解大棚光照度传感器的选用方法。

学习要求

(1) 了解光照对生物的影响。
(2) 掌握太阳辐射及机理，了解常用光照术语。
(3) 掌握太阳总辐射传感器的工作原理。
(4) 掌握照度传感器的工作原理。
(5) 了解量子流密度传感器。
(6) 了解便携式照度计的工作原理及电路设计。

简介

光照是植物生命活动的能量源泉，又是完成其生命周期的重要信息源，所以说，没有光照就没有农作物。但是在冬春季节光照时间较短，光线较弱，光照通常是作物生长发育的主要限制因素。生产者建设温室常常要求能够在周年任何季节生产各种不同环境要求的作物或出于商业目的的考虑，要求在室外光照条件不利于作物生长的季节生产一些光敏性的作物。在这种情况下，温室补光就成了温室设计必不可少的技术。近来，由于灯具的改进和照明方法的改良，在温室内观赏植物和蔬菜的商业生产过程中，逐步开始使用人工光源进行作物补光，以获得更好的产品品质和商业效益。但由于补光需要消耗大量的电能，在确定温室补光方案时一定要了解作物对光照度、光照时间和光谱成分的要求，检测光照信息，用以选择可产生最佳效果的光源。

光照检测的方法较多，根据测量光辐射波段的不同，对应每种光照单位，测量光照的仪表分别有辐射表、照度计、量子仪和光合有效辐射仪等。

本章将逐一介绍光照对生物的影响、辐射机理及度量、光照传感器以及便携式照度计的设计。

图 6-1 温室大棚光照度传感器

图 6-1 就是农业生产中经常用到的温室大棚光照度传感器。

6.1 光照对生物的影响

"万物生长靠太阳"，生命的起源与进化离不开阳光，生物的结构与功能都受到光照的强烈影响。科学证明植物的正常发育过程都是通过光合作用，光形态建成反应，光周期调节来完成的。从种子发芽、幼苗生长、叶片展开、叶绿体的发育、一直到开花结果都离不开光的参与和调节。光照是植物生命活动的能量源泉，又是完成其生命周期的重要信息源，所以说，没有光就没有农作物。光照对生物的影响主要表现在光强、光质以及光照时间。

1. 光强的作用

光强是指光源的发光强度。光强影响着植物的生长发育、形态建构。典型例子是植物的黄化(etiolation)现象，即多数植物在黑暗中生长时呈现黄色和其他变态特征的现象。植物的黄化现象产生的原因是植物在黑暗中不能进行光合作用，因此不能合成叶绿素，叶片颜色变黄，叶片生长变慢、展开不充分，而节间却伸长过快，根系、维管束和机械组织不发达。如果是双子叶植物，幼苗黄化会造成胚轴顶端弯曲成钩状，顶芽展开很慢，子叶不膨大。如果是禾谷类植物，幼苗黄化后胚轴会伸长，叶片卷起成筒状而不展开。此外，如马铃薯块茎中长出的幼芽，在黑暗中生长时也呈现黄化现象。黄化现象在被子植物中广泛存在，在苔藓植物和裸子植物中不明显。在黄化幼苗的叶肉细胞中存在着很小的无色质体——原质体。原质体在照光后叶绿素才开始形成和累积，并发育成叶绿体进行光合作用。很弱的光就能消除幼苗的黄化现象，使叶片展开并变绿，恢复正常生长。这种作用通过光敏素发生，与通过叶绿素进行光合作用完全不同。黄化现象是植物对环境的一种适应。当种子或其他延存器官在无光的土层下萌发时，可使储存量有限的有机营养物质最有效地用于胚轴或茎的伸长，保证幼苗出土见光。人们常用遮光的方法生产黄化幼苗作为食品，如韭黄、蒜黄和豆芽等，因纤维素少而柔嫩可口。

2. 光质的作用

光质可以看成光的波长。光质为影响植物光合作用的条件之一。光质会影响叶绿素a、叶绿素b对于光的吸收，从而影响光合作用的光反应阶段。例如，红、橙光能对叶绿素有促进作用。光质对植物的生长发育至关重要，它除了作为一种能源控制光合作用，还作为一种触发信号影响植物的生长。植物体内有各种光受体：光敏素、蓝光/近紫外光受体(也称为隐花色素)、紫外光受体。光信号在植物体内就是被不同的光受体感知。不同的光受体由不同的光质所触发，进而影响植物的光合特性、生长发育、抗逆和衰老等。例如，红光有利于糖的合成，蓝光有利于蛋白质的合成。此外光质对动物生殖、体色变化、迁徙、毛羽更换、生长发育也有影响。紫外光与动物维生素 D 产生关系密切，过强有致死作用，波长 360nm 即开始有杀菌作用。200~300nm 的辐射下，杀菌力强，能杀灭空气中、水面和各种物体边面的微生物，这对于抑制自然界的传染病病原体是极为重要的。

3. 光周期

光周期是指昼夜周期中光照期和暗期长短的交替变化。光周期现象是生物对昼夜光暗循环格局的反应。植物的各方面生长都与光周期有密切的关系。大多数一年生植物的花期都取决于日照的时长。除了植物的开花受到光周期的影响，块根、块茎的形成，叶的脱落和芽的休眠等也都受到光周期的控制。据 Gregory 的研究，温室黄瓜在长日照条件下的净同化率比短日照条件下的高三倍以上，也有实验表明，番茄在 16 小时光照条件下光合产物积累最多。

6.2 辐射机理及度量

6.2.1 太阳辐射

辐射(radiation)指的是能量以电磁波或粒子的形式向外扩散。自然界中的一切物体，只要温度在热力学温度零度以上，都以电磁波和粒子的形式时刻不停地向外传送热量，这种传送能量的方式称为辐射。辐射能量从辐射源向外所有方向直线放射。物体通过辐射所放出的能量称为辐射能。

在自然条件下，任何作物的生长都是靠太阳辐射作为唯一的光能进行光合作用的。长期的培养和驯化形成了作物对太阳辐射的适应性。温室栽培虽然能够人工控制光照环境，但作物对光照要求的习性仍然无法改变，所以必须了解太阳辐射的特性。

太阳是一个进行剧烈热核反应的炽热气体星球，它不停地以电磁波的形式向四周空间辐射能量。据科学家推算，太阳的平均温度约为 6000K，它每秒钟向地球辐射的能量约为 3.8×10^{26}J，相当于每秒钟燃烧 115 亿吨煤炭所释放的能量。

太阳辐射光谱是电磁波谱中的一员，不同波长光的分布如图 6-2 所示。可见光波谱范围为 0.38~0.76μm，太阳辐射波长主要为 0.15~4μm，其中最大辐射波长平均为 0.5μm。

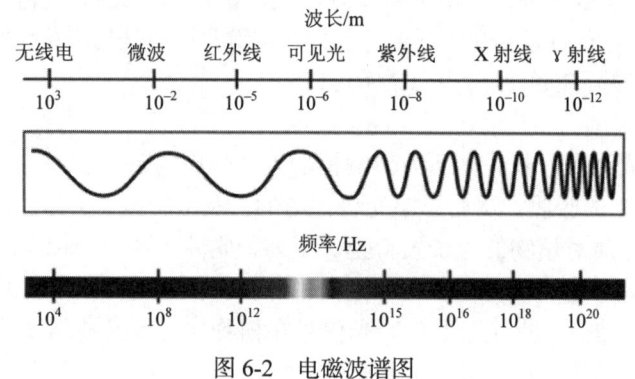

图 6-2　电磁波谱图

太阳辐射到达地球大气层上界的辐射光谱是波长从近于零至无限大的连续光谱。但从 0.17~4μm 波长内的光能量却占到总能量的 99%，峰值能量波段在 0.27μm。

可到达地球表面的太阳辐射由两部分组成：直接辐射和散射辐射。直接辐射一般指未经散射和反射的太阳辐射。直接辐射和散射辐射之和称为太阳总辐射。

太阳辐射中能被绿色植物用来进行光合作用的那部分能量称为光合有效辐射，简称 PAR。它是一个重要的农业气候要素。光合有效辐射是植物生命活动、有机物质合成和产量形成的能量来源，直接影响着植物的生长、发育、产量和产品质量。对绿色植物生长发育有作用的辐射波长范围比光合有效辐射波长范围宽，大致在 0.3~0.8μm，这一部分辐射称为生理辐射，它除对光合作用起作用，也对其他一些生理活动有影响。

直接辐射中的光合有效辐射会随季节气候发生变化，为了衡量光合有效辐射的大小以及随季节气候的变化情况，通常需要计算直接辐射中的光合有效辐射与太阳直接辐射之比，该比值被定义为太阳直接辐射中的光合有效辐射系数。不同的季节气候会引起太阳高度角和大气混浊度的变化，光合有效辐射系数会随着太阳高度角的增大而增大，而随着大气混浊度的增大而减小。另外该系数随时间的变化率也会因不同的季节气候发生差异，一般在晴天变化率大，系数变化快，一天之中早晚的变化率低，而正午前后变化率高而且稳定，一年四季中，夏季日照多，光合有效辐射系数高，冬季则最低。例如，在冬季，天气晴朗时，当太阳高度从 10°增加到 45°时，光合有效辐射系数由 0.35 增加到 0.45；而在夏季，太阳高度角在同样的变化范围内，则光合有效辐射系数由 0.47 增加到 0.48。虽然太阳高度角对直接辐射中的光合有效辐射系数影响很大，但对散射辐射中的光合有效辐射系数基本上不影响。在晴阴不同的天气类型下，散射辐射中的光合有效辐射系数会存在一定差异，在 0.50~0.60，比直接辐射中的光合有效辐射系数偏大。

6.2.2 太阳辐射的度量

在光辐射与光的应用技术中，为了对辐射与光进行定量测量与研究，规定了下列关于光辐射与光照的度量及单位。

1. 辐射度量

表 6-1 给出了基本辐射度量的名称和单位。

表 6-1 基本辐射度量的名称和单位

名称	符号	单位	符号
辐射能量	Q_e	焦耳	J
辐射通量，辐射功率	Φ_e	瓦特	W
辐射强度	I_e	瓦特/球面度	W/sr
辐射照度	E_e	瓦特/平方米	W/m^2
辐射亮度	L_e	瓦特/球面度平方米	W/(sr·m^2)

其中辐射能量 Q_e 是以辐射形式发射、转移或接收的能量。包括紫外辐射、可见光辐射和红外辐射的全部辐射能量。SI 单位为焦耳(J)。

辐射通量 Φ_e 是单位时间内到达或通过某一截面的辐射能，又称为辐射功率，SI 单位为瓦(W)。其中波长为 λ 的辐射通量与 λ 值有关。

$$\Phi_e = \frac{dQ_e}{dt} \tag{6-1}$$

对于点辐射源在单位立体角发出的辐射能通量称为点光源在这个方向上的点辐射强度，记作 I_e，即

$$I_e = \frac{d\Phi_e}{d\Omega} \tag{6-2}$$

式中，球面角的定义为以立体角 Ω 的顶点为球心的球面上所截取的面积 S 与球半径 r^2 的比值，即 $\Omega=S/r^2$，单位为球面度(sr)；$\mathrm{d}\Phi_e$ 是 $\mathrm{d}\Omega$ 立体角元内的辐射通量。辐射强度的 SI 单位为瓦/球面度(W/sr)。多数辐射源的辐射强度随方向而变。单位时间内物体单位表面积辐射出某特定波长射线的能量，称为单色波长的辐射强度。

辐射照度简称辐照度 E_e，是指在单位时间内投射到或通过某单位接收面积的辐射通量。单位是瓦特每平方米(W/m²)。在光的热效应或辐射能利用中，常以辐射照度作为计量单位：

$$E_e = \frac{\mathrm{d}\Phi_e}{\mathrm{d}A} \tag{6-3}$$

辐射亮度 L_e 表示面辐射源某一方向的单位投影面积在单位立体角内的辐射通量，即

$$L_e = \frac{\mathrm{d}\Phi_e}{\mathrm{d}S}\cos\theta \tag{6-4}$$

θ 为给定方向和辐射源面元法线间的夹角。辐射亮度的 SI 单位为瓦特/(球面度·米²)，符号为 W/(sr·m²)。

2. 光度量

光度量和辐射度量的定义及其方程是一一对应的，一般加下标 v 和 e 区分。如光度量 Q_v，Φ_v，I_v，E_v，L_v 对应于辐射度量 Q_e，Φ_e，I_e，E_e，L_e。所不同的只是光度量只适用于可见光区段(0.40~0.78μm)，而光辐射度量在整个电磁波谱范围内都有意义。

基本光度量的名称和单位如表 6-2 所示。

表 6-2 基本光度量的名称和单位

名称	符号	单位	符号
光能	Q_v	流明秒	lm·s
光通量	Φ_v	流明	lm
发光强度	I_v	坎德拉	cd
光亮度	L_v	坎每平方米	cd/m²
光照度	E_v	勒克斯	lx

1) 光通量(luminous flux)

光通量指光源单位时间内所辐射的光能。

定义 1：由发光体发出的光能，在单位时间内到达、离开或通过某一截面的光能数量，叫光通量，通常用 Φ 表示，单位是流明(lm)。1lm 是光强度为 1cd 的均匀点光源在 1sr 内发出的光通量。

定义 2：光通量是光源的辐射能通量对人眼所引起视觉的物理量。即单位时间内某一波段内的辐射能量与该波段的相对视敏率的乘积。

光通量的物理表达式为

$$\Phi = K \cdot \int_0^\infty \frac{\mathrm{d}\Phi(\lambda)}{\mathrm{d}\lambda} \cdot V(\lambda) \mathrm{d}\lambda \tag{6-5}$$

式中，K 为光敏度、感光度(类比胶卷的感光度)、人眼对色彩的感知能力，$K=683.002\mathrm{lm/W}$。K 值使光通量的单位与辐射功率的单位得到统一。λ 为波长。人眼对不同波段光的敏感程度与光的波长有关，只有波长位于 380~780nm 的光才能为人眼所感知，所以这一波段的光称为可见光。通常把低于 380nm 的光波称为紫外线(ultraviolet，UV)，而高于 780nm 的光波称为红外线(infrared，IR)。即使在可见光范围内人眼对光的敏感程度也并不是均匀的，这一点反映在了视见函数 $V(\lambda)$ 中。

图 6-3 为人眼相对光谱敏感度曲线，亦称为视见函数 $V(\lambda)$-λ 曲线，是总结了众多针对人眼的测试经验而得到的，它描述了人眼对不同波长的光的反应强弱。在可见光谱中，人眼对光谱中部(黄绿色)最敏感，越靠近光谱两端，越不敏感。在光亮环境中(明视觉)人眼对 555nm 的黄绿光最敏感；在较暗的环境中(暗视觉)对 507(510)nm 的蓝绿光最敏感。明视觉指人眼在明亮环境(亮度大于 $3\mathrm{cd/m}^2$)中，对不同波长可见光的视觉；暗视觉指人眼在黑暗环境(亮度小于 $3\times10^{-5}\mathrm{cd/m}^2$)中，对不同波长可见光的视觉。暗视觉的 $V(\lambda)$-λ 曲线的最大值相对明视觉向短波长方向移动了 50nm 左右。

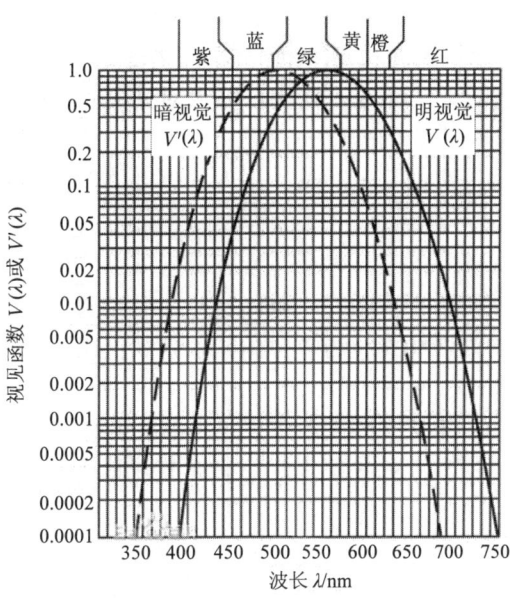

图 6-3 视见函数 $V(\lambda)$-λ 曲线

明视觉时，人眼对于波长 λ=555nm 的光线最为敏感，定义这时的视见函数 $V(555)=1$。当 λ 为其他值时，$V(\lambda)$ 均小于 1。如果对于某一波长 λ 的单色光，其辐射功率为 $P(\lambda)$，相对视见函数为 $V(\lambda)$，则可以定义光通量为

$$\Phi(\lambda) = P(\lambda) \cdot V_s(\lambda) \tag{6-6}$$

故不同波段的光即使辐射功率相等，光通量却不等。例如，当波长为555nm的绿光与波长为650nm的红光辐射功率相等时，前者的光通量为后者的10倍。

2) 发光强度(luminous intensity)

发光强度简称光强，是描述点光源发光强弱的一个基本物理量。以点光源在指定方向上的立体角元(单位立体角，或1球面度)内所发出的光通量度量，即单位立体角的光通量。其公式为

$$I_v = \frac{d\Phi_v}{d\Omega} \tag{6-7}$$

光强的单位为坎德拉(candela, cd), $1cd=1lm/sr$。

1967年，第十三届国际计量大会统一规定：在标准大气压下，处在铂凝固温度(2045K)的绝对黑体的$1/600000m^2$表面上的发光强度为"1坎德拉"。当光源辐射是均匀时，则光强$I=F/\Omega$，Ω为立体角，单位为球面度(sr)，F为光通量，单位是流明，对于点光源$I=F/4\pi$。

发光强度是针对点光源而言的，或者发光体的大小与照射距离相比较小的场合。光强代表了光源在不同方向上的辐射能力。通俗地说，发光强度就是光源所发出的光的强弱程度。

3) 光亮度(luminance)

亮度是指发光体(反光体)表面发光(反光)强弱的物理量。某方向的亮度就是该方向光强与光源面积的比值。亮度是一个主观的量，是人对光的强度的感受。例如，人眼从某方向观察光源，在这个方向上光的强度与人眼所"见到"的光源面积之比，就定义为该光源单位的亮度，即单位投影面积上的发光强度。亮度的单位是尼特(nit)，即坎德拉/平方米(cd/m^2), $1nit=1cd/m$。

4) 光照度(illuminance)

光照度是表明物体被照明程度的物理量。它与照明光源、被照表面及光源在空间的位置有关，大小与光源的光强和光线的入射角的余弦成正比，而与光源至被照物体表面的距离的平方成反比。

光照度用单位垂直面积所接受的光通量表示，单位为勒克斯(Lux, lx)。$1lx$等于$1lm$的光通量均匀分布于$1m^2$面积上的光照度。在研究人及某些动物的视觉环境时，应以照度作为计量单位。

3. 量子流密度

爱因斯坦的量子学说中把光辐射描述为不连续的细小粒子流。每一个粒子叫做光子或光量子。光量子打击物质时，光量子的能量将转移到物质的电子上，从而使物质分子或原子被激活而引起光化学反应。

光化学定律指出：吸收一个光量子，只能激活一个分子或原子。因光量子的能量与其频率成正比，而与其波长成反比。因此在研究光电效应现象、光化学反应(如光合作用与光照的关系)时，对光辐射的测量通常用量子流密度作为计量的物理量。

在实际应用中，将单位时间到达或通过单位面积的摩尔量子数，定义为量子流密度，

单位为爱因斯坦(E)或微爱因斯坦(μE)。

$$1E=10^6 \mu E=1mol \text{ 量子}/(s \cdot m^2)=6.022 \times 10^{23} \text{ 量子}/(s \cdot m^2)$$

一个量子所具有的能量为

$$q(\lambda) = \frac{hC}{\lambda} \tag{6-8}$$

式中，h 为普朗克常数，$h=6.625 \times 10^{-34} J \cdot s$；$C$ 为光速，$C=2.998 \times 10^8 m/s$；λ 为波长，单位为 m。

在现代研究植物光合作用与光照问题的应用技术中，应以生理辐射范围的量子流密度作为评价光辐射的物理量。目前，美国拉哥公司生产的太阳能监测仪，就带有植物生理辐射的量子流密度传感器，可直接测出研究环境的量子流密度。

上述三种计量单位中，辐照度、光照度、量子流密度与光谱能量分布密切相关，它们之间并无固定的比例关系。三者只有在确定的光谱能量分布条件下，才有明确的相关关系。目前在光照与作物生长发育的研究中，辐照度、光照度及量子流密度均在不同场合下使用，在一定意义上仍可反映光照与作物生育的关系。

6.3 光照传感器

太阳辐射是形成一定气候生态环境的重要因素，也与植物的生长有多方面的直接关系。这就需要专门的传感器测量太阳辐射。根据测量光辐射波段的不同，对应不同光照单位，测量光照的传感器有辐射传感器、照度传感器和量子流密度传感器等。

6.3.1 辐射传感器

1. 辐射传感器分类

目前，测定光辐射的传感器主要是以测定吸收辐射所产生的热量为基础的。黑体接受辐射后，热量增加、温度升高，其中温度升高的程度与接受的辐射能成正比，因此测定辐射，实际上就是测定黑体表面温度增加的情况。

辐射传感器分为总辐射传感器、直射辐射传感器和散射辐射传感器。辐射传感器测定的是单位时间单位面积上的总辐射能，单位为 W/m^2。

总辐射传感器测量的辐射光谱范围为 300~3000nm，受光面为平面，上面覆盖半球形玻璃罩，接受来自平面以上半球范围内的辐射，为尽量减少来自玻璃罩的传热，一般将玻璃罩做成双层中空。按照总辐射传感器感应面结构不同，辐射传感器分为黑白片型和全黑型两种。黑白片型辐射传感器受光平面为黑白相间的小方块，对应每个小方块接一个测温电极，从而形成两族电极，称为热电堆。由于黑白面吸收辐射量不同，黑白片间将产生温差，测定该温差值，即可相应地获得接受的辐射量。显然，这种仪器热电堆的低温端位于白片下，热端则位于黑片下，而全黑型辐射传感器热电堆的热端直接接触黑片，冷端则藏在仪器体内。

散射辐射的测定也是利用总辐射传感器。为了能够测到天空半球的散射辐射，仪器应水平安置，然后用固定在金属支杆顶端的圆片遮挡太阳直射光线使产生的阴影正好落在总辐射传感器的半圆球罩上。也有采用遮光环的，可以省去随太阳阴影的移动而要经常调节遮光圆片位置的麻烦，但需进行散射辐射测定值的修正，因为遮光环还遮掉了一大部分不应遮的天空。

直射辐射的数值，可以用总辐射数值减去散射辐射而获得。但在温室补光设计中一般常用总辐射，而很少独立使用直射辐射和散射辐射。因此本节主要介绍总辐射传感器。

2. 总辐射传感器构成

总辐射传感器一般由能量感知元件、滤波元件以及其他辅助元件构成。

能量感知元件一般为涂覆有高吸收率涂层(发射率在 0.94 以上的黑色涂层)的热流传感器(heat flux transducer)。热电堆式热流传感器是目前应用最普遍的一类热流传感器。辐射接收面分为若干块，每块接一个热电偶，把它们串联起来，就构成热电堆(thermoelectric pile)。滤波元件按所需波长范围选择通过的电磁波。常用滤波元件见表 6-3。

表 6-3　常用滤波元件

透镜材料	传递/%	光谱范围/μm
Quartz(石英)	90	0.3~3
Sapphire(蓝宝石)	85	0.3~5
Calcium Fluoride(萤石)	92	0.2~8
Zinc Selenide(硒化锌)	70	0.6~17

太阳总辐射表的感应核心由高精度热电堆元件组成，感应元件外镀高稳定性、高吸收率的无机碳膜。感应元件外配精密光学冷加工磨制而成的两层石英玻璃(波长相应范围 0.3~3μm)罩以防止环境对其性能的影响。传感器集成有水平基准、可重复利用的干燥器，白色遮光板。

太阳总辐射传感器(图 6-4)是一款测量接收地球平面上辐照度的一级辐射表。主要用来测量波长范围为 0.3~3μm 的太阳总辐射，如感应面向下可测量反射辐射，也可用来测量入射到斜面上的太阳辐射，如加遮光环可测量散射辐射。

图 6-4　太阳总辐射传感器

3. 辐射传感器工作原理

辐射传感器的工作基于热电效应原理。在感应元件的表面涂上高吸收率和高发射率的黑色涂层，从而制成绕线电镀式热电堆热流传感器。由于黑色涂层的作用，仪表的方位响应和余弦响应的偏差会很小。热接点和冷结点分别位于感应面上和机体内部，冷热接点产生温差电势。然后换算成辐射通量密度。

当有热流通过热流传感器时，在传感器的热阻层上产生了温度梯度，根据傅里叶定律就可以得到通过传感器的热流密度，设热流矢量方向是与等温面垂直：

$$q = \frac{dQ}{dS} = -\lambda \frac{dT}{dX} \tag{6-9}$$

式中，q 为热流密度；dQ 为通过等温面上微小面积 dS 流过的热量；dT/dX 为垂直于等温面方向的温度梯度；λ 为材料的导热系数；如果温度为 T 和 $T+\Delta T$ 的两个等温面平行时：

$$q = -\lambda \frac{\Delta T}{\Delta X} \tag{6-10}$$

式中，ΔT 为两等温面的温差；ΔX 为两等温面之间的距离。

由式(6-10)，在已知热阻层的厚度 ΔX，导热系数 λ 的情况下，只要通过测量温差 ΔT，就可以计算而得到通过的热流密度。由于热电偶的温差不仅与热流密度成正比，而且与热电偶产生的电动势成正比，所以当用一对热电偶测量温差 ΔT 时，用测出的温差热电势就可以反映热流密度的大小：

$$q = -K_r E \tag{6-11}$$

式中，K_r 为热流传感器的分辨率，单位为 $W/(m^2 \cdot \mu V)$；E 为热电偶的温差电动势。

分辨率 K_r 是热阻式热流计的重要性能参数，其数值的大小反映了热流传感器的灵敏度。K_r 数值越小则热流传感器越灵敏，其倒数称为热流传感器的灵敏度 K_s($K_s=1/K_r$)。

为了提高热流传感器的灵敏度，需要加大传感器的输出信号，因此就需要将众多的热电偶串联起来形成热电堆，这样测量的热阻层两边的温度信号是串联的所有热电偶信号的逐个叠加，信号大能反映多个信号的平均特性。热电堆是热阻式热流传感器的核心元件，也是其他辐射式热流传感器的核心元件。

6.3.2 照度传感器

照度传感器是专用于测量光照度的传感器，测量的单位是 lx。由于光照度在温室光照设计中应用较多，所以照度传感器是温室光照测量中最常用的一种传感器，由于通用性强，相应的价格也较低。

照度传感器选用专业光接收器件，用可见光频段的光照时，光谱吸收后通过传感器将不同频率的光谱转换成电信号，而对外显示电信号的大小由光照度的强弱决定。另外照度传感器内装有滤光片，使可见光以外频率的光被滤掉，只让可见光频段的光谱到达光接收器，再通过内部的可调放大器，调制光谱接收范围，从而可实现不同光强度的测量。

光接收器件的工作原理基于光电效应。光电效应是指在光的照射下，某些物体吸收了光能后转换为该物体中某些电子的能量，从而产生的电效应。光电效应又分为外光电效应和内光电效应两大类。

1. 外光电效应

在光照情况下，物质中的电子吸收足够高的光子能量，电子将逸出物质表面成为真空中的自由电子现象称为光电发射效应或称为外光电效应。外光电效应多发生于金属和金属氧化物，向外发射的电子称为光电子。光电管、光电倍增管等都是原理基于外光电效应的光电器件。

根据量子力学，光子具有波粒二象性，每个光子的能量可以表示为

$$E = h\nu \tag{6-12}$$

式中，h 为普朗克常数，$h = 6.626 \times 10^{-34}$ J·s，ν 为光的频率，单位为 Hz。

根据爱因斯坦光电效应理论，一个电子只能接受一个光子的能量，所以要使一个电子从物体表面逸出，必须使光子的能量大于该物体表面电子的逸出功 A_0，超过部分的能量表现为逸出电子的动能。根据能量守恒定理，可得

光子能量=逸出一个电子所需的能量+被发射的电子的动能

所以外光电效应中光电能量转换的基本关系为

$$h\nu = \frac{1}{2}mv_0^2 + A_0 \tag{6-13}$$

式中，m 为电子的质量；v_0 为电子的逸出速度。该方程称为爱因斯坦光电效应方程。由式可知，光电子能否产生，取决于光子的能量是否大于该物体的表面电子逸出功 A_0。光电子逸出物体表面的必要条件 $h\nu > A_0$。

不同的物质具有不同的逸出功，即每一种物质在发生光电效应时所对应的入射光的频率是不同的，刚能使电子逸出的入射光频率即光频阈值，也称为红限频率。红限频率为

$$\nu_L = A_0 / h \tag{6-14}$$

电子的逸出与入射光的频率有关，入射光频率低于红限频率，光子能量不能达到电子逸出功的值，这时物体内无电子逸出，即使加大光的强度和增加照射时间都不会产生光电子发射；反之，入射光频率只要高于红限频率，即使光的强度再弱，也会有光电子射出。当入射光的频谱成分不变时，产生的光电流与光强成正比，即光强越大，意味着入射光子数目越多，逸出的电子数也就越多。

红限频率对应的截止波长为

$$\lambda_L = \frac{hc}{A_0} \tag{6-15}$$

式中，c 为真空中的光速，$c \approx 3 \times 10^8$ m/s。

$$\lambda_L = \frac{1.24}{A_0} \tag{6-16}$$

2. 内光电效应

内光电效应是指光照时，由于光激发会产生载流子(自由电子或空穴)，正或负载流子在电场作用下在物质内部运动，从而导致物质的电导率发生变化，或者电动势发生变化引起的光生伏特的现象。内光电效应多发生于半导体内。根据工作原理不同，内光电效应分为光电导效应和光生伏特效应两类。

1) 光电导效应

在光照情况下，半导体材料吸收光使价带中的电子跃入导带形成非平衡载流子(导带中产生光生自由电子，价带中产生光生自由空穴)，而载流子浓度的增大将导致半导体电导率增大，这种由光照引起半导体电导率增加的现象称为光电导效应。基于光电导效应的光电器件有光敏电阻。

为了实现能级的跃迁，入射光的能量必须大于光电导材料的禁带宽度 E_g，即

$$h\nu = \frac{hc}{\lambda} = \frac{1.24}{\lambda} \geqslant E_g \tag{6-17}$$

式中，ν、λ 分别为入射光的频率和波长，单位为 μm。

材料的光电导效应是否发生取决于入射光波长与材料的禁带宽度之间的关系。对于确定的光电导材料，同样存在一个截止波长，只有波长小于 $1.24/E_g$ 的光照射在光电导体上，才能使电子跃迁，从而导致光电导体的电导率增加。

2) 光生伏特效应

在光照作用下物体产生一定方向电动势的现象叫做光生伏特效应。基于光生伏特效应的光电器件有光电池、光敏二极管和光敏晶体管等。

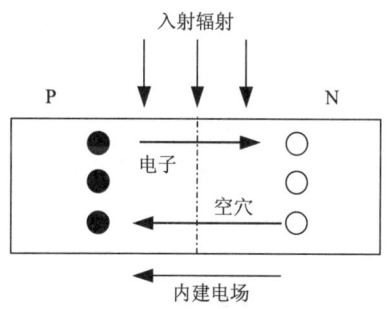

图 6-5 半导体 PN 结示意图

光生伏特效应是基于半导体 PN 结基础上的一种将光能转换成电能的效应。当入射辐射作用在半导体 PN 结上产生本征吸收时，价带中的光生空穴与导带中的光生电子在 PN 结内建电场的作用下分开，并分别向如图 6-5 所示的方向运动，形成光生伏特电压或光生电流的现象。

半导体 PN 结的能带结构如图 6-6 所示。无光照时，P 型与 N 型半导体形成 PN 结，P 区和 N 区的多数载流子要进行相对的扩散运动，扩散运动平衡时，它们具有同一费米能级 E_F，并在结区形成由正负离子组成的空间电荷区或耗尽区。

有光照时，载流子在半导体内部会产生定向运动，从而导致光生伏特效应，设入射光垂直 P-N 结面。如果 PN 结较浅，光子将进入 P-N 结区，甚至更深入半导体内部。光子能量大于禁带宽度时，每一个本征吸收的光子在结的两边都会产生一对自由电子-空穴

对。在光激发下,只有少数的载流子浓度会发生很大的变化,多数载流子浓度一般不会变化或者改变很小,这就是产生的所谓光生少数载流子的运动。

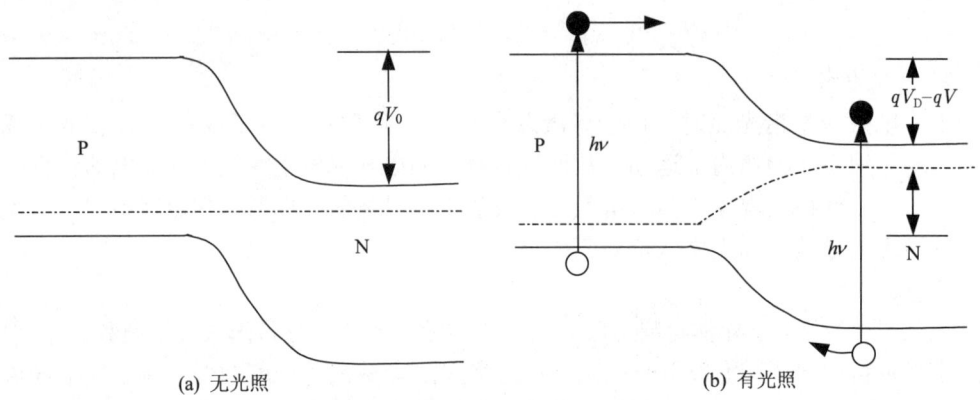

图 6-6 PN 结的能带结构

由于 P-N 结势垒区存在较强的内建电场(自 N 区指向 P 区),结两边的光生少数载流子即电子-空穴对,受该场的作用,由于电荷属性相反,将各自向相反的方向运动:P 区的电子穿过 P-N 结向 N 区运动进入 N 区;N 区的空穴则向 P 区方向运动进入 P 区,最终的结果使 P 端电势升高,成为高电势端,N 端电势降低,成为低电势端。在 P-N 结两端形成的电势差即光生电动势,这就是 P-N 结的光生伏特效应。

3. 光电池

照度传感器的光敏元件一般是光电池,通常使用最多的光电池是硒光电池和硅光电池,它吸收光能后产生电能,进而推动一个小型电流计指示光照度的大小。

1) 光电池的工作原理

光电池是在光线照射下,直接将光能转换为电能的光电器件。光电池在光照下实质就是电源,是发电式有源器件。这种器件在电路中相当于电源,所以不再需要外加电源。光电池作为电源的工作原理就是"光生伏特效应"。图 6-7 为光电池的工作原理图,光电池在构造上其实就是面积较大的 PN 结,当 PN 结的一个面接收到光照射时,如 P 型面受光照时,若光照能量足够大,使每一份光子能量的值超过半导体材料的禁带宽度,这时 P 型区每吸收一个光子就在结的两边产生一对自由电子和空穴,随即产生的电子-空穴对迅速从表面向内部扩散,在结电场的作用下,最后建立一个与光照强度有关的电动势。

2) 光电池的基本特性

(1) 光谱特性。光电池对不同波长的光的灵敏度是不同的。图 6-8 为硅光电池和硒光电池的光谱特性曲线。从图中可知,光电池的材料不同,光谱响应峰值所对应的入射光波长是不同的,硅光电池在 0.8μm 附近,硒光电池在 0.5μm 附近。一般来讲,硅光电池的光谱响应波长范围为 0.4~1.2μm,而硒光电池的范围只能为 0.38~0.75μm。所以硅光电池在应用上有比硒光电池更宽的波长范围。

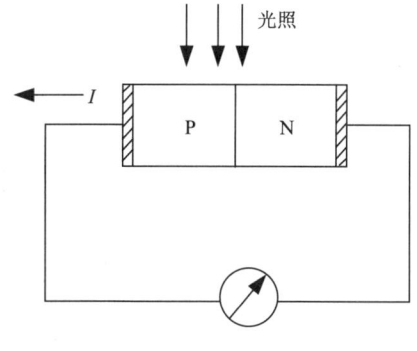
图 6-7 光电池的工作原理图

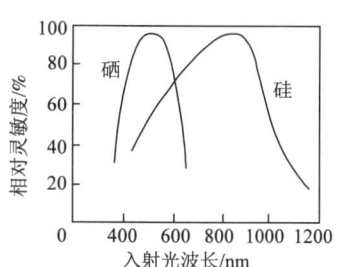
图 6-8 光电池的光谱特性

(2) 光照特性。当光照度不同时，光电池的光电流和光生电动势是不同的，光照特性就是表示光电流和光生电动势之间的变化关系的。图 6-9 为硅光电池的开路电压和短路电流与光照的关系曲线。

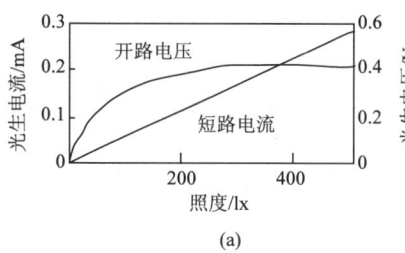
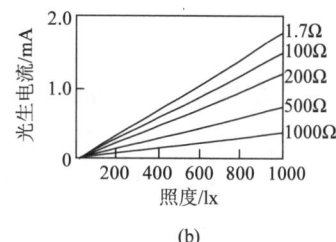

图 6-9 硅光电池的光照特性

(3) 温度特性。光电池的温度特性是用来描述光电池的开路电压和短路电流随温度变化的情况。温度特性是光电池的重要特性之一。通过光电池的温度特性可以掌握应用光电池的仪器或设备的温度漂移情况，从而据此推知测量精度或控制精度等。光电池的温度特性如图 6-10 所示。

(4) 频率特性。光电池的频率特性就是反映光的交变频率和光电池输出电流的关系，如图 6-11 所示。从曲线可以看出，硅电池有很高的频率响应，可用在高速计数、有声电影等方面。这就是硅光电池在所有光电器件当中最为突出的优点。

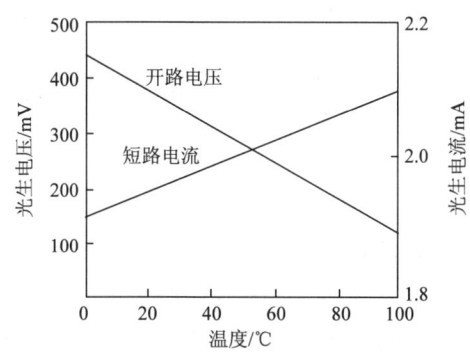
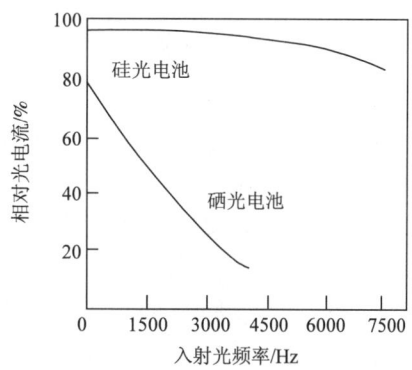

图 6-10 硅光电池的温度特性 　　　　　图 6-11 光电池的频率特性

4. 应用电路

光电池转换电路如图 6-12 所示，能将光的照度转换为电压形式输出，本电路所使用的光电池，其外型是由四个相同的光电池串联而成的，其开路电压约为 2V，短路电流约为 0.08μA/lx。

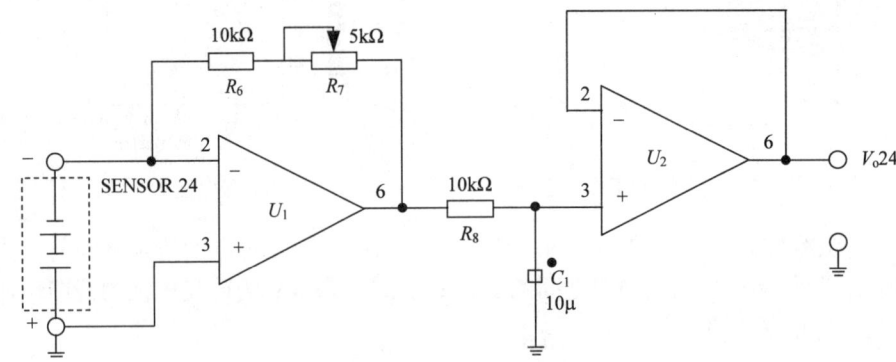

图 6-12 光电池转换电路

由光电池特性得知，光电池的开路电压 V_{op} 与入射光强度的对数成正比，呈非线性关系，而短路电流 I_{sh} 却与照度成正比，所以一般转换电路大都采用短路电流做转换，而不采用开路电压。图 6-12 的 U_1 为一个电流-电压转换电路。因为运算放大器有虚接地的特性，并且光电池接在运算放大器的正负两端相当于光电池短路，所以 U_1 的功能是将光电池的短路电流转换成电压。又因运算放大器的输入电流几乎为零，所以全部的 I_{sh} 流到 R_6 与 R_7，使 U_1 的输出电压 $V_1=I_{sh}(R_6+R_7)$。所以可调整 R_7 的大小，使得输出电压为 1mV/lx，这种调整方式，称为扩展率调整(span adjust)。

为获得准确的读数，照度计必须对光的颜色和余弦效应进行修正。对光颜色的修正是通过在光电池上加装一个滤光片以使输出与人眼的敏感性相适应；余弦效应的修正是因为硒光电池对垂直入射光线更为敏感。

若现场有 AC110V，60Hz 的交流成分存在。由 R_8(10kΩ)，C_1(10μF)所组成的低通滤波器，可将 120Hz 的交流成分滤除，使得转换电路的输出电压为平均照度的电压信号。而 U_2 为一电压跟随器(AV≈1)，作为缓冲器。

6.3.3 量子流密度传感器

量子流密度传感器是专用于测定作物接收光量子数的传感器，其测定的单位是每平方米单位时间内的微爱因斯坦数 μE/(m²·s)。主要用于研究作物光合作用，也可以用来测量光合有效辐射(PAR)。

量子流密度传感器的光敏元件仍然是硅光电池。根据光电效应及光辐射与电流之间特定的物理关系，通过测定光电池的电流来获得吸收的光辐射量。假设与光合作用相关的辐射能限 400~700nm 的光辐射波段，通过特殊滤光片的处理，按照不同光量子之间所具有能量的比例进行修正，最后将辐射能(400~700nm)换算成光量子数(假设 550nm 光量子的能量为 400~700nm 光量子的平均能量)。

现在常用的光量子传感器是 LI-191SA 线性光量子传感器和 LI-190SA 光量子传感器，如图 6-13 所示。

LI-191SA 线性光量子传感器主要应用在空间不一致的环境中(如植物的树冠内部)测量光合有效辐射。该传感器具有以下重要特性：感应波长为 400~700nm，正是测量光合有效辐射所推荐的波长范围；测量结果的输出单位为 $\mu mol/(m^2 \cdot s)$；测量结果是 1 米范围内的空间光合有效辐射的平均值，可以将实验误差最小化；一个人能够在短时间内完成多次测量；完全不受天气的影响，而且可以在无人管理的情况下放置在野外。

LI-190SA 光量子传感器主要测量空气中、植物生长箱和温室中的光合作用量子通量密度。LI-190SA 光量子传感器主要被植物学家、气象学家、园艺学家、生态调查组和其他环境学家所利用，目的是测量空气中、植物生长箱和温室中的光合作用量子通量密度。

图 6-13　LI-191SA 光量子传感器和 LI-190SA 光量子传感器

此外还有一种球形光量子传感器可用于测量水下的光合有效辐射和特定的光合量子通量流动速率，可以测量水下各个方向的量子流量。例如，当研究浮游植物利用各个方向的有效辐射的光合作用时，该仪器就显得非常重要。其具有以下特性：设计高度灵敏；外壳紧密、坚固(最大承受压力为 500psi，$1psi=0.155cm^{-2}$)；可在恶劣的水下环境使用。

6.4　便携式照度计

6.4.1　基于光敏传感器的便携式照度计

光敏二极管的输出电流与照度成正比。因此，光敏二极管是照度计的最基本电路。除此之外的测光方法虽然还有很多，但都是首先将它们变换成感光面的照度进行测量的。

作为照度计使用的光敏二极管必须具备的条件包括：分光灵敏度必须符合标准的相对可见度曲线；角度特性必须符合照度的余弦法则；与入射光相对应的输出电流必须具有良好的直线性和好的稳定性等。所谓照度的余弦法则，就是当光源与感光面相连接的直线同感光面的法线之间构成 θ 角时，照度减少到入射光垂直照射时照度的 $\cos\theta$ 倍。

图 6-14 是一个照度计实验电路，使用 BS500B 光敏二极管，用普通的运算放大器构成电流-电压转换电路。

BS500B 的输出电流是每 100lx 为 0.55μA，也就是说 5.5nA/lx。因此，如果运算放大器的反馈电阻 RF 取为 180kΩ，那么就可以得到 1mV/lx 的灵敏度，对于灵敏度的分散性，可以用电位器 VR1 进行调整。

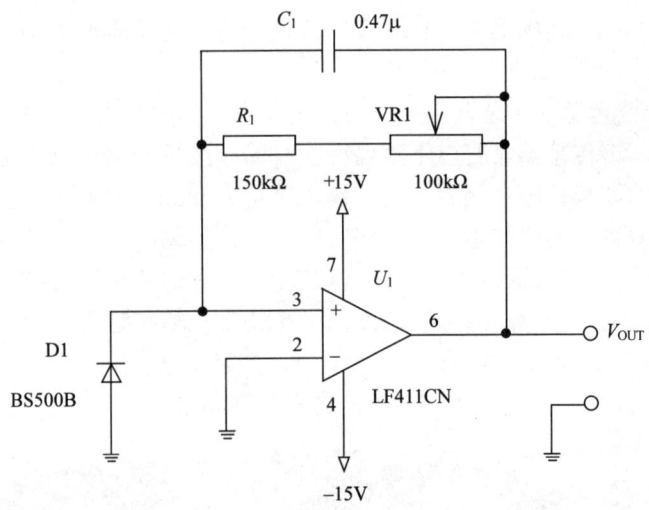

图 6-14 照度计的实验电路

BS500B 的低照度特性由暗电流决定，暗电流的最大值为 10pA，这个数值会给低照度的测量带来麻烦。因此，BS500B 的低照度测量只可以从 0.0025lx 开始，但是其动态范围可高达 112dB。通常后端电路可以使用对数放大器实现如此宽范围的测量。

6.4.2 基于集成传感器的便携式照度计

TFA1001W(西门子公司生产)是内含光敏二极管与放大器的集成。由于具有 5μA/lx 的灵敏度，所以通过连接 200Ω 负载电阻的方法，可以得到 5μA×200Ω=1mV/lx 的输出电压。于是，在 5000lx 时可以得到 500mV 的输出电压。

图 6-15 是照度计电路图，TFA1001W 的驱动电压为 2.5~15V，可以用干电池作为电源工作。

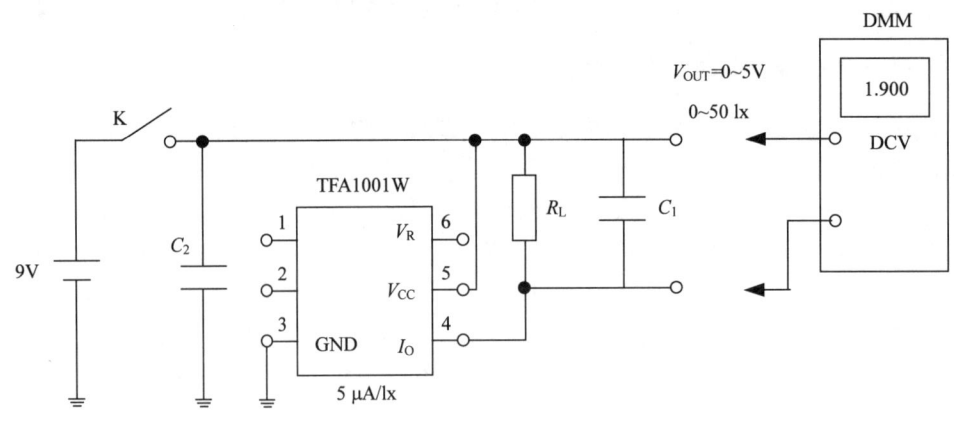

图 6-15 照度计电路图

第 7 章　生物传感器

学习目标

通过本章的学习，掌握常见生物传感器的分类及其工作原理，了解各种生物传感器的应用。

学习要求

（1）掌握酶生物传感器常基本结构、工作原理以及酶的固定技术；了解酶生物传感器的应用。

（2）掌握微生物传感器工作原理及分类，了解微生物传感器在 BOD 检测中的应用。

（3）掌握细胞传感器的原理及分类，了解细胞传感器在食品领域中的应用。

（4）掌握免疫传感器的原理及主要类型，了解免疫传感器在食品检测中的应用。

（5）掌握动物和植物组织传感器原理及分类，了解组织传感器的应用。

简介

生物传感器研究起源于 20 世纪 60 年代，1967 年，Updike 和 Hicks 首先研制了人类历史上第一种生物传感器，发展至 80 年代，生物传感器研究领域已基本形成。生物传感器是以生物学原件(如酶、微生物细胞、DNA 等)作为功能性识别元件，识别和感知目标待测物且按照一定规律转换成为可定量和可处理的电信号的器件或装置。与传统的离线分析技术相比，生物传感器具有易操作、设备简单、体积小、专一性好、灵敏度高、响应快、适用范围广等优点，能在比较复杂的体系中进行在线快速连续监测，所以在发酵工业、食品分析、生物医学、环境监测等领域有着广阔的应用。

生物传感器的分类和命名方法比较多，常见的有以下两种：第一是按生物敏感材料分类，可分为酶生物传感器、免疫传感器、微生物传感器、组织传感器和细胞器传感器等；第二是按信号转换器分类，可分为生物电极类传感器、半导体生物传感器、光生物传感器、电生物传感器和压电晶体生物传感器等。随着新的生物材料的产生及转换器的日益多样化，新的生物传感器将会不断出现，使其种类更加丰富。本章将按生物敏感材料分类，逐一介绍酶生物传感器、微生物传感器、细胞传感器及免疫传感器等。

图 7-1 为生物传感器结构简图。

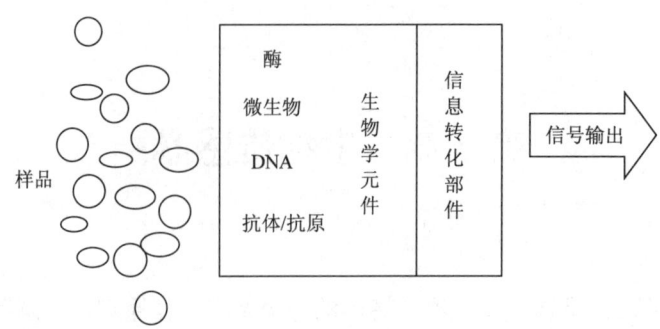

图 7-1 生物传感器结构简图

7.1 酶生物传感器

自 1962 年 Clark 等提出把酶与电极结合来测定酶生物的设想后，5 年后，Updike 和 Hicks 根据此设想研制出了世界上第一支葡萄糖氧化酶电极，并成功应用于定量检测血清中葡萄糖含量。此后，酶生物传感器在各领域得到科学家的极大重视和广泛研究，使其得到了飞速发展。酶生物传感器是将酶作为生物敏感基元，通过各种物理、化学信号转换器捕捉目标物与敏感基元之间的反应所产生的与目标物浓度成比例关系的可测信号，实现对目标物定量测定的分析仪器。与传统分析方法相比，酶生物传感器是由固定化的生物敏感膜和与之密切结合的换能系统组成的，它把固化酶和电化学传感器结合在一起，所以具有独特的优点：①它既有不溶性酶体系的优点，又具有电化学电极的高灵敏度；②由于酶的专属反应性，使酶生物传感器具有高的选择性，能够直接在复杂试样中进行测定。所以，酶生物传感器在生物传感器领域中具有非常重要的地位。

7.1.1 酶生物传感器的基本结构、工作原理及发展阶段

1. 基本结构

酶生物传感器的基本结构元件是由物质识别元件(固定化酶膜)和信号转换元件(基体电极)组成的。当酶膜上发生酶促反应时，产生的电活性物质由基体电极对其响应。基体电极的作用是使化学信号转变为电信号，从而加以测定。基体电极可分为碳质电极(石墨电极、碳棚电极、玻碳电极)、Pt 电极及对应的修饰电极。

2. 工作原理

当酶电极浸入待测溶液，待测底物进入酶层的内部并参与反应时，大部分酶反应都会产生或消耗一种可被电极测定的物质，当反应达到稳态时，电活性物质的浓度可以通过电位或电流模式进行测定。因此，酶生物传感器可分为电位型和电流型两类。电位型传感器是以酶电极与参比电极间输出的电位信号来测定待测物，电位信号与被测物质之间服从能斯特关系。而电流型传感器是以酶促反应所引起的物质量的变化转变成电流信号输出，输出电流大小直接与底物浓度有关。电流型传感器与电位型传感器相比较具有更简单、直观的效果。

3. 发展阶段

根据酶与电极之间不同的电子传递机理，酶生物传感器的发展主要分为三个阶段：基于天然介体——氧作为电子媒介体的第一代传感器，基于人工合成的电子媒介体的第二代酶生物传感器和基于酶在电极上直接电催化的第三代酶生物传感器。

1) 第一代酶生物传感器

第一代酶生物传感器是在氧还原的基础上发展起来的。以葡萄糖氧化酶(GOD)催化葡萄糖为例，其原理如下。

$$\text{酶层：GODox + glucose} \rightarrow \text{gluconolactone + GODred}$$
$$\text{GODred} + O_2 \rightarrow \text{GODox} + H_2O_2$$
$$\text{电极：} H_2O_2 \rightarrow O_2 + 2H^+ + 2e$$

式中，GODox 和 GODred 分别表示葡萄糖氧化酶的氧化态和还原态。在酶催化过程中，GODox 将葡萄糖氧化成葡萄糖内酯，自身被还原成为 GODred，然后被溶液中的溶解氧氧化成为 GODox，恢复为原来状态，这样 GODox 可以实现再生循环使用，同时氧气被还原为 H_2O_2。在这个过程中，氧的还原速度与葡萄糖浓度是成正比的，因此，可以通过测定反应后 O_2 的消耗量或 H_2O_2 浓度的变化来指示底物的浓度，但也存在一定的不足。

(1) 由于氧的溶解度有限，当溶解氧贫乏时，难以对高含量底物进行测定。

(2) 响应信号与氧分压或溶解氧关系较大，溶解氧的变化可能引起电极响应的波动。

(3) 需采用较正的电位，抗坏血酸和尿酸等电活性物质也会被氧化，产生干扰信号。

(4) 当由酶促反应产生的 H_2O_2 以足够高的浓度存在时，可能会使很多酶去活化。

2) 第二代酶生物传感器

为了改进第一代酶生物传感器存在的缺陷，第二代酶生物传感器采用人工电子媒介体解决酶氧化还原活性中心与电极之间电子传递的难题。

$$\text{酶层：GODox + glucose} \rightarrow \text{gluconolactone + GODred}$$
$$\text{修饰层：GODred + Mox} \rightarrow \text{GODox + Mred}$$
$$\text{电极：Mred} \rightarrow \text{Mox} + ne$$

式中，GODox 和 GODred 分别表示葡萄糖氧化酶的氧化态和还原态。Mox 和 Mred 分别表示电子媒介的氧化态和还原态。上面的方程为第二代酶生物传感器的响应原理。首先，葡萄糖氧化酶的氧化态(GODox)将葡萄糖氧化，自身被还原为 GODred，然后，电子媒介体(Mox)将 GODred 氧化，使之再生以循环使用，同时 Mox 被还原为 Mred。Mred 在电极上被氧化为 Mox，产生安培电流，且电流大小与葡萄糖的浓度呈线性关系，从而实现对葡萄糖的测定。

第二代酶生物传感器中，酶与电极之间引入了人工电子媒介体(M)，常用的有铁氰化钾、对苯二酚、二茂铁及其衍生物和各种有机染料等。这些电子媒介体加快了电极与酶之间的电子传递速度，解决了第一代传感器对溶解氧的依赖方面的缺陷，同时，也提高了酶生物传感器检测的灵敏度，加快了响应速度和增强了传感器的抗干扰能力。但是，这些小分子电子媒介在实际应用中也会出现一些问题。例如，电子媒介的溶解或部分溶解，电子媒介容易扩散离开电极界面等。

3) 第三代酶生物传感器

第三代酶生物传感器是通过酶在电极上直接电催化实现的，无需加入任何媒介体，是真正意义上的无试剂传感器。

酶层：GODox + glucose → gluconolactone + GODred

电极：GODred → GODox + ne

第三代酶生物传感器涉及酶与电极之间的直接电子转移，不需要天然的或人工合成的媒介体。这是一代充满朝气的酶生物传感器，直接实现电极与酶之间的电子转移在很大程度上可以提高传感器的灵敏度和选择性。但是，电极和酶之间的直接电子转移也面临着很大的困难，由于酶活性中心嵌入在厚厚的绝缘蛋白壳中，与电极有一定的距离，它们之间直接的电子转移受到一定的阻碍。为了促进生物传感器的直接电子转移，可以将酶掺杂到金属纳米粒子、半导体纳米材料、有机导电聚合膜等其他导电材料中。由于其具有大的比表面积、良好的生物相容性和稳定性，这些导电材料在酶固定化中起着重要的作用，既能很稳定地将酶固定，又能很好地保持酶的生物活性。

7.1.2 酶的固定技术

酶生物传感器是以酶作为生物识别元件，在酶生物传感器的构建中，有两个方面需要特别重视：传感器的稳定性和长久的使用性。这两方面在一定程度上与酶的固定方式有很大的关联，因此选择合适的固定技术至关重要。常用的酶固定化技术主要有吸附法、包埋法、共价键合法和交联法等，如图 7-2 所示。

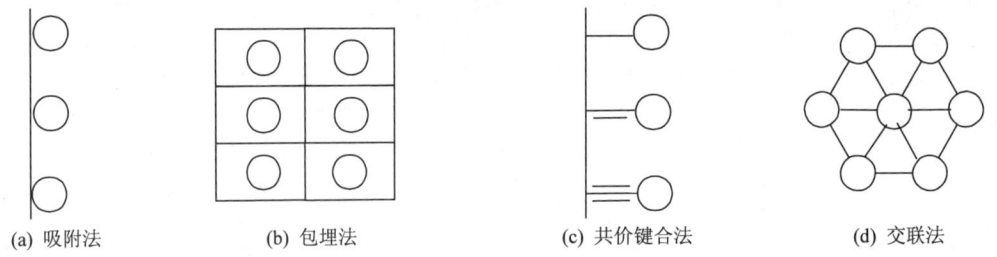

(a) 吸附法　　(b) 包埋法　　(c) 共价键合法　　(d) 交联法

图 7-2　酶的固定方式图

(1) 吸附法。通过物理吸附作用将酶固定到电极界面是最简单的酶固定方法，该方法主要是基于酶蛋白与基体表面间的非特异性作用。吸附法固定过程中不需要其他辅助试剂。因此，吸附法具有成本低，易于操作等优点。相比于化学修饰方法，基底与蛋白酶间的结合是通过氢键作用和范德瓦耳斯力，固定过程中对酶的结构和活性基本上没有破坏作用，但是酶与基底之间相互作用力弱，溶液的 pH、离子强度、温度的变化都会导致蛋白酶的脱落。所制备的传感器灵敏度低，重现性不好。

(2) 包埋法。包埋法是指酶被包埋在聚合物膜或者凝胶的格子型结构中。常用的包埋材料有光电聚合物、化学接枝聚合物(褐藻胶和乳胶)、电化学合成的聚合物(聚吡咯、聚苯胺、聚乙炔、聚噻吩和聚吲哚等)、无机黏土和溶胶凝胶。包埋过程中,通常是将酶与其他的电子媒介体一起包埋在聚合物中。其中,最有吸引力的方法就是电化学聚合法。在酶和聚合单体共同存在下,通过电化学方法将酶与单体一起聚合到载体上,酶嵌入在聚合物中主要是通过酶与单体的吸附和静电作用。该方法具有以下优点：单体的聚合与酶的固定可以一步完成；聚合膜的厚度,蛋白酶的固定量容易控制；稳定性好。但是该固定方法需要大量聚合单体和蛋白酶。

(3) 共价键合法。共价键合法是利用共价键结合的方式将酶固定到基底上的一种固定方法。其操作一般分为两个步骤,第一步基底材料的活化,为生物分子的键合提供功能基团,如—COOH、—NH_2 等。常用的方法有氧化碳基底,基底上自组装含有功能基团的分子或通过在基底上聚合含有功能基团的小分子。第二步将酶键合到功能化基底上。主要是通过酶的氨基酸残基与功能基团发生化学反应。共价键合法固定的酶结合牢固、稳定性好,但有的键合反应条件苛刻,会使酶的活性降低。

(4) 交联法。交联法是利用交联剂将酶与高分子质量的蛋白质如牛血清蛋白(BSA)交联在一起,常用的交联剂有戊二醛,戊二醛的两个醛基分别与酶和 BSA 的氨基发生反应,形成了厚厚的黏性网状凝胶,从而将酶固定。该方法操作条件温和、简单,但对酶的结构具有一定的破坏性,通常与其他固定方法结合使用。

7.1.3 酶生物传感器的应用

1. 酶生物传感器对鱼鲜度的检测

鱼类是很容易发生腐败的食品。对鱼鲜度一直采用感官检验、总挥发性盐基氮的测定和细菌总数的测定来判断。这些方法操作烦琐,测定周期长。因此,寻求一种快速、灵敏、特异的方法来检测鱼类鲜度是非常重要的课题。由于生物传感器有许多优点,在这方面的研究进展较快,尤其是日本,鱼类鲜度测定生物传感器已经商品化,日本东方电器公司和新日本无线株式会社生产的鲜度传感器,可应用于鸡肉、鱼肉等的鲜度测定,样品用量为几微升到几毫升,测定时间 3~6min,仪器体积小,而且携带方便,适合现场检验使用。发展到今天,已经涌现出由不同材料和方法制造的各式各样的鱼类鲜度测定生物传感器。生物传感器测定鱼鲜度有如下优点。

(1) 省时。一次分析的时间大约为几分钟到几十分钟。

(2) 前期处理简单。用缓冲液直接抽提鱼肉,即可作为样品进行分析测定。

(3) 检测结果直观。传感器的数据处理系统将有关资料进行统计分析后,直接给出鲜度指标。

(4) 样品用量少。一次测定样品只需几微升到几毫升。

(5) 测定费用低。传感器分析属于无试剂分析,并且一个电极可反复使用上百次,因此每次测定费用相对较少。

(6) 生物传感器因小型化而机动性强,易用于现场检测。

鱼死后体内核酸开始分解而产生次黄嘌呤(Hx)，且随时间的不断延长，鱼肉中 ATP 按以下顺序分解：ATP→ADP→AMP→IMP→HxR→Hx→尿酸。其中，ATP 为腺苷三磷酸，ADP 为腺苷二磷酸，AMP 为腺苷一磷酸，IMP 为肌苷酸，HxR 为肌苷，Hx 为次黄嘌呤。ATP 在 ATP 酶作用下降解成 ADP，ADP 在磷酸激酶的作用下降解成 AMP，AMP 在 AMP 脱氨酶作用下降解成 IMP，IMP 在 5-核苷酸酶(NT)作用下降解成 HxR，HxR 在核苷磷酸化酶(NP)作用下降解成 Hx，Hx 在黄嘌呤氧化酶(XO)作用下降解成尿酸。最后一步反应需消耗氧。次黄嘌呤是一种重要的生物碱，其含量对评估鱼的鲜度具有重要的意义。在鱼类质量变化的早期，以次黄嘌呤作为检测指标相当灵敏可靠。若将黄嘌呤氧化酶固定在载体膜上，然后与极谱式氧电极共同组成黄嘌呤氧化酶生物传感器，通过反应过程中消耗氧引起电位值的变化来测定次黄嘌呤的含量。原理如下：

$$次黄嘌呤+O_2 \xrightarrow{黄嘌呤氧化酶} 黄嘌呤+O_2$$

$$黄嘌呤+O_2 \xrightarrow{黄嘌呤氧化酶} 尿酸+ H_2O_2$$

利用不同的材料和方法制定的黄嘌呤氧化酶生物传感器的特性和灵敏度不一样。将黄嘌呤氧化酶固定在三醋酸纤维膜上，又将该膜固定在氧电极上，构成了黄嘌呤氧化酶生物传感器，其线性范围为 0.06~1.5mm，100 次以上电流不降低，在 5℃条件下可以保存 30 天以上。用聚丙烯酰胺凝胶将黄嘌呤氧化酶直接固定在 Clark 氧电极上，电极测定最适 pH 是 7.3，温度是 37℃，线性范围为 6.7~180μm。将黄嘌呤氧化酶共价固定在尼龙膜上，然后将膜覆盖在极谱电极上，极谱电极可以测定在酶反应过程中释放出来的过氧化氢和尿酸，电极对次黄嘌呤响应的线性范围是 3.6~107μm，测定时间为 2~3min，可以测定 40 次以上，电极测定的数据和传统酶法测定的数据间有很好的相关性。将黄嘌呤氧化酶用戊二醛固化在丝蛋白微孔膜上，并且将酶膜固定在圆盘白金电极表面，组成电流型酶电极。发现次黄嘌呤的量和目前常规的国家检测标准 TVB-N 间有良好的相关性。并确定鱼类鲜度指标如下。新鲜：次黄嘌呤含量≤3.6×10^{-4}g/5g。次新鲜：次黄嘌呤含量为 3.6×10^{-4}g/5g~5.90×10^{-4}g/5g。腐败：次黄嘌呤含量>5.90×10^{-4}g/5g。将黄嘌呤氧化酶层共价联合在铂电极上，电极在间苯二酚和侧-氨基苯溶液中进行电聚合，处理后的电极对次黄嘌呤响应的线性范围是 5~300μm，响应时间 2min，电极在磷酸缓冲液中于 4℃条件下可储存 60 天以上，可连续测定 6h、使用 50 次以上，电极测定结果和分光光度法测定结果有很好的相关性。

2. 酶生物传感器测定重金属污染

由于城市生活垃圾和工农业废弃物的剧增，以及农药和化肥的大量使用，人类赖以生存的水体、土壤等环境遭受到了严重的重金属污染，并呈加剧趋势。重金属不仅会对环境造成污染，人体吸收后也会造成严重的伤害，严重的将会危及生命。重金属是指比重大于 5 的金属，在人体中累积达到一定程度，会造成慢性中毒。重金属主要有 Au、Ag、Cu、Pb、Ni、Co、Cr、Hg、Cd、As 等 45 种，其中对人体危害最大的有 Hg、Cd、Pb、A8、Cr 等。由于这些重金属在水中不能被有效分解，而且在微生物的作用下能够转化为毒性更强的金属化合物。生物从环境中摄取重金属,经过食物链的生物放大作用,在较高级生物体内富集,然后通过食物进入人体,危害人体健康。众所周知的骨痛病(镉污染)和水俣病(汞污染)都是由重金属污染所造成的。因此,对重金属污染的防治刻不容缓,对于重金属的检测就显得尤为重要。

通常,污染环境的重金属的检测使用原子吸收法、电感耦合和溶出伏安法、等离子体光谱法等技术,这些技术具有灵敏度高、特异性强等特点,但存在着仪器费用高、样品前处理较为复杂和需要专业人员进行操作等缺陷,难以用在对重金属的现场检测。随着经济的不断发展和人民生活水平的不断提升,人们对环境质量的要求也不断提高,待测环境样品量迅速增加,而传统的检测技术已无法满足这种需求,因此,环境污染物的快速检测技术应运而生。快速检测技术与传统检测技术相比,虽然对环境污染物的检测只能是定性(或半定量),准确性和灵敏度也都低于传统检测技术,但是快速检测技术具有快速、方便、经济等优点,非常适合现场检测。

近30年来,人们开发了多种用于快速测定环境中的毒性化合物的生物传感器,由于毒性物质能抑制酶的活性,研制酶生物传感器来检测环境污染物正在成为生物传感器研究的热点,并开始用于重金属的测定。酶生物传感器在重金属检测领域有广泛的应用,如表7-1中所示,用不同的酶制备的传感器用于常见重金属离子的检测。

表 7-1 不同的酶制传感器

生物传感器类别	线性范围/($\mu mol/L$)	检出限/($\mu mol/L$)
酶生物传感器(葡萄糖氧化酶)	Cu^{2+}: 5~40	
	Hg^{2+}: 5~22.5	2.5
酶生物传感器(脲酶)	Cu^{2+}: 0.16~1.6	0.125
	Hg^{2+}: 0.05~0.5	0.045
	Cd^{2+}: 0.89~8.9	0.27
酶生物传感器(氨基乙酰丙酸脱水酶)	Pd^{2+}: 10~500	10
酶生物传感器(脲酶)	Cd^{2+}: 10~230	10

从表7-1可知,表中所列传感器并不能用于同时测定几种不同的重金属离子,而事实上,环境中往往同时存在着多种重金属的复合污染,对复合污染环境中各种重金属离子的快速检测技术的研究近年来受到了国内外众多学者的广泛关注,多酶生物传感器就是其中的一例。所谓多酶生物传感器就是利用不同酶对重金属离子的敏感性差异,同时使用多种酶检测复杂样品重金属离子含量的一种方法。将葡萄糖氧化酶、胆碱酯酶和脲酶作为敏感单元,并将其同时固定在电极表面,组成了具有不同通道的电解液-绝缘体-半导体(EIS)传感器阵列,用来识别混合液中的重金属离子,成功地测定了样品中的重金

属含量。

与一般传感器相比,这种多酶生物传感器输出信号比较稳定,结果可靠,而一般的酶生物传感器的设计是将酶膜和离子敏场效应传感器结合起来,这些装置虽具有灵敏度高、体积小、良好的操作性能和与微电子技术相融合的优点,但是也存在着致命的缺陷,即电接触件和芯片基片易被电解液腐蚀、漏电会导致输出信号不稳定。

7.2 微生物传感器

微生物传感器是生物传感器的一个重要分支。1975 年,Devis 制成了第一支微生物传感器。与最早问世的酶电极相比较,微生物传感器的稳定性较好,使用寿命也较长且价廉。微生物细胞中的酶仍处于自然环境中,因而增加了其活性和稳定性,同时还免除了昂贵的酶纯化和辅助因素再生等步骤。除此之外,传感器的生物学成分可通过浸入生长基使之再生,因而有可能长时间地保持其生物催化活性,延长传感器的有效使用期限。微生物传感器的应用范围十分广泛,现已应用于环境监测、食品检验、临床医学和发酵工业等领域。

7.2.1 微生物传感器的定义与组成、工作原理及分类

1. 定义与组成

微生物传感器是由固定化微生物膜和换能器紧密结合而成的。常用的微生物有细菌和酵母菌。微生物的固定方法主要有包埋法、吸附法、共价交联法等,其中以包埋法用得最多。载体有醋酸纤维素、聚丙烯酰胺凝胶和胶原等。为了保持微生物生理功能不变,固定时需采用温和的固定化条件。转换器件可以是场效应晶体管或电化学电极等,其中以电化学电极为转换器的称为微生物电极。微生物电极开发较早较成熟,可用的电化学电极有许多种,如 pH 玻璃电极、NH_3 敏电极、CO_2 气敏电极和 O_2 电极等。一些微生物传感器的主要组成和性能如表 7-2 所示。

表 7-2 一些微生物传感器的主要组成和性能

传感器检测对象	微生物	固定方法	电化学器件	稳定性/d	响应时间/min	测量范围/(mg/L)
葡萄糖	P.fluorescens	包埋法	O_2 电极	14 以上	10	5~20
脂化糖	B.lactofermenter	吸附法	O_2 电极	20	10	20~200
甲醇	未鉴定菌	吸附法	O_2 电极	30	10	5~20
乙醇	T.brassicae	吸附法	O_2 电极	30	10	5~30
乙酸	T.brassicae	吸附法	O_2 电极	20	10	10~100
蚁酸	C.butyricum	包埋法	燃料电极	30	30	1~300
谷酰胺酸	E.coli	吸附法	CO_2 电极	20	5	10~800

续表

传感器检测对象	微生物	固定方法	电化学器件	稳定性/d	响应时间/min	测量范围/(mg/L)
己氨酸	*E.coli*	吸附法	CO_2电极	14以上	5	10~100
谷氨酸	*S.flara*	吸附法	O_2电极	14以上	5	20~1000
精氨酸	*S.faerium*	吸附法	氨气电极	20	1	10~170
天冬氨酸	*B. cadavaris*	吸附法	氨气电极胺	10	5	$5×10^{-9}$~90
氨	硝化菌	吸附法	O_2电极	20	5	5~45
制霉菌素	*S.cerevisiae*	吸附法	O_2电极		60	1~800
烃酸	*L.arabinosus*	包埋法	O_2电极	30	60	10^{-2}~5
维生素 B_1	*L.fermenti*		燃料电极	60	360	10^{-3}~10^{-2}
头孢霉菌素	*C.freumdil*	包埋法	pH电极	7以上	10	10^{-2}~500
BOD	*T.cutaneum*	包埋法	O_2电极	30	10	10~30

2. 工作原理及分类

微生物传感器是以活的微生物作为敏感材料，利用其体内的各种酶系及代谢系统来测定和识别相应底物。

微生物传感器可以根据信号类型及传输原理的不同分为电导型微生物传感器、电位型微生物传感器和安培(电流)型微生物传感器等。

(1) 电导型微生物传感器。

很多微生物催化反应过程中都涉及离子种类的变化，从而产生溶液电导率的变化。虽然溶液电导率的测定并不具有针对性，但电导率的变化却极端敏感。近年来，研发了一次性的电导型微生物传感器，用于研究溶液中阴离子种类和浓度/渗透压对于大肠埃希氏菌生物活性的影响。

(2) 电位型微生物传感器。

传统的电位型微生物传感器是由一个离子选择电极或者一个气敏电极外包覆一层固定化微生物层组成的。微生物消耗目标分析物的同时，由于离子积累或消耗造成电位变化，电位换能器检测到测试电极与参比电极之间的差别，并且将这种差别转化为与目标物浓度相关联的信号。由于电位信号与目标物浓度之间呈对数关系，电位型微生物传感器的测试范围广。但是，该类型的微生物传感器对于参比电极的稳定性要求很高。

最简单的电位型微生物传感器的电极为改良的离子选择电极，此外大部分为改良的玻璃 pH 电极，此类电极通过测量微生物催化水解过程中有机磷物质的质子释放量来测定其浓度。此外，pH 电极与重组大肠杆菌质粒介导的内酰胺酶和青霉素酶组合用于监测青霉素的含量。新型固相硅基光寻址电位传感器与营养缺陷型大肠杆菌 WP2 菌种组合用于监测色氨酸浓度。除 pH 电极，其他的离子选择电极也被广泛应用于微生物传感器。例如，铵离子选择电极与脲酶杆菌组装用于监测牛奶中的尿液。

(3) 安培(电流)型微生物传感器。

安培型微生物传感器通过电极表面氧化还原性物质产生的电流来测定待测物质。此类微生物传感器被广泛应用在测定水样中的 BOD 及其他可生物降解有机物。对于其研究主要集中在适用于特定废水 BOD 测定的不同微生物的分离。此外，其安培换能器性能的提高也是研究领域之一。

7.2.2 微生物传感器在 BOD 检测中的应用

水环境监测是微生物传感器最主要的应用领域。其中，微生物传感器的使用主要集中在生化需氧量(BOD)的测定、污染物质生物毒性检测和各类有机污染物的测定几个方面，发展至今，微生物传感器在 BOD 检测中的应用技术尤为成熟和广泛。

生化需氧量是指在规定条件下，微生物分解存在于水中的某些可氧化物质，特别是有机物，所进行的生物化学过程消耗的溶解氧的量。目前生化需氧量的测定方法有微生物传感器快速测定法、稀释接种法及活性污泥曝气降解法。稀释接种法分析时间较长，且在培养过程中重复性较差，干扰因素较多，不能及时反映水污染状况等不足。微生物传感器快速测定法利用氧化反应产生的恒定电流，能够快速、及时地测定生化需氧量值。

日本是最先开发利用微生物菌体制成生物膜传感器，从而实现快速检测生化需氧量的国家，也是迄今唯一一个用 BOD 生物传感器法代替传统 BOD 法的国家。国内外的学者分别从传感器的改进、微生物的选择与培养和自控装置等方面进行了系统的研究并取得了一定的研究成果。表 7-3 列出了部分研究成果中采用的微生物种类及具体的应用情况。然而单一微生物或两种及两种以上微生物都不可能完全适应各种废水中有机物的降解需要，因此大部分的研究成果都不能完全替代传统的 BOD 测试方法。

表 7-3 部分研究成果中采用的微生物种类及具体的应用情况

微生物	检出限/(mg/L)	响应时间/min	研究成果
活性污泥(Bacillus subtilis)	60	20~50	环境水体监测及水质在线监测
枯草芽孢杆菌(Bacillus subtilis)	25	20~50	环境水体监测及水质在线监测
丝孢酵母菌(Trichosporon ctaneum)	0.5~100	25	经去离子和蒸馏后，化粪池和酿酒厂的水样测定结果可靠
假单胞菌(Psecudomonas putida)	0.5~10	2~15	低浓度河水
Psecudomonas putida SG 10	1.0~10	—	低浓度河水(经光催化与处理效果更好)
Cerratia marcescens LS Y4	0~44	15	重金属对各种类型的膜的影响不同
BODSEED (Cole-Palmer E-05466-00)	5~45		干热灭火型微生物传感器比活性微生物传感器效果更好，但活化时间稍长
枯草芽孢杆菌(Bacillus subtilis)	5~45		干热灭活微生物传感器测量工业废水结果比标准低 4%~9%，可以满足 APHA 推荐控制限
活性污泥与丝孢酵母菌	80	—	生活污水及河水测量结果可靠
酵母菌(Arxula deninivorans LS 3)	1.24~1.5		应用于市政污水处理厂，最大偏差<30%

微生物传感器符合了现代环境监测快速、及时的要求，其测量周期短，水样检测一般只需 30min 左右。对于干扰及污染物较少的水体，如地表水或生化性较高的生活废水，该方法具有良好的准确性与精密性，同时也克服了温度及 pH 对检测结果带来的影响，可以满足对城市污水处理厂废水和地表水进行实时检测的需要。

但微生物传感器快速测定法仍存在以下问题。

(1) 当废水中存在杀菌剂、农药、游离氯、高浓度含氰物质、某些高浓度重金属等对菌种有毒害作用的物质时，可能干扰该方法的适用性。

(2) 传统的 5 日法所选用的微生物为水体中本身存在的或接种的某一菌群，反映的是该菌群在 5 日内各种代谢活动的综合结果，周期相对较长、降解比较充分，降解率能达到 80%左右。微生物传感器所选用的微生物一般为单一菌种，因此在测量过程中存在一定的局限性；由于被测量水体的成分不同，选用的菌种对污水中不同类型可降解有机物的反应程度不同，可能造成测量结果的差异；测量周期较短也可能造成响应程度的差异。

(3) 对于污染较严重的水样及含有特殊干扰物质的工业废水，稀释倍数对测量结果有较大的影响，原因是稀释影响了微生物的呼吸降解速率，此时应尽量降低稀释倍数。

(4) 该方法采用的标准物质是由葡萄糖与谷氨酸组成的、易被微生物降解的物质，当测定实际水样时，常由于有机物易降解程度的不同而使测量结果产生不同程度的误差。

针对以上微生物传感器快速测定法在实际测定过程中遇到的问题，为了提高该方法的适用性，使其数据具有更好的代表性，需要提高菌种的适用性，使其满足降解不同有机物的需要。随着对微生物遗传信息的进一步了解，以及 DNA 技术、电子信息技术的应用，BOD 生物传感器技术必将得到更快的发展。通过国内外众多学者的共同努力，BOD 生物传感器定能满足低成本、高选择性、高准确性、高灵敏度的需要。

7.3 细胞传感器

细胞是生命结构和功能的基本单元，生命体是多层次、非线性、多侧面的复杂结构体系，生物学大师 Wilson 早在 1925 年就提出：一切生命的关键问题都应该去细胞中寻找。电生理研究在不破坏细胞形态结构的情况下，提供了在细胞水平上实行原位实时检测细胞基本生命活动规律的基本手段，成为生命科学研究的重要领域之一。但由于传统的膜片钳技术无法实现细胞信号多位点的同步采集，近年来研究者把目光转向了新型的细胞外检测技术——细胞传感器。

细胞传感器结合了现代生命科学、物理学、数学、化学和电子信息科学及其相关方法和技术，自 20 世纪 80 年代出现以来就以其强大的生命力成为细胞生物学和生物监测技术领域的前沿和热点。经过近 30 多年的研究和发展，细胞传感器已在环境监测、食品安全、生物医学和药物筛选等领域呈现出广阔的应用前景，不断激发着研究者的热情。

7.3.1 细胞传感器原理

细胞传感器是采用固定化的生物活细胞作为生物传感器的分子识别元件，结合传感器和理想化换能器,能够产生间断的或连续的数字电信号,信号强度和被分析物成比例的一种装置(图 7-3)。其构成包括三个部分:作为分子识别元件即一级感受器(细胞)、二级感受器(换能器)、信号处理和分析系统。细胞作为生物敏感元件,对外界刺激物质或者环境变化做出响应,而换能器的作用是将各种生物信号、理化信号转化为电信号,然后通过数据分析处理,得出相应的结果。

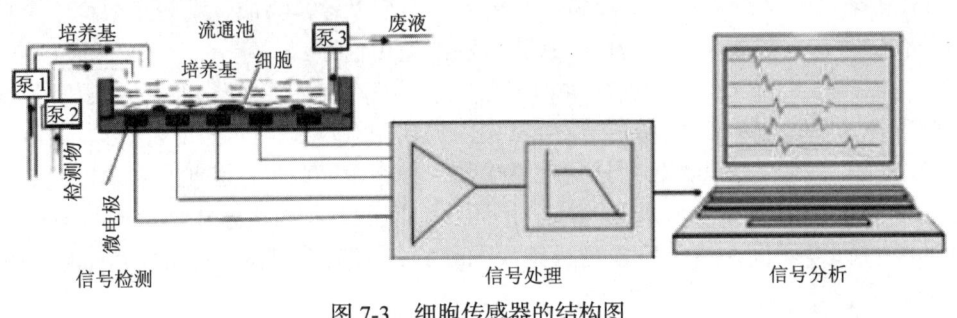

图 7-3 细胞传感器的结构图

当细胞感受到外界刺激后,经过分子识别,细胞信号转导,产生的信号经过物理换能器或者化学换能器转变为可定量和可处理的电信号,经二次仪表放大并输出,便可知待测物质存在与否及浓度大小。

7.3.2 细胞传感器的分类

根据细胞响应后的二次信号转换的形式差别可以将细胞传感器分为以下几类:电位型细胞传感器、阻抗谱细胞传感器、光学细胞传感器和代谢型细胞传感器。

1. 电位型细胞传感器

可兴奋细胞的一个显著生理活动是能够产生动作电位。1972 年,Thomas 等首次使用微电极阵列成功地记录到了大量雏鸡心肌细胞的胞外动作电位,后来,Gross 等也成功记录了神经元组织和单个神经元细胞的动作电位。由于细胞穿孔或膜片钳技术对细胞有损伤或侵入,研究者把目光投向通过微电极检测胞外动作电位,并形成了一系列商业化的产品,主要供应商有美国的 Plexon、德国的 Multichannel SystemsGmbH、日本的 Alpha MED Sciences 和北京博奥等。然而,在实际应用中,噪声、信号漂移及重现性等问题仍限制着其发展。Denyer 等建议把心肌细胞培养在微阵列芯片表面,采用单细胞群响应一种化合物。

2. 阻抗谱细胞传感器

哺乳动物细胞的重要特征之一是贴壁生长,贴壁生长在电极上的细胞形态和运动状态的变化都会引起贴壁界面阻抗的变化。根据这一特性,科学家设计了能实时、定量、连续跟踪哺乳动物细胞变化的细胞传感器——细胞与电极基底之间的阻抗传感器。这个系统可以量化细胞的运动、延展、凋亡等变化的信息,其基本原理是在培养皿底部装有金电极,细胞在培养过程中沉降并在电极上附着延展时,电极的阻抗发生变化。当细胞状态发生变化时,会导致阻抗的改变,揭示细胞变化的动力学信息。其原理如图 7-4 所示。

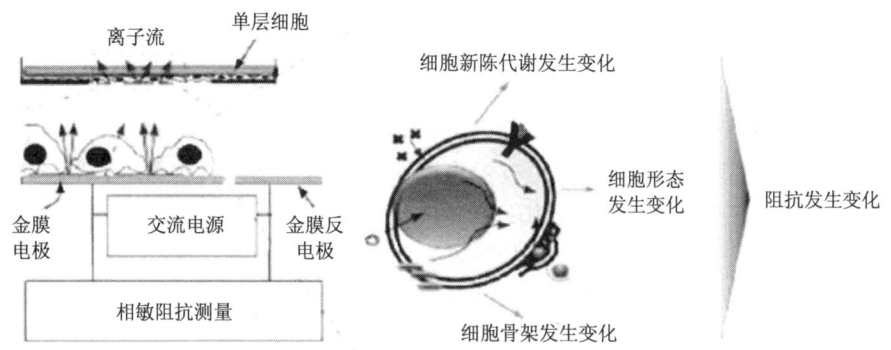

图 7-4　细胞基质间的电阻抗感测器

3. 光学细胞传感器

光学细胞传感器主要是检测由荧光探针标记胞内特定组分受到物质刺激时荧光强度的变化,已广泛应用于胞内离子浓度的改变和蛋白质表达等细胞生理状态的监控、高通量的药物筛选等。科学家通过基因改造构建了 4 种生物发光细菌,并进行了高通量的毒物物质测试,结果显示有良好的线性检测区域,灵敏度较高。现在商品化的荧光探针主要有电位敏感型荧光探针和钙影像探针。

图 7-5 为钙影像探针的实例之一,其原理如下:B 细胞免疫应答的信号转导过程构建了 B 细胞传感器,利用 B 细胞的特异性膜抗体识别以检测病原体。这一新的免疫细胞传感器命名为细胞分析及抗原风险和产生的通报系统(CANARY),这种 B 细胞能够表达针对特定病原体的抗体轻链和重链的各个部分。细菌或病毒与特异性抗体结合以后便引发下游信号转导级联反应,从而引起胞内 Ca^{2+} 流量变化;胞内 Ca^{2+} 的流入使得这种 B 细胞胞内的荧光蛋白立即产生荧光,然后可以用便携式光度计进行检测。

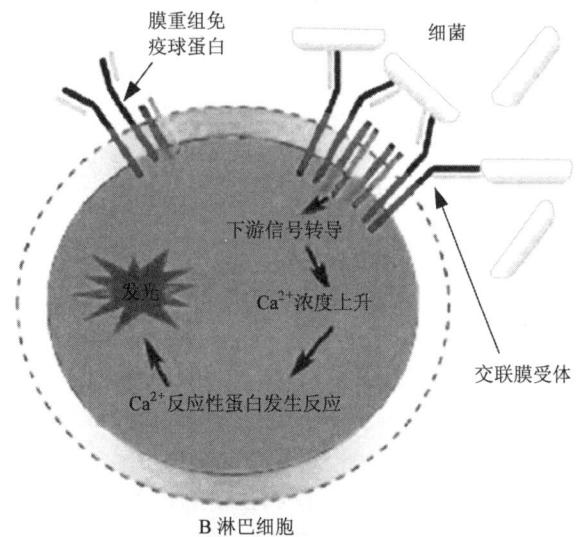

图 7-5　细胞分析及抗原风险和产生的通报系统(CANARY)

4. 代谢型细胞传感器

代谢型细胞传感器技术已经相当成熟，是通过检测培养基变化来监控细胞变化的。胞外 pH 是代谢传感器通用的监控方法，另外，测量新陈代谢过程中的耗氧量、二氧化碳的产量、乳酸盐产量等，也可以用于这类传感器，如浙江大学生物传感器实验室近年来发展起来的高灵敏度等温滴定量热技术也已成功应用于细胞传感器的研究中，主要是通过等温滴定量热方法来系统研究细胞特异性识别配体过程中的微热量变化，其灵敏度在 nJ/mol 的水平。当细胞受到外界物质刺激时，在细胞膜表面及细胞内实际发生了许多级联化学反应，用在线测速仪来测定每步级联反应中的热量变化，从而深入揭示细胞受体-配体识别的热动力学规律及信号转导机理。代谢传感器可以非常方便地检测细胞膜受体触发的反应，对筛选单一受体的配位基非常合适，但是细胞的信号传导途径的多样性可能导致信号难以分离。

7.3.3 细胞传感器在食品领域中的应用

随着微电子加工技术和细胞培养技术的发展，以活细胞作为敏感元件的细胞传感器得到了快速发展，在食品领域已经展现出广阔的应用前景，包括食品工厂环境监测、发酵工业、食品感官仿生学(生物鼻、生物舌)、食品安全检测、货架期评估等各方面。细胞传感器特有的信号序列对不同种类的刺激具有不同的敏感程度，能够定量测量分析信息，即确定某类物质的浓度大小及存在与否，与其他传感器相比，能够更加真实地模拟出外界刺激与生物体作用的方式。

1. 细胞传感器在食品感官科学中的应用

食品感官科学是应用现代多学科理论与技术的交叉，是系统研究人类感官和食物相互作用的形式和规律的一门学科。目前食品的感官评定主要是通过品评员进行感官品评来综合评价食物的感官特性，然而这种品评具有一定主观性，并且受到各种因素的影响。细胞传感器能够克服感官品评过程中的主观性，味觉、嗅觉疲劳带来的问题，亦可降低有毒有害物质对人体的毒害作用。在食品感官科学中应用的细胞传感器主要集中在味觉和嗅觉两个方面。

多年来，基于仿生的嗅觉传感器电子鼻产品已成功被开发出并已用于嗅觉感知的研究。由于在敏感性、特异性及稳定性等方面电子鼻的性能远逊于生物鼻，研究者把目光投向了嗅觉细胞传感器。在 1998 年，Gilbert 等将嗅觉细胞作为功能单元，在一个流通腔内培养有嗅觉神经细胞的微电极阵列芯片，通过多种不同的化学物质及气味分子的刺激，记录嗅觉细胞的电化学信号，然后根据电化学信号响应来分析被分析物，这使传感器检测的灵敏度获得了极大的提高。Lee 等利用克隆技术表达嗅觉受体 17 的 HEK-293 细胞系，制作的微平板电极对特殊的嗅觉物质的特异性响应极高，并且可用于筛选特异性嗅觉配体。Schutz 等采用场效应晶体管构建的触觉细胞传感器在气体检测中表现出极高的灵敏度和较好的特异性。

此外，研究者从味觉受体细胞的生物学特性入手，把味觉细胞群或者单个味觉受体细胞作为敏感元件，设计并构建了多种类型的味觉传感器，记录味质和味觉受体细胞作用时引起的电信号变化。虽然目前市场上有较多的仿生电子舌、味觉芯片产品,但仍无法和活组织的生物体媲美。科学家基于光寻址而设计的味觉细胞电位传感器,是通过味蕾细胞的培养和测试来达到较好区分不同味质的目的。同时,由于味觉细胞存活时间短及难培养的问题,研究者又将目光转移到可自我繁殖及能表达味觉受体的细胞系上。人们用五种基本味质刺激肠内分泌细胞系 STC-1,通过钙影像技术记录胞内 Ca^{2+} 浓度的变化,结果表明 STC-1 能够对不同的味质做出不同的响应,使味觉细胞芯片的细胞来源拓宽。

2. 细胞传感器在食品安全检测中的应用

细胞传感器检测具有节省检测成本、省去大量的样品前处理过程、提高检测效率、大大缩短检测时间的特点,极大优于常规的食品检测分析仪器。由于细胞传感器的研究起步较晚,现在可商品化的检测芯片并不多。目前,细胞传感器还只是应用于药物残留、检测食品病原菌等方面。

在 B 淋巴细胞中采用克隆技术而植入水母的钙敏感性生物发光蛋白,构建出病原菌特异的 B 淋巴细胞系,以致细胞和病菌接触时的发光强度不同,据此来区分不同的病原菌及其浓度。结果能较好地识别和区分食品中低浓度的 *F.tularensis*、*Y. pestis*、*B. anthracis*、*Vaccinia virus* 和 *E.coli* 等致病菌,响应时间均低于 3min,远远低于需 15min 的免疫测定法。在此基础上,人们构建了 B 细胞杂交瘤细胞 Ped-2E9,通过测量致病菌作用下碱性磷酸酶的释放量来定性检测食品中的致病菌肠毒素和 *Listeria*。

在检测药物残留方面,科学家构建了用于检测有机磷酸酯农药的微生物电流型全细胞传感器。结果表明:对甲基的检出限为 0.26×10^{-9}、对硫磷氧磷检出限为 0.28×10^{-9}、对硫磷的检出限为 0.29×10^{-9},且传感器的使用寿命长达 5 天。这表明细胞传感器用于检测农药残留是可行的。用光学细胞传感器通过监控鱼鳞的细胞色素变化,来监控水产品的药物残留程度。当药物暴露以后,细胞色素发生改变。通过光学图像可分析区分出不同的颜色变化从而检测出水产品的药物残留。

3. 细胞传感器在发酵工业中的应用

在生物传感器中,最适合发酵工业的测定的是微生物细胞传感器,以活的微生物细胞作为敏感材料的微生物细胞传感器,用其体内的各种酶系、代谢系统来检测识别其相应底物。微生物细胞传感器已应用在发酵工业的原材料(如葡萄糖、乙酸等)及代谢产物(如氨基酸、乳酸、青霉素等)的测定。因为发酵过程中存在对酶的干扰物质,且发酵液往往不澄清透明,所以光谱等方法测定并不适用于此。而应用微生物细胞传感器则能消除干扰,且并不要求发酵液的透明程度;同时,在发酵工业的大规模生产中,微生物细胞传感器因其成本低、设备简单的特点使其具有极大的优势。

用大肠杆菌硝酸盐的还原酶启动子作为一种反应含氧量变化的蛋白质载体(pNar-GFPuv),从而构建出在细胞水平监测发酵过程中氧变化的微生物细胞传感器。实验室规模的小型发酵罐中的细胞数远大于 10^9,利用微生物细胞传感器可评估出发酵罐中的微混合水平,从而检测出发酵液的微环境中氧耗尽的情况。

4. 细胞传感器在食品领域应用中面临的问题

虽然细胞传感器已经在食品领域的应用中取得了较大的发展并展现出广阔的应用前景，但是依然面临一些影响其发展的难题。

(1) 当从实验室的环境中移出细胞传感器时，细胞的传递及保藏技术问题。细胞传感器开发的目的主要是应用于现场检验和监控，而生物活体细胞对环境有极其苛刻的要求。

(2) 一直以来，生物传感器发展的瓶颈都是信号的分离，细胞传感器也不例外。生物活体细胞由于其自身所含受体、离子通道的不同而对多种不同物质做出综合响应，食品则包含着大量的不同物质，细胞传感器的检测得到的将是极复杂的综合信号，这将限制细胞传感器的进一步的推广及应用。信号的分析、分离、信号漂移及重现性等问题都有待研究解决。

在食品领域细胞传感器展现出了强大的生命力和诱人的发展前景，不断刺激着生物科学家和食品科学家的研究热情。如何再进一步开展细胞固定和操纵方法对细胞的增殖和分化、检测分析等相关研究具有重大的意义，在单个细胞水平上进行研究，可以得到反应细胞生理状态和过程的更准确、更全面的信息。分析细胞的功能对于细胞传感器将越来越重要，只有把细胞功能研究透彻，才更有利于细胞传感器的发展。将以生物组织、细胞等生物活体组织作为敏感元件，结合微电子加工技术研制集成芯片，提供一个适宜于细胞存活和成长的环境，应用于现场的监控和分析是未来细胞传感器的发展方向。细胞传感器能够成为未来食品安全、药物筛选、环境监测及国防等应用中必不可少的工具。

7.4 免疫传感器

7.4.1 免疫传感器的工作原理

免疫传感器是基于亲和作用，将特异性免疫反应与适宜的信号转换技术结合起来，用以监测抗原-抗体反应的生物传感器，已逐渐在许多领域得到快速发展和广泛应用。免疫传感器的一般工作原理是：固定在换能器上的抗体(抗原)对样品介质中的抗原(抗体)进行特异性免疫识别，并且产生随分析物浓度的变化而变化的分析信号。这里，在抗体的不同区域和抗原决定簇之间的高特异性反应主要包括疏水力、静电作用力、范德瓦耳斯力和氢键作用力这几种不同类型的作用力。抗原-抗体之间的作用力是可逆的，由于抗原和抗体之间的作用力相对较弱，形成的免疫复合物的解离主要取决于其反应环境(如介质 pH 和离子强度)。抗体和抗原之间的结合强度通常用亲和常数 K 表征，K 值通常在 $5\times10^4 \sim 1\times10^{12}$ L/mol。抗原抗体之间的这种高亲和性和高特异性的结合反应决定了免疫传感器具有独一无二的特征：专一性和选择性。

一般来讲，免疫传感器设计主要包括三个独立却又密切联系的部分：生物识别要素部分、电子线路部分和物化换能器部分。通常作为生物识别要素有抗体或抗体衍生物(抗原或半抗原)，直接固定于物化换能器上或者与其紧密相连，用来识别生物分子。这种识别反应决定了换能器装置的高选择性及灵敏性。电子线路用于放大或数字化由换能器装置输出的物理化学信号,如电化学(电势、阻抗、电容、电导、安培)、光学(荧光、折射率、发光)及微重量分析等。一个理想的免疫传感器设计应该具有以下特征:检测和定量抗原(抗体)的能力,在没有外加试剂的情况下转化免疫结合结果的能力,在同一装置上测量重现的能力,对实际样品特异性结合的抗体的检测能力。所有这些都是免疫传感器在各领域应用方面的主要目标。

7.4.2 免疫传感器的主要类型

根据换能器的类型不同,免疫传感器主要分电化学免疫传感器光学免疫传感器、电化学免疫传感器和微重量免疫传感器。根据操作方式的不同,免疫传感器还可以分为直接型免疫传感器和非直接型免疫传感器。直接型免疫传感器是指在没有外加标记物时,换能器能直接测量免疫复合物于界面形成时的物理效应或者化学效应。直接型免疫传感器能够实现实时检测被分析物质。对于非直接型免疫传感器,在检测过程中通常使用一种或多种标记物,换能器通过间接检测标记物的信号以检测被分析物质。非直接型免疫传感器需多次的洗涤及分离步骤,有时被称为免疫分析。相对于直接型免疫传感器,非直接型免疫传感器具有灵敏度高、耐干扰性强(避免由于非特异性吸附引起的交叉干扰)的优点。

1. 电化学免疫传感器

电化学免疫传感器由于具有高灵敏度、低成本和灵活便携等优点,成为免疫传感器中研究最早、种类最多、也较为成熟的一个分支。电化学免疫传感器的基本工作原理是:采用电化学检测方法检测标记物的免疫试剂或者一些酶、金属离子和其他电活性物质标记的标记物,从而对疾病诊断或患者状态监测中复杂体系的多组分混合物进行分析提供有力数据。用于电化学免疫传感器检测中的换能器主要分为电位型、电流型和交流阻抗型免疫传感器。

电位型免疫传感器是基于测定电位变化来进行免疫分析的生物传感器,集酶联免疫分析的高灵敏度与离子选择电极、气敏电极的高选择性于一体,直接或者间接用在检测各种抗原、抗体方面,它具有响应时间较快、可实时临测等特点。根据不同传感器原理而发展出了基于膜电位测量和基于离子电极电位测量的两种电化学免疫传感器。前一种膜电位测量由于其免疫电极灵敏度较低,故没有得到实际应用。后一种离子选择性电极免疫传感器的原理是先将抗体共价结合于离子载体,然后固定于电极表面膜内。当样品中的抗原选择性地和固定抗体结合时,膜内离子载体性质发生了改变而导致电极的电位的变化,从而测得抗原浓度。

电流型免疫传感器的原理主要有竞争法和夹心法两类。竞争法是用酶标抗原与样品中的抗原竞争结合氧电极上的抗体,催化氧化还原反应,产生电活性物质而引起电流变化,因此测定样品中的抗原浓度;夹心法则是在样品中的抗原与氧电极上的抗体结合后,然后加酶标抗体与样品中的抗原结合,形成夹心结构,通过催化氧化还原反应,产生电流值变化从而测定样品中的抗原浓度。作为标记的酶通常有青霉素酰化酶、辣根过氧化酶、碱性磷酸酶、尿素水解酶、葡萄糖氧化酶和乳酸脱氧酶等。在电流型免疫传感器的制备中，抗原抗体固定是影响传感器性能的重要因素之一。抗原抗体的固定方式、数量及活性等直接影响传感器的重现性、检测限及循环使用等性能。通常将生物分子固定在基底电极上或者固定于基质内，固定化技术主要有吸附法、交联法、共价键合法、包埋法、溶胶凝胶(Sol-Gel)法、聚合物法、LB(Langumir-Biodgett)膜法、自组装单层分子膜(self-assembled monolay，SAM)法、双层类脂膜 (bilayer lipid membrane，BLM) 法等。

电化学阻抗谱是一种研究导电材料及界面性质的有效手段之一，已经被广泛应用在电化学传感器的开发上。对于一个阻抗特性的传感器，其电容、电感及电阻特性的组合会产生一个特定的阻抗信号；如果传感器周围环境发生变化引起上述特性的任何变化，都会造成阻抗的改变，将得到一系列新的阻抗特性，这就是基于电化学阻抗技术传感器的研究基础。电化学阻抗生物传感器具有容易制备、成本低、易于封装和快速等特点，因此在食品的微生物检测中具有美好的前景。尽管如此，阻抗传感器的检测限与传统方法相比仍比较高，而且样品的分析系统还不是很完善，因此需要做大量的工作使这种技术更加成熟。

2. 光学免疫传感器

几乎所有的光学现象(如吸附、发光、荧光、散射或折射等)都能用于生物化学传感设计，因此与传统的免疫测定方法比较，光学免疫传感器被认为是临床诊断和环境分析的一种有效的方法。近年来，光学传感技术由于具有使用可见光、产生和读取信号快、不破坏操作模板等优势在免疫传感技术的应用方面呈现逐渐上升的趋势。光学免疫传感器可以分为两类：直接型光学免疫传感器和基于分子信号标记的间接型免疫传感器。

其中报道最多，商品化程度最高的光学免疫传感器是表面等离子体共振(surface plasmon resonance，SPR)免疫传感器。SPR 是一种物理光学现象，SPR 检测是利用表面等离子体波进行检测的一种技术，当样品与芯片表面的生物分子识别膜相互作用时，会引起金膜表面折射率的变化，导致 SPR 角度的变化，通过检测 SPR 角的变化，获得被分析物的浓度、亲和力、动力学常数和特异性等信息，如图 7-6 所示。由菲涅尔定理可知，当光从光密介质入射到光疏介质时（$n_1 > n_2$）就会有全反射现象的产生。全反射的光波会透过光疏介质约为光波波长的一个深度，再沿界面流动约半个波长再返回光密介质。光的总能量没有发生改变。透入光疏介质的光波成为消逝波。把金属的价电子看成是均匀正电荷背景下运动的电子气体，这实际上也是一种等离子体。由于电磁振荡形成了等离子波。光在棱镜与金属膜表面上发生全反射现象时，会形成消逝波进入到光疏介质中，而在介质（假设为金属介质）中又存在一定的等离子波。当两波相遇时可能会发生共振。当消逝波与表面等离子波发生共振时，检测到的反射光强会大幅度地减弱。能量从光子转移到表面等离子，入射光的大部分能量被表面等离子波吸收，使得反射光的能量急剧减少。可以从反射光强的响应曲线看到一个最小的尖峰，此时对应的入射光波长为共振波长，对应的入射角为 SPR 角。SPR 角随金表面折射率变化而变化，而折射率的变化又与金表面结合的分子质量成正比。这就是 SPR 对物质结合检测的基本原理。作为一种直接且可靠的光学传感器，直接型 SPR 免疫传感器具有免疫分离和无需标记的优点，在快速、实时、准确、检测免疫对象方面已经被证明是一种强有力的工具，如利用 SPR 免疫传感器检测流感病毒等。

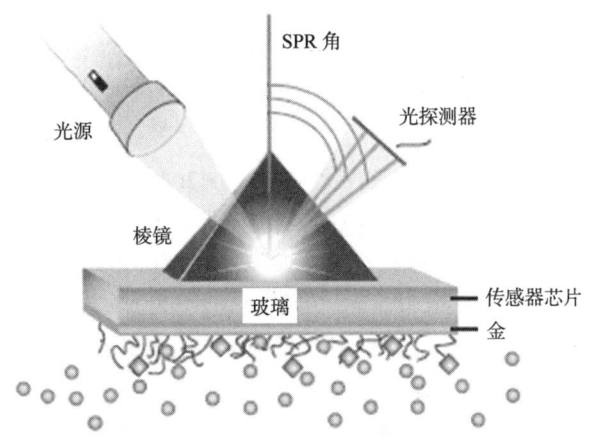

图 7-6　SPR 生物传感器示意图

具有高灵敏度和选择性的荧光光学检测技术与荧光标记物标记的免疫试剂相结合的荧光免疫传感器,也得到了广泛的应用。荧光标记的抗体或抗原结合到传感器表面,进入渐逝场,入射光激发荧光分子,从而产生可测量的荧光信号。基于荧光增强或猝灭技术的光导纤维免疫传感系统,在检测基于抗原-抗体反应的多种蛋白质时,具有免分离和无试剂加入的优点。例如,利用偏振荧光免疫传感器测定玉米中的马菌素;基于荧光量子点制造的光学免疫传感器检测白血病细胞等。

3. 微重量免疫传感器

微重量免疫传感器结合了压电响应的高灵敏度和抗体/抗原反应的高特异性。其检测基本原理是:在吸附识别区域发生的选择性结合,引起传感器表面质量和界面特性(黏弹性和表面硬度)的改变,这些改变可以通过振荡频率的位移来识别。该类传感器的突出特点是成本低、操作简单、灵敏度高和实时输出。微重量传感器有气相和液相两重传感模式。微重量免疫传感器中广为人知的是石英晶体微天平。

7.4.3　免疫传感器在食品检测中的应用

基于抗原-抗体特异性结合的工作原理,在食品检测中免疫传感器的应用主要体现在对生物性危害的检测。食品中生物性危害主要包括致病菌、毒素、病毒等。而农药、兽药等非生物性危害与大分子载体(一般为蛋白质)结合可刺激机体产生抗体,因此也可用免疫传感器进行检测。

1. 检测致病菌

导致食物中毒是致病菌对人类最大的威胁。1998 年,我国卫生部共收到食物中毒报告 55 起,中毒人数为 5836 人,死亡 88 人;1999 年共报告 97 起中毒事件,4999 人中毒,103 人死亡;2000 年收到的中毒报告增至 150 起,中毒人数 6273 人,死亡人数 150 人。每年向卫生部上报的数千人食物中毒中,除意外事故,大部分均是由食品致病菌引起的。

食品中常见的致病菌有金黄色葡萄球杆菌(剩饭、菜)、沙门氏菌(畜禽肉)、致病性大肠埃希氏菌(肉制品)、肉毒梭菌(发酵制品、肉制品)、副溶血性弧菌(水产品)、蜡样芽孢杆菌、李斯特单核细胞增生菌(乳制品)、霍乱弧菌、致病性链球菌和志贺菌。传统的致病菌检测是采用微生物培养、平皿计数，该方法检测速度慢、效率低。因此食品界一直企盼快速、可靠、简便的检测设备出现，而免疫传感器正好有了用武之地，可以大显身手。

1996年日本爆发肠埃希氏菌(E. coli)0157：H7(大肠杆菌0157：H7)食物中毒，中毒9451人，死亡12人。科学家利用FIA免疫传感器来检测食品中的E.coli。将E.coli抗体共价固定在经戊二醛活化的有孔氨丙基玻璃珠上已构成免疫传感器，其检出限为$5×10^7$ CFU/mL E.coli，检测时间不到30min，可重复使用300次以上。

巴塞罗那Autonoma大学(UAB)研究小组开发出食品致病体检测传感器，可以迅速准确地确定食品中致病菌类型。这次开发是在分子食品检测日益增加的大环境下进行的，纳米技术为监控提供了可能性。例如，为了测试蛋黄酱样品中的沙门氏菌，探头就具有这种类型的DNA片段，以确定基因组中的细菌。

2. 检测生物毒素

食品中生物毒素种类繁多，既有生物体自身产生的(如河豚毒素、贝类毒素)，也有食品中微生物产生的(如黄曲霉毒素、伏马菌素)。毒素一般毒性较大，少量毒素会造成一定的生理伤害，过量毒素则会危及人的生命。

动物毒素包括河豚毒素、组胺、贝类毒素和肝脏毒素等。植物毒素包括麦角毒素、红细胞凝集素、生物碱、硫代葡萄糖苷和棉酚等。霉菌毒素包括伏马菌素、黄曲霉毒素、玉米赤霉烯酮、展青霉素、褚曲霉毒素、3-硝基丙酸和杂色曲霉素。免疫传感器已广泛应用于生物毒素的检测(表7-4)。

表7-4 免疫传感器在生物毒素检测中的应用

毒素	传感器类型	检出限	响应时间
伏马毒素B_1	SPR免疫传感器	50ng/mL	<5min
	压电晶体免疫传感器	0.1μg/mL	1
黄曲霉毒素B_1	光纤免疫传感器	0.05ng/mL	快速
	颗粒免疫传感器	4ng/mL	8min
葡萄球菌肠毒素	光纤免疫传感器	5ng/mL	快速
蓖麻毒素	颗粒免疫传感器	25ng/mL	快速
肉毒毒素	光纤免疫传感器	250ng/mL	5min

3. 检测农残、兽残

农药、兽药的普遍使用支撑着高度发达的现代农业和畜牧业，然而食品中农残、兽残将给人类带来难以估量的潜在危害。常见的农药残留有氨基甲酸酚残留、有机磷残留、菊酯残留和有机氯残留等。常见的兽药残留主要有磺胺类残留、抗生素残留、硝基呋喃类残留、激素类残留等。

磺胺是较为常用的兽药，其在动物体内的残留将会对人类的健康造成影响。采用SPR

免疫传感器快速测定脱脂牛奶和生牛奶中硫胺二甲嘧啶残留物，检出限低于 1μg/mL，相对标准差为 2%，而且该传感器在经 NaOH 和 HCl 处理后可再重复使用。

多氯化联苯(PCB)是一种杀虫剂，存在于牛奶、食物和水中，过量的 PCB 可引起脑瘤。利用多克隆抗 PCB 抗体制作敏感膜光纤免疫传感器对其检测，检出下限为 10ng/mL，时间仅几十秒到几分钟。

7.4.4 免疫传感器的发展

免疫传感器将特异性的免疫化学反应与现代换能器如电化学(电导、电势、阻抗、电容、安培)、光学(折射率、发光、荧光)质量检测型装置等结合，极大地提高了检测的灵敏度和选择性，是相对传统免疫分析技术的巨大改革。随着免疫试剂和检测仪器的迅速发展，免疫传感器可以定性、定量地检测越来越多的被分析物。尤其是操作简单、价格便宜、结果可靠的免疫传感系统使免疫测定技术应用于更多领域，如患者监控、大规模筛查和偏远的环境检测。但是，仍然存在很多未解决的问题、如免疫活性试剂的固定化、样品背景(血液、血浆、血清、唾液和尿)的非特异性吸附及各类传感器的实际应用。

当前免疫传感器的发展应着力于解决临床药物分析与食品工业分析及生物技术中的化学分析的问题。免疫传感器应主要在实际分析中寻求发展，着力提高灵敏度和选择性，加快分析速度，尤其是提高分析效率(微流控系统或免疫传感阵列)。具有低检出限和高灵敏度的免疫传感器已广泛应用于各个领域，尤其是临床分析。例如，用酶修饰的脂质体作为催化标记物的夹心式免疫分析方法，在检测霍乱毒素中被证实是一种高灵敏的检测方法。同时，作为最新发展方向，有特殊化学和物理性能的纳米材料正逐渐应用于新型免疫传感器的设计中。另外一个引人注目的研究方向就是将流动注射分析或毛细管电泳技术与免疫传感器相结合，进一步推动了免疫分析方法的发展。免疫传感器的另一个发展方向是微型化和自动化，简化分析过程(如一步免疫分析法)、能够缩短分析时间。值得一提的是，近年来，蛋白质和抗体阵列技术在生物医药及诊断领域显示了非凡的潜力。人们提出了一种新型的免疫显性方法，通过变异抗体微阵列簇来测定白血病相关抗原。酶联免疫吸附微阵列已被用来诊断自身免疫性系统风湿病，在此，高浓度的与各种核内蛋白作用的抗核抗体与核蛋白混合物可以被高通量检测。同时，丝网印刷技术也应用于免疫传感阵列的制备中，显示了良好的应用前景，目前已有大规模的商品化生产，在临床诊断中得到了广泛的应用。此外，近几年有不少的研究者陆续报道了微流控免疫传感器在蛋白质组学和药物输送领域的发展。微流控系统集成多种程序在一个单一装置中，通过减少试剂用量和缩短分析时间，自动分析过程提高体系的可靠度和灵敏度，设计提高分析体系性能的新方法。微全分析系统(μTAS)的发展，也代表了未来高通量免疫测试的发展方向。另外，随着蛋白质工程技术和分子生物技术的发展，更多种类的抗体蛋白质分子被制备，应用于免疫传感测定。例如，在抗体和抗体衍生物的制备方面，蛋白质重组和融合就是一项强有利的技术。各种新生抗体的使用势必会提高固定化生物分子的生物活性和稳定性，甚至是提高免疫传感器的再生能力及灵敏度。作为一个令人振奋的例子，核酸适体作为一类合成的低核苷酸或分子，在治疗和诊断应用方面，其作用可与抗体相媲美。科学家应用核酸适体，提出了一种快速高灵敏的置换分析方法，即联核酸适体吸附分析方法，利用适体置换酶标记的目标分子。

总之，免疫传感器已经成为应用最广泛的一种分析技术，可以结合一系列换能器装置用以检测不同种类的分析物。免疫传感器在环境分析、生物过程监测领域和临床诊断具有极大的应用前景。特别是随着激光技术、纳米技术、传感器技术、抗体工程技术的发展，基于上述技术的免疫传感器，在广泛的分析领域中将成为更强有力的工具。

7.5 组织传感器

组织传感器也称为组织电极。它是以动植物组织薄片材料作为生物敏感膜的电化学传感器，是在酶电极问世之后的十余年才出现的。组织电极是酶电极的衍生型电极，其工作原理类似于酶电极，是利用动植物组织中的酶作为反应的催化剂。组织电极与酶电极比较具有如下方面的优点：首先，组织电极中酶活性比酶电极所用的离析酶的活性高。这是因为天然动植物组织中除了酶分子，还存在辅酶及酶促反应的其他必要成分，在组织内，酶促反应处于最佳环境之中，能保存与诱导酶的催化活性。其次，酶的稳定性强。因为组织中的酶除了处在最适宜的环境，同时又相当于被固定化，酶不易流失，可反复使用，电极寿命较长。最后，组织电极用的生物材料，如动物的肝、肾、肠、肌肉，植物的叶、茎、花、果等易于获取，可代替昂贵的酶试剂。总之，组织电极具有酶源广泛而易得、酶活性较高、使用寿命较长、制备简单的优点。与制备麻烦、时间较长、培养微生物需要一定条件的微生物传感器相比亦有优越性。因此，自1978年组织电极问世以来，美国、日本和我国均有不少学者从事组织电极的研究，为生物传感器的广泛应用开辟了新的途径，亦展示了它的发展前景。

通常，组织传感器根据电极上的生物敏感膜的组成材料不同可划分为动物组织传感器和植物组织传感器两大类。根据组织敏感膜所用组织材料不同，动物组织电极分为肾组织电极、肝组织电极、肠组织电极、肌肉组织电极、胸腺组织电极等。根据转换器所用基础电极的不同，植物组织电极分为基于 CO_2 气敏电极的植物组织电极、基于 NH_3 气敏电极的植物组织电极、基于 O_2 电极的植物组织电极等。

7.5.1 动物组织传感器

组织传感器中动物组织传感器研究较早，发展速度最快。现将常见的动物组织传感器的敏感膜所用材料的组织类型简介如下。

1. 肾组织传感器

肾组织电极多采用猪肾、羊肾组织为敏感膜，材料来源广泛，制作方便，如猪肾-谷氨酰胺电极、猪肾-葡萄糖胺-6-磷酸盐电极、猪肾-细胞色素 C 电极、羊肾-D-氨基酸电极等。下面仅介绍猪肾-谷氨酰胺电极实例。

猪肾-谷氨酰胺电极是利用肾组织中含有的谷氨酰胺水解酶催化试样中谷氨酰胺的原理，其酶促反应如下：

$$谷氨酰胺 + H_2O \xrightarrow{\text{谷氨酰胺水解酶}} 谷酸氨 + NH_3$$

酶促反应生成的氨通过氨气敏电极的透气膜扩散到内充液中,破坏了内充液的化学平衡,使反应向左移动,改变了内充液的pH:

$$NH_4^+ + OH^- \leftrightarrow NH_3 + H_2O$$

因此可用平板 pH 玻璃电极测定 H^+ 离子的活度变化,进而推算出谷氨酰胺的含量。

在十几种可能存在的物质共存条件下,电极对谷氨酰胺具有良好的选择性。猪肾-谷氨酰胺电极可应用于脑膜炎及肝昏迷患者脑脊液中谷氨酰胺的测定。结果证明,脑脊液中谷氨酰胺浓度与肝昏迷及 Reyes 综合征(赖氏综合征)相关。此法较临床用的分光光度法简便、省时、消耗试剂少,有很好的应用前景。

2. 肝组织传感器

动物肝组织中含有丰富的过氧化氢酶。因此,用动物肝组织敏感膜可与氧电极组成测定 H_2O_2 及其他过氧化物的组织电极;动物肝组织敏感膜亦可与辣根过氧化物酶偶联组成测定半抗原的复合电极。也可以根据肝组织所含其他成分,组成测定其他组分的组织电极,如肝组织中含有鸟嘌呤胱氨酶,可用于测定鸟嘌呤。在哺乳动物及其他动物(马、鱼、龟)等肝组织电极都有报道。现以牛肝-酶标免疫电极的实例说明。以牛肝组织敏感膜与辣根过氧化物酶偶联,利用竞争反应测定胰岛素。将牛肝组织膜与氧电极组成牛肝-H_2O_2 电极插入含有辣根过氧化物酶(HRP)标记的胰岛素(insulin)溶液中,并加入定量的 H_2O_2,下列两个反应同时存在:

$$H_2O_2 \xrightarrow{\text{肝(过氧化)}} H_2O + \frac{1}{2}O_2$$

$$H_2O_2 + \text{还原物质} \xrightarrow{\text{HRP-insulin}} H_2O + \text{氧化物质}$$

因此,消耗了定量的 H_2O_2,氧电极的输出信号降低。当 H_2O_2 与还原物质一定时,HRP 标记的胰岛素与电流的降低相关。此电极的寿命可达 3 个月以上。适用于临床检测。

3. 其他动物组织传感器

动物组织电极,除肾、肝组织电极发展较快,肠组织电极、肌肉组织电极及胸腺组织传感器的研制亦有较快进展。

根据动物肠组织、胸腺组织中含有较多的腺苷脱氨酶,已研制出鼠小肠-腺苷电极的兔胸腺-腺苷电极用于腺苷的测定。其反应是用腺苷脱氨酶催化腺苷水解脱氨,即

$$\text{腺苷} + H_2O \xrightarrow{\text{腺苷脱氨酶}} \text{肌苷} + NH_3$$

因肠黏液细胞和胸腺组织较为松软,不宜直接切片,最好采用化学方法固定制膜。鼠小肠-腺苷电极的敏感膜是由鼠小肠黏液细胞以戊二醛-牛血清白蛋白交联固定法制备

组织膜；兔胸腺-腺苷电极的敏感膜采用研磨的胸腺组织碎片直接涂布于尼龙网上以戊二醛固定成膜。将敏感膜与氨气敏电极组装成组织电极。

此外，根据肌肉组织中含有 AMP 脱氨酶，可催化 AMP 水解，也有用兔肌-AMP 电极测定 AMP。其催化反应为

$$AMP + H_2O \xrightarrow{AMP脱氨酶} 5'-单磷酸次黄苷 + NH_3$$

将兔大腿肌肉切成薄片，以尼龙网托扶，直接与氨气敏电极组装成电极。

7.5.2 植物组织传感器

植物组织传感器是利用植物组织中的酶，特异性催化底物，产生电活性物质，引起基础电极的响应。植物组织传感器是继动物组织传感器问世而相继出现的，由于植物组织传感器所用材料的酶源广泛易得，制备简单，成本低廉，易于保存，其发展速度很快。目前，植物组织传感器的研究报道很多，涉及的被测组分及所用的植物组织的材料较为复杂。但是，组成植物组织电极所用的基础电极多为二氧化碳气敏电极、氨气敏电极和氧电极。所以，下面按所用基础电极的类型介绍。

1. 基于 CO_2 气敏电极的植物组织传感器

基于 CO_2 气敏电极的植物组织电极测定时所依据的酶促反应中都有 CO_2 生成，故采用 CO_2 气敏电极作为基础电极。

例如，黄南瓜-L-谷氨酸电极。黄南瓜组织中含有谷氨酸脱羧酶，在辅酶-5-磷酸吡哆醛(PLA)的参与下，使 L-谷氨酸发生反应，生成物中有 CO_2 气体，用黄南瓜中皮层切片为敏感膜与 CO_2 气敏电极组装成植物组织电极测定 L-谷氨酸。

再如，玉米芯-丙酮酸电极。玉米芯含有丙酮酸脱羧酶，使丙酮酸发生酶促反应如下：

$$丙酮酸 \xrightarrow{玉米芯} 乙醛 + CO_2$$

用玉米芯切片为敏感膜固定于 CO_2 电极表面，组成植物组织电极测定丙酮酸。丙酮酸脱羧酶的辅酶是镁离子和硫胺素焦磷酸酯。电极首先浸泡在含辅酶的活性缓冲溶液中活化，激活丙酮酸脱羧酶，然后进行测定。

2. 基于 NH_3 气敏电极的植物组织传感器

凡是植物组织敏感膜中所含的酶能与底物发生酶促反应有 NH_3 生成，都可采用 NH_3 气敏电极为基础电极组成组织传感器，如用植物叶研制的黄瓜叶-L-半胱氨酸电极、菠菜叶-亚硝酸盐电极、豆类的夹克豆-尿素电极、紫玉兰花、菊花-L-精氨酸电极等。

例如，黄瓜叶-L-半胱氨酸电极，是依据黄瓜叶中含有脱硫化氢酶，可与 L-半胱氨酸发生降解反应，最终生成 NH_3。将黄瓜叶表面的蜡质膜剥去，露出具有催化作用的表皮细胞层。取表皮细胞层做敏感膜置于 NH_3 气敏电极的透气膜上，用尼龙网托扶制成组织电极，可直接与被测溶液接触进行测定。

3. 基于氧电极的植物组织传感器

包括真菌类植物在内,许多植物如香蕉、苹果、土豆、蘑菇等均含有丰富的多酚氧化酶,它在催化氧化底物的同时使耗氧量增加。应用上述植物组织作敏感膜与氧电极组装成组织电极,通过耗氧量来对底物进行测定。

例如,香蕉-多巴胺电极,是根据香蕉中所含的多酚氧化酶,能使多巴胺氧化为多巴醌,消耗氧;切取 0.1~0.25mm 香蕉肉质薄片,用透析膜固定在氧电极上组成的组织电极。测定时,工作缓冲溶液为 0.1mol/L 的 PBS,pH=6.50。为防止多巴胺自身氧化,多巴胺的标准溶液采用 1×10^{-3}mol/L H_2SO_4 新鲜配制。该电极线性范围为 2×10^{-4}~0.2×10^{-3}mol/L,响应时间为 40s。此种电极也有用香蕉浆涂于玻炭覆膜氧传感器表面,再覆盖一层聚四氟乙烯薄膜,制成香蕉浆-多巴胺电极。

7.5.3 组织传感器的应用

组织传感器是在酶电极基础上发展起来的,由于它以动植物组织代替纯酶作为生物催化材料,因此具有电极寿命长、制作简便、酶源丰富等优点。在开发应用上已经取得了很大的成果。以植物组织传感器为例,介绍组织传感器应用。植物组织传感器由于高度的选择性、快速和可连续测定等突出优点,已广泛应用于医学、工农业、生物工程、环境监控等方面。

下面仅举几个例子来说明其重要作用。

啤酒中含有多种酚类化合物,在这些化合物中有的与啤酒的稳定性直接相关,所以在生产中监测它们的含量对于保证啤酒的质量非常重要。苹果-黄烷醇(fiavan01)电极就是用来测啤酒中黄烷醇含量的。苹果组织中的多酚氧化酶通过将酚类氧化成醌类使电极表面电化学性质发生变化而进行测定。一种植物组织/炭玻复合物=0.086 传感器已被用来测定各种黄烷醇及酚类化合物。

生态学家必须面对和解决的一个主要问题是农业生产中使用的化学物质对环境的污染。这些化合物被大量使用,它们在环境中很稳定,不易被降解,因此对其进行连续广泛的监控用于控制其使用、改善污染是必要的。许多用来测定环境中的杀虫剂、除水剂的分析往往有较高的灵敏度和可靠性,但过于烦琐且需要复杂的仪器,难以进行连续的实地测定。相比之下酶生物传感器或免疫传感器虽然灵敏度差,但可实时实地测定。然而污染物会抑制酶的活性,影响传感器的寿命,有的还需要恢复才能使用。采用植物组织传感器就能很好地解决这些问题。例如,马铃薯-莠去净传感器。

H_2O_2 是许多生物酶催化反应的副产物,也是重要的工业试剂。有许多的生物电极被用于测定 H_2O_2 的含量,如芦箐-过氧化氢电极,其线性范围 0.06~0.08mm,测定下限为 0.015mm(S/N=3)。一个星期连续使用后,灵敏度下降小于 2%;两个星期后,仍可测定低至 0.18mm 的 H_2O_2。

在环境检测方面,组织传感器也有很多的应用,例如,测定邻苯二酚、磷酸盐的氟化物等。一些组织传感器的特性实例如表 7-5 所示。

表 7-5 组织传感器的实例

类别	组织膜用材料名称	测定物质	转换器用基础电极	线性范围(或检测下限)/(mol/L)	响应时间/min	寿命/d
动物组织电极	猪肾	谷氨酰胺	NH_3	$1\times10^{-4}\sim5\times10^{-3}$	8	30
	猪肾	葡萄糖胺-6-磷酸盐	NH_3	$5\times10^{-5}\sim1\times10^{-3}$		21
	猪肾	细胞色素C	O_2			
	羊肾	D-氨基酸	NH_3	$5\times10^{-5}\sim1\times10^{-3}$		12
	牛肝	H_2O_2	O_2	1×10^{-5}	1.5	
	牛肝-HRP	狄戈辛、胰岛素	O_2	适于临床检验范围		90
	兔肝	鸟嘌呤	NH_3	$1.3\times10^{-5}\sim2.8\times10^{-4}$	6~7.5	14
	猪肝	抗坏血酸(VC)、H_2O_2	O_2	—		—
	鼠小肠	腺苷	NH_3	1.9×10^{-5}		
	兔胸腺	腺苷	NH_3	$3.2\times10^{-5}\sim5.6\times10^{-3}$	5~7	28
	兔肌	AMP	NH_3	$1.4\times10^{-4}\sim5\times10^{-2}$	3~9	28
植物组织电极	黄南瓜	L-谷氨酸	CO_2	$4.4\times10^{-4}\sim1.3\times10^{-2}$	10	7
	玉米芯	丙氨酸	CO_2	$2.5\times10^{-4}\sim1\times10^{-3}$	10~25	7
	黄瓜叶	L-半胱氨酸	NH_3	$1\times10^{-5}\sim1\times10^{-3}$	25	28
	菠菜叶	NO_2^-	NH_3	$5\times10^{-4}\sim1\times10^{-2}$		
	夹克豆	尿素	NH_3	$3.4\times10^{-5}\sim1.5\times10^{-3}$	1~5	94
	菊花	L-精氨酸	NH_3	$5\times10^{-4}\sim1\times10^{-3}$	3~5	10
	紫玉兰	多酚	NH_3			
	蘑菇	O_2	O_2	$1\times10^{-5}\sim5\times10^{-4}$	1~3	60

7.6 生物传感器在农药残留分析中的应用

7.6.1 农药生物传感器的必要性

在农业生产中，农民为了达到增产的目的而大量使用有毒的有机物以消除病虫害，如农药、除草剂、杀虫剂等。在化学合成和自然界领域，"农药"是被广泛使用的术语。人们使用农药来控制害虫、真菌、杂草、线虫和其他有害物的泛滥，未降解的农药残留通过空气、水和土壤进入食物链，从而对生态系统、鸟类、动物和人类造成严重的危害。农药具有致癌和致畸作用，会引起很多疾病的发生，如骨髓方面的疾病、传染性的疾病、神经性紊乱、免疫系统和呼吸系统方面的疾病。为了防止上述问题的发生，美国和欧洲政府制定了一系列法律法规，这些法律法规的颁布和执行可以有效地控制农药的过量使用，从而降低农药对人类健康和生态系统的危害程度。相关法律规定，饮用水中不同农药的最高允许含量为 0.3~400 μg/L。最近 20 年，有机氯杀虫剂(如 DDT、艾氏剂和六氯化苯)已经逐步被有机磷(如对硫磷、马拉磷)和氨基酸的衍生物(如西维因、涕灭威)杀虫剂代替。这些杀虫剂虽然在环境中残留含量很低，但是由于它们的毒性很强，对环境、人类等也存在着严重的危害性。

检测农药残留量的常规方法有高效液相色谱、气相色谱、气相色谱-质谱联用技术及

ELISA 法等。这些常规方法虽然具有一定的灵敏度、可信度和精确度，但却需要昂贵的仪器设备、熟练的操作技能，并且耗时、操作烦琐，不宜用于现场分析。一种简单且有效的改进措施就是使用生物传感器。生物传感器是一种集生物材料(如酶、全细胞、抗体等)与电活性成分于一体的探针，其中，电活性的成分产生可测量的信号。虽然生物传感器不能与有效的色谱技术相媲美，但是它却具有分析速度快、可信度高等优点。在使用贵重的仪器进行样品检测之前，可以利用生物传感器进行样品的初级筛选检测。在最近 30 多年中，人们研制了几种基于酶、抗体和全细胞的，分析速度快、价格便宜的农药生物传感器，在此就不对每一种传感器作具体介绍了，如表 7-6 所示。

表 7-6 农药生物传感器总结

农药	检测方法	受体分子	检测限
呋喃丹		AchE	10^{-7}mol/L
敌敌畏 对硫磷 谷硫酸	电流法/FIA	AchE	敌敌畏：1×10^{-17}mol/L 对硫磷：1×10^{-16}mol/L 谷硫酸：1×10^{-16}mol/L
敌敌畏	电流法	AchE	10^{-10}mol/L
甲胺磷	DPV/计时电流法	AchE	1ng/L
杀螟松 呋喃丹	荧光法	抗体	杀螟松：0.8nmol/L 呋喃丹：3.5ng/mL
西维因 对氧磷 敌敌畏	荧光法/FIA	AchE	西维因：50ng/mL 对氧磷：12ng/mL 敌敌畏：25ng/mL
甲基对硫磷	荧光偏振法	抗体	15ng/mL
三氯磷酸酯 蝇毒磷 灭虫威	电位法	AchE	三氯磷酸酯：1.5×10^{-7} mol/L 蝇毒磷：5×10^{-9}mol/L 灭虫威：8×10^{-7}mol/L
呋喃丹 毒扁豆碱	电流法	AchE	呋喃丹：0.01ng/mL 毒扁豆碱：0.03ng/mL
甲基对硫磷	荧光偏振法	抗体	15μg/L
对氧磷 呋喃丹	电流法	AChE	均为：10^{-10}mol/L
敌百虫 对氧磷	电流法	AChE	敌百虫：5μmol/L 对氧磷：0.4μmol/L
三氯磷酸酯	电位法	BChE	10^{-7}mol/L
涕灭威 西维因	电位法	AChE	涕灭威：12μg/L 西维因：108μg/L
敌敌畏	光纤检测法	AChE	5.2μg/L
毒死稗 对氧磷	电流法/SPE	AchE	毒死稗：0.1mg/kg(麦/大麦) 对氧磷：0.32ng/mL
呋喃丹 三唑磷 砜吸硫磷	光谱/FIA	AchE	呋喃丹：3.8ng/mL 三唑磷：90ng/mL 砜吸硫磷：200ng/mL
三氯磷酸酯 蝇毒磷	电流法/SPE	BchE	三氯磷酸酯：3.5×10^{-7}mol/L 蝇毒磷：3.5×10^{-7}mol/L
甲磺隆	光纤检测法	抗体	甲磺隆：0.1ng/mL

7.6.2 农药生物传感器的发展现状

乙酰胆碱酶(AChE)是一种从不同有机物分离得到的酶,可以用做农药生物传感器的主要元件。在20世纪50年代初期,农药检测主要使用电位测定法。到了20世纪50年代中期,AChE第一次用于集成化的生物传感器中,此生物传感器是基于AChE的抑制作用来检测农药。随着科学技术的发展,基因修饰的AChE及其他一些酶也被应用于生物传感器的研制。AChE电流型生物传感器的主要缺点是酶催化产物硫代胆碱的氧化反应需要较高的电位,会大大降低传感器的稳定性。使用媒介质,如7,7,8,8-四氰醌二甲烷(TCNQ)和导电性能好的材料如碳纳米管可以解决上述问题。在生物传感器中全细胞可以直接与换能器的表面接触,不必进行酶的纯化过程,从而降低了生产成本。由于酶抑制作用的生物传感器的选择性差,为了提高生物传感器的选择性,人们研制了以抗体作为识别受体的免疫传感器。在生物传感器中引入不同的检测方法,如电流法、电位法、微分脉冲伏安法(DPV)、化学发光法、压电法、表面等离子共振等,都可以提高生物传感器的分析性能。传感器的选择性和生物催化剂的稳定性很大程度上取决于生物催化剂的固定方法。为实现生物催化剂与换能器表面的充分接触,常用的固定方法有共价键法、吸附法、包埋法等。另外,微型化技术的发展也促进了便携式、易操作、价格便宜、环境友好的农药生物芯片在实际样品检测中的发展。尽管农药生物传感器的发展速度很快,但是商业化的农药生物传感器的研制仍处于初期阶段,还有待于进一步的发展。

7.6.3 农药生物传感器的展望

农药生物传感器可以广泛应用于农业生产、食品加工和药物分析等方面。在食品进出口方面,利用便携式农药检测试剂盒可以快速方便地检测食品中的农药含量。同样,如果在临床上,生物传感器能够选择性地检测农药或有害物质,那么它将会在临床诊断和处理方面具有很大的发展前景。袖珍型生物芯片或试条在日常水质的监测和家用方面具有很好的应用前景。

目前,除了农药生物传感器/免疫传感器,人们也在进行着一些常规的现场分析方法,如化学传感器、免疫分析和化学检测试剂盒的有关研究。虽然农药生物传感器在设备简单化、费用低等方面显示了明显优势,有望取代色谱分析,但仍需精确、有效的方法。在稳定耐用型生物传感器/免疫传感器的研制方面,仍需进一步研究基因修饰的选择性生物催化剂和特异性结合能力高的抗体。通过基于修饰的受体分子可实现此目标。需要探索新型的固定方法和固定材料,提高传感器的稳定性和加快信号到换能器表面的传递速度。尽管在很多传感器中不需要对样品进行预处理,但传感器的稳定性仍然是一个需要解决的问题。考虑到现场应用的要求,应尽量减少样品预处理步骤或采用直接检测分析的方法。在工业、医药等领域,利用微加工技术小型化传感器或便携式试剂盒的研制取得了长足的发展,在家用或实时分析中展示出优越性。虽然在多组分同时检测的农药传感器研制方面已经取得了一些研究进展,但仍需将重点放在研制选择性高的多种农药同时检测的流动注射器传感器上,以实现实际样品的快速、自动化检测。

第 8 章　机械传感器

学习目标

通过本章的学习，掌握谷物流量传感器的工作原理、转换电路以及差分消振电路的相关知识；掌握霍尔效应，了解霍尔式转速传感器的工作原理以及电路设计；了解磁电式、光电式转速传感器。

学习要求

(1) 掌握谷物流量传感器的工作原理、转换电路以及差分消振电路。
(2) 掌握霍尔效应。
(3) 了解霍尔式转速传感器的工作原理。
(4) 了解磁电式、光电式转速传感器。

简介

20 世纪 80 年代以来，电子技术和其他技术在农业机械领域的应用研究发展，为 20 世纪 90 年代开发智能化变量作业农业机械以及"精准农业"技术体系的试验实践奠定了基础。多家世界著名的农业机械制造公司生产的农业机械都装备了一些电子装备来提升机械的工作效率以及改善劳动者的作业环境。而我国的农业仍然处于逐步推进基本农业机械化的发展阶段，所以提高我国大中型农业装备产品在国际市场上的竞争力，发展高新技术在农业机械化服务产业和规模化农业中的应用非常必要。因此，我们应该跟踪研究发达国家的先进经验，在应用电子信息新技术方面实现飞跃式的进步。

田间信息采集是精准农业技术系统中的重要部分，其中产量信息获取尤为重要。产量信息可以为农民合理投入生产资料提供信息，以节省资金、提高效益。现在，国外市场上有很多产量监视系统(也称为测产系统)的产品，并取得了比较广泛的应用。美国农业部的调查显示：2002 年，美国 29%的大豆产区使用了带有产量监视系统的联合收割机进行收获。并且，希望装备产量监视系统的农户数量正在迅速增加，据估计，目前美国大约有一半大豆产区均使用带有产量监视系统的联合收割机进行收获。

联合收割机在线产量监视系统的传感器一般都由谷物含水率传感器、升运器转速传感器、谷物流量传感器、车速传感器、谷物温度传感器、 GPS 传感器、割幅传感器和割台高度传感器八种传感器组成。联合收割机产量监视系统的最重要的组成部分是谷物流量传感器，作用是记录收割机在一定的时间间隔内的谷物流量值，并将收获的谷物流量进行累加，再结合收割机的前进速度和割幅宽度等其他信息，依据谷物产量的计算模型便能得出对应时间间隔内单位面积的产量。要测量计算农田小区收获面积，当然车速传感器是必要的，它用来测量联合收割机的前进速度。谷物含水率传感器可以实时监测谷物的含水率，以便对谷物产量进行校正。任何用电器都需要至少一个开关，割台高度传感器充当限位开关,它安装在联合收割机的割台上,割台放下后,便压下割台传感器触头,系统开始工作,割台抬起,系统就不工作。实际收获时升运器轴转速是基本不变的,但微小转速的改变会直接影响谷物流量传感器的精度,所以升运器转速是谷物流量测量的一个重要参数,对于不同的升运器轴转速,谷物流量的大小也存在着很大的差别,为了能够更好地分析实际的谷物流量变化情况,升运器轴转速传感器便应运而生,用它来配合谷物流量传感器测量谷物流量。本章将重点介绍谷物流量传感器、测产系统转速传感器。

图 8-1 给出了联合收割机智能测产系统传感器的装置的位置图。

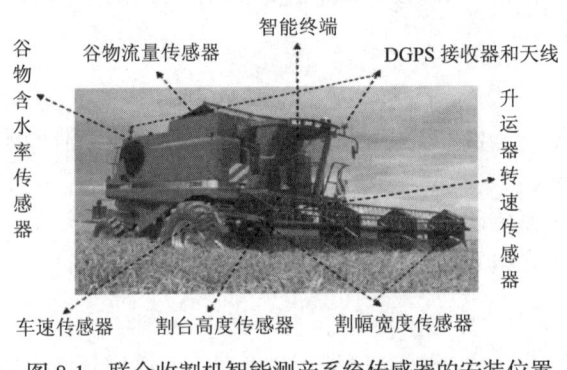

图 8-1 联合收割机智能测产系统传感器的安装位置

8.1 谷物流量传感器

谷物流量传感器是联合收割机测产系统的最重要的组成部分,其主要作用是记录收割机在一定的时间间隔内的谷物流量值,并将收获的谷物流量进行累加,再结合收割机的前进速度和割幅宽度等其他信息,依据谷物产量的计算模型便能得出对应时间间隔内单位面积的产量。

8.1.1 谷物流量传感器种类

目前,应用的谷物流量传感器主要有 4 种类型:冲量式流量传感器 γ 射线式流量传感器、光电式容积流量传感器和刮板轮式容积流量传感器。

1. 冲量式流量传感器

它是一种测量质量流量的传感器。如图 8-2 所示,因为谷物通过净粮升运器会被输送到粮仓顶部,这使谷物具有一定速度,它们飞向流量传感器打击板。打击板在谷物周期性地撞击下发生变形,打击板背面所粘贴电阻应变片的阻值又会随着打击板发生变形而改变,通过放大器将测力信号传给 A/D 转换器,转换为数字信号后存入计算机存储器中。根据物理学上冲量的定义,在谷物撞击的速度已知的情况下,就可以通过测量谷物碰撞前后动量的改变实现谷物质量的实时测量。

冲量式流量传感器有很多优点,如结构简单、成本低、安装方便、对谷物品种不敏感、没有任何潜在污染。这使它被广泛应用于联合收获机的测产系统。如 CASEIH 公司、

MicroTrack 公司和 AgLeader 公司均采用基于冲量式的谷物流量传感器作为在联合收获机上的流量传感器。

2. γ射线式流量传感器

γ射线式流量传感器原理图如图 8-3 所示。

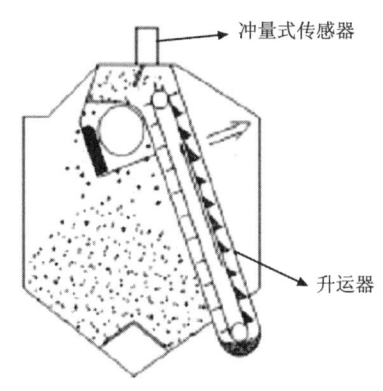 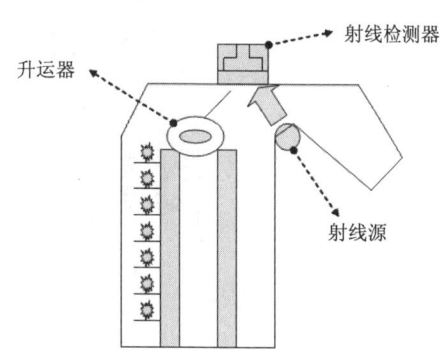

图 8-2　冲量式流量传感器原理图　　　　图 8-3　γ射线式流量传感器原理图

根据物理学的基本理论，当γ射线入射到某种物质并与该物质产生相互作用后，射线的辐射强度将出现一定程度的衰减，且服从指数规律，即

$$I = I_0 e^{-\mu M} \tag{8-1}$$

式中，I 是当γ射线受到物质阻挡时，探测器接收到的实际γ射线强度；I_0 是没有其他物质阻挡时，γ射线直接照射到探测器上的辐射强度；μ 是γ射线强度相对于某种物质的质量吸收系数；M 是物质的质量厚度，即辐射场单位面积上的物质重量。

实验证明，对于小麦、稻谷、玉米和黄豆等谷物，γ射线都能保持良好的指数衰减规律。γ射线式流量传感器也是测量由净粮提升器所抛出的谷物流量，其适用的联合收割机机型与冲击式流量传感器类似。在谷物产量监测中，它采用低能γ射线输出器为射线源，射线源将辐射对准传感器，传感器可探测辐射的强度，射线源和传感器之间谷物量的多少，将导致传感器测出的辐射强度发生变化。传感器探测到的辐射强度越弱，表明在射线源和传感器之间流动的谷物质量就越大。此系统可测量谷物质量，其测量结果不受谷物种类的影响。质量数据与谷物流经过传感器的速度数据结合后，可得出质量流速度(重量/时间)，同时以(重量/面积)为单位记录作物产量。这种谷物流量传感器，具有十分高的精度，计量误差不大于1%，不过，由于其利用γ射线作为测产手段，虽然γ射线的使用有严格的安全规范，在某些国家仍然受到严格限制，我国射线产品的使用也有严格的规定，这都限制了γ射线式流量传感器的普及与推广。

3. 光电式容积流量传感器

这种测产系统由光栅接收器和发射器组成，安装在净粮提升器上，提升器刮板上升时，谷物断续地将测量光束遮挡，这样就把刮板上的谷层厚度转化为延续一定时间的脉冲信号，通过脉冲信号的比例准确地测量出阻断时间，谷物的体积流量就可计算出来。

谷物移动时分布可能不匀,可以并行安装 2~3 套光栅,分别计时、分别计算、取其平均值,以提高测量精度。图 8-4 是光电式容积流量传感器的原理图。

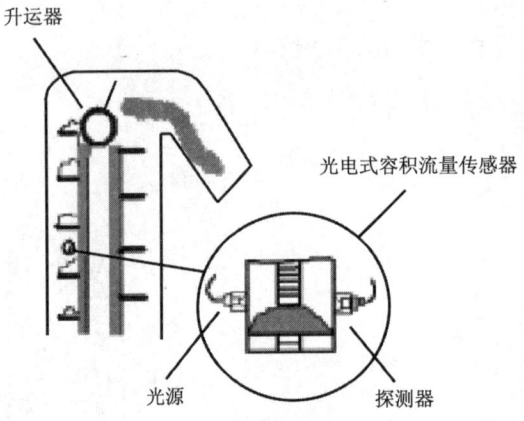

图 8-4 光电式容积流量传感器原理图

4. 刮板轮式容积流量传感器

冲量式流量传感器、γ 射线式流量传感器、光电式容积流量传感器,都是利用间接的方法间接测量谷物流的冲击力、谷物流对射线的吸收以及提升器刮板上谷物的高度,再将这些间接参数转换为电信号,再经过对电信号的放大以及记录和处理,计算出谷物流量。人们为了更方便直接地测量谷物产量,试图直接将谷物的体积或重量转换为电信号。图 8-5 是一种原理图。它将一个刮板轮机构置于净粮提升器和谷仓之间,当来自净粮提升器的谷物达到一定高度时,料位传感器监测到信号后,刮板轮开始转动,由于两个刮板轮之间的空间容积 V 是已知的,只要记录下刮板轮的瞬时转速 R,就可以计算出谷物的容积流量:

$$F=nVR \tag{8-2}$$

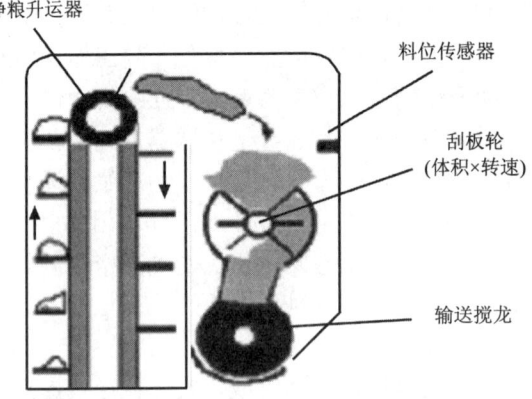

图 8-5 刮板轮式容积流量传感器原理图

式中,F 是谷物容积流量;n 是刮板的个数;V 是两个刮板轮之间的空间容积;R 是刮板轮的转速。这种流量传感器具有相当高的精度,也有较好实时性,也有个缺点,它需要增加一个体积较大的机构在净粮提升器出口和谷仓之间,而很少联合收割机并具备足够的空间,因此限制了它的推广。

通过对上面四种传感器优缺点的分析,冲击式谷物流量传感器在性能、经济方面的优势显著。目前的商品化谷物测产系统,如 CASEIH 公司的 AFS 系统、AgLedaer 公司的 PF3000 系统等,都采用了冲击式流量传感器结构,经过标定和数据处理,它可以达到较高的测量精度。下面将详细介绍冲量式流量传感器。

8.1.2 冲量式流量传感器的工作原理

在冲量式流量传感器中,由电阻应变传感器完成被测量到电阻转换。电阻应变片传感器由两个部分构成,粘贴了电阻应变敏感元件的弹性元件和对应的变换测量电路。一定形状的弹性元件(如悬臂梁等)受到被测力学量作用时,将产生变形,这时,粘贴在其上的电阻应变敏感元件因形变致使自身电阻值变化,变换测量电路再将电阻的变化转化为电压变化后输出。

1. 应变片的工作原理

金属电阻应变片的工作原理是基于金属导体的电阻应变效应,即金属丝的电阻值随它所受到的机械形变(拉伸或压缩)而产生阻值变化的现象。

考查一段圆截面的导体(金属丝),如图 8-6 所示,设原始电阻为 R,其长为 L,截面积为 A(直径为 D):

$$R = \rho L / A \tag{8-3}$$

式中,ρ 为金属丝的电阻率。

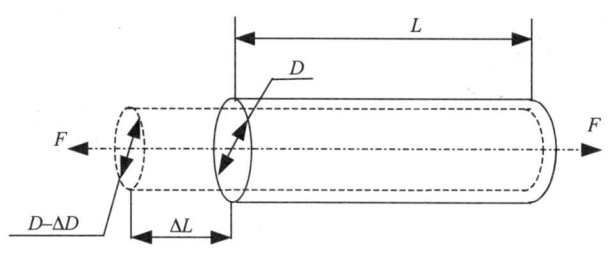

图 8-6 金属丝拉伸后的电阻变化

轴向力 F 使金属丝受到拉伸(或压缩)产生形变,其电阻值随之变化。通过对式(8-3)两边取对数后再取全微分得

$$\frac{dR}{R} = \frac{dL}{L} - \frac{dA}{A} + \frac{d\rho}{\rho} \tag{8-4}$$

式中,$dL/L = \varepsilon$,ε 为材料轴向线应变,且 $dA/A = 2dD/D$。

根据材料力学,在金属丝单向受力状态下,有

$$\frac{dD}{D} = -\mu \frac{dL}{L} \tag{8-5}$$

式中，μ 为导体材料的泊松比。因此，有

$$\frac{dR}{R} = (1+2\mu)\frac{dL}{L} + \frac{d\rho}{\rho} \tag{8-6}$$

实验发现，金属材料电阻率的相对变化随其体积的相对变化而变化，其关系为

$$\frac{d\rho}{\rho} = c\frac{dV}{V} \tag{8-7}$$

式中，c 为常数(由材料类型和加工方式决定)。

$$\frac{dV}{V} = \frac{dL}{L} + \frac{dA}{A} = (1-2\mu)\varepsilon \tag{8-8}$$

将式(8-8)、式(8-7)代入式(8-6)，且当 $\Delta R \ll R$ 时，可得

$$\frac{\Delta R}{R} = [(1+2\mu) + c(1-2\mu)]\varepsilon = K\varepsilon \tag{8-9}$$

式中，$K=(1+2\mu)+c(1-2\mu)$，K 为金属丝材料的应变灵敏系数。

为金属丝材料的应变灵敏系数。其物理意义是单位应变的电阻变化率，标志着该类丝材电阻应变片效应显著与否。

式(8-9)表明，金属材料电阻的相对变化与其轴向线应变成正比。这就是金属材料的应变电阻效应。这就是利用金属应变片来测量构件应变的理论基础。

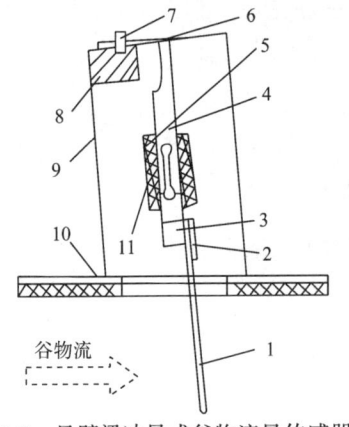

图 8-7 悬臂梁冲量式谷物流量传感器的剖面结构简图

2. 悬臂梁冲量式谷物流量传感器的测量原理

图 8-7 是悬臂梁冲量式谷物流量传感器的剖面结构简图。悬臂梁冲量式谷物流量传感器安装在联合收获机净粮升运器的顶部的谷物出口处，传感器的拦截指 1 受到升运器抛出的谷物的打击，悬臂梁弹性元件 4 随之发生横向变形，再由电阻应变片组 11 将此变形转换成电量来感知冲击力的大小。冲击力的大小也不同，意味着谷物的质量流量不同，冲击大时，质量流量大，反之流量小，因此由冲击力信号进而能够换算成谷物的质量流量。

根据冲量定理，有

$$F(t)\Delta t = \Delta m(t)\Delta v \tag{8-10}$$

$$F(t) = \frac{\Delta m(t)}{\Delta t}\Delta v = q(t)\Delta v \tag{8-11}$$

式中，F 是谷物在 t 时刻作用在悬臂梁上的冲击力；$\Delta m(t)$ 是 t 时刻冲击作用时间内的谷物质量；Δt 是谷物冲击作用时间；Δv 是冲击前后谷物速度变化量；$q(t)$ 是 t 时刻的谷物质量流量。

当 Δt 很小时，$q(t)$ 也就可以表示瞬时质量流量。如果速度差是常数，那么 F 就与谷物的瞬时质量流量近似呈线性关系。不过，悬臂梁动态特性、谷物颗粒物理特性、悬臂梁安装位置以及谷物实际流量等因素都会直接给冲击前后速度变化量 Δv 和冲击作用时间 Δt 造成影响，进而影响传感器的线性度。

谷物被拦截后的速度近似变为零，收获过程中收获速度变化不大时，速度差可近似视为一常数。或者把升运器的转速实时测量出来，以对测量结果进行在线修正。

在实际应用中，较短时间内的平均质量流量完全可以满足绘制精确农业产量分布图的需求，所以一段时间内冲击力的平均值 F_a 为

$$F_a = \frac{1}{t_2 - t_1}\int_{t_1}^{t_2} F(t)\mathrm{d}t \propto Q(t) \tag{8-12}$$

式中，$Q(t)$ 是短时间段内谷物质量的平均流量。

谷物采样间隔内的累积质量 m_i：

$$m_i = \sum_{i=1}^{n} Q_i(t)\Delta t_1 \tag{8-13}$$

式中，Δt_1 是计算累积质量采样间隔。

时间间隔的长度可以由实际的需要选择，太长则产量分布的空间分辨率下降，太短易受噪声干扰。此外，利用升运器冲击过程中存在间隙特点来消除传感器漂移也是一个不错的方法，所以，时间间隔一般选为冲击周期的整数倍。

8.1.3 冲量式流量传感器的转换电路

应变片把应变的变化反映为电阻的变化，而为了显示或记录应变的大小，还需要把电阻的变化转换为电压或电流的变化，一般采用电桥电路实现微小阻值变化的转换。

1. 电桥的工作原理

图 8-8 是一个直流电桥。A、C 端接直流电源，称为供桥端，U_0 称为供桥电压；B、D 端接测量仪器，称为输出端。

$$U_{BD} = U_{BC} + U_{CD} = U_0\left(\frac{R_3}{R_3 + R_4} - \frac{R_2}{R_1 + R_2}\right) \tag{8-14}$$

由式(8-14)可知，当电桥输出电压为零时电桥处于平衡状态。为保证测量的准确性，在实测之前应使电桥平衡(称为预调平衡)。

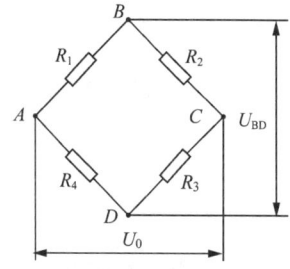

图 8-8 直流电桥原理

2. 电桥的加减特性

4 个应变片组成电桥的 4 个桥臂，则工作时各桥臂的电阻状态都将发生变化(电阻压缩时，阻值减小；电阻拉伸时，阻值增加，电桥也将有电压输出。)

当供桥电压一定且 $\Delta R_i \ll R_i$ 时，有

$$dU = \left(\frac{\partial U}{\partial R_1}\right)dR_1 + \left(\frac{\partial U}{\partial R_2}\right)dR_2 + \left(\frac{\partial U}{\partial R_3}\right)dR_3 + \left(\frac{\partial U}{\partial R_4}\right)dR_4 \tag{8-15}$$

式中，$U = U_{BD}$。

对于全等臂电桥，$R_1 = R_2 = R_3 = R_4 = R$，各桥臂应变片灵敏系数相同，式(8-15)可简化为

$$dU = 0.25 \cdot U_0 \cdot \left(\frac{dR_1}{R_1} - \frac{dR_2}{R_2} + \frac{dR_3}{R_3} - \frac{dR_4}{R_4}\right) \tag{8-16}$$

当 $\Delta R_i \ll R$ 时，此时可用电压输出增量式表示为

$$\Delta U = 0.25 \cdot U_0 \cdot \left(\frac{\Delta R_1}{R_1} - \frac{\Delta R_2}{R_2} + \frac{\Delta R_3}{R_3} - \frac{\Delta R_4}{R_4}\right) \tag{8-17}$$

式(8-17)为电桥转换原理的一般形式，现讨论如下。

(1) 当只有一个应变片作桥臂时(称为单臂电桥)，工作臂为桥臂 R_1，且工作时电阻由 R 变为 $R+\Delta R$，其余各臂为固定电阻 $R(\Delta R_2 = \Delta R_3 = \Delta R_4 = 0)$，则式(8-17)变为

$$\Delta U = 0.25 \cdot U_0 \cdot \left(\frac{\Delta R}{R}\right) = 0.25 \cdot U_0 K\varepsilon \tag{8-18}$$

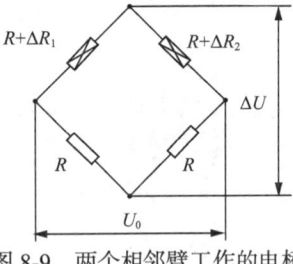

图 8-9 两个相邻臂工作的电桥

(2) 若只有两个应变片作两个相邻臂接(称为双臂电桥，即半桥，见图 8-9)，即工作臂为桥臂 R_1、R_2，且工作时有电阻增量 ΔR_1、ΔR_2，而 R_3 和 R_4 臂为固定电阻 $R(\Delta R_3 = \Delta R_4 = 0)$。当两桥臂电阻同时拉伸或同时压缩时，则有 $\Delta R_1 = \Delta R_2 = \Delta R$，由式(8-17)可得 $\Delta U = 0$。当一桥臂电阻拉伸一桥臂压缩时，则有 $\Delta R_1 = \Delta R$，$\Delta R_2 = -\Delta R$，由式(8-17)可得

$$\Delta U = 2\left[0.25 \cdot U_0 \cdot \left(\frac{\Delta R}{R}\right)\right] = 2[0.25 \cdot U_0 K\varepsilon] \tag{8-19}$$

(3) 当 4 个桥臂全接应变片时(称为全桥)，如图 8-10 所示，$R_1 = R_2 = R_3 = R_4 = R$，它们都是工作臂，$\Delta R_1 = \Delta R_3 = \Delta R$，$\Delta R_2 = \Delta R_4 = -\Delta R$，则式(8-17)变为

$$\Delta U = 4\left[0.25 \cdot U_0 \cdot \left(\frac{\Delta R}{R}\right)\right] = 4(0.25 \cdot U_0 K\varepsilon) \tag{8-20}$$

此时电桥的输出比单臂工作时提高了 4 倍，比双臂工作时提高了 2 倍。

在实际应用时，4 个应变片贴于平行梁的上下表面，如图 8-11 所示。联合收割机田间工作时谷物颗粒流在升运器的带动下冲击在拦截指上，平行梁的自由与端拦截指被固定在一起，因此作用在拦截指上的力也会同时作用在图 8-11 中平行梁的右端。谷物流冲击力在拦截指上的作用点会随着谷物瞬时质量流量、传感器安装位置、升运器的工作速度等因素的变化而改变，因此等效到平行梁自由端的力矩 M 为一变量，传感器的输出应该不受力矩 M 的影响。在外力的作用下应变片随同梁一起变形，对于金属电阻应变片，其电阻值将发生相应变化。

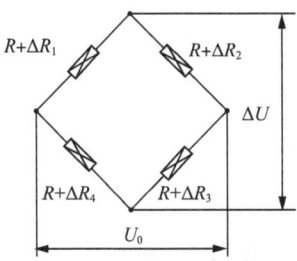
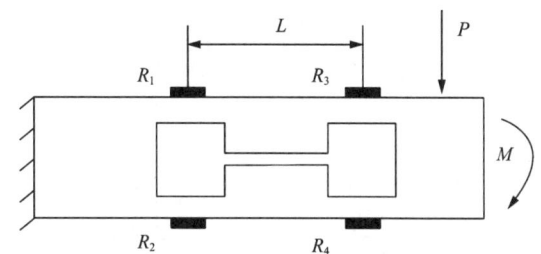

图 8-10　全臂工作的电桥　　　　图 8-11　应变片电桥粘贴位置示意图

3. 电桥的灵敏度

电桥的灵敏度 S_U 是单位电阻变化率所对应的输出电压的大小

$$S_U = \frac{\Delta U}{\Delta R/R} = 0.25 \cdot U_0 \cdot \left(\frac{\Delta R_1/R_1 - \Delta R_2/R_2 + \Delta R_3/R_3 - \Delta R_4/R_4}{\Delta R/R}\right) \tag{8-21}$$

令

$$n = \frac{\Delta R_1/R_1 - \Delta R_2/R_2 + \Delta R_3/R_3 - \Delta R_4/R_4}{\Delta R/R}$$

则

$$S_U = 0.25 n U_0 \tag{8-22}$$

式中，n 为电桥的工作臂系数。

由式(8-22)可知，电桥的灵敏度与电桥的工作臂息息相关，电桥的工作臂系数越大，则电桥的灵敏度越高，所以，测量时可利用电桥的加减特性来合理组桥，以增加 n 及测量灵敏度。

8.1.4　冲量式流量传感器的差分消振电路

冲量式流量传感器由于其结构简单、成本低廉等特点而得到广泛的应用；但是机器的振动、谷物含水率、谷物的种类、流量变化和田间的坡度等因素对测量精度影响很大，而其中联合收获机的振动对误差影响最为显著。一般采用差分消振电路来减少机器振动对冲量式产量传感器的影响，以减小联合收获机实际测产的相对误差。

1. 差分消振电路

消振电路如图 8-12 所示，由 3 个 INA 118 仪表放大器组成。其中，A_1 放大冲击板悬臂梁上应变片输出的信号；A_2 专门放大减振板的振动信号，参数与 A_1 完全相同；A_3 用于差分消振，把 U_1 和 U_2 的信号分别输入差分放大器 A_3 的正、反输入端进行差分运算，这样就可以得到谷物冲击信号。

R_1 和 R_2 分别为 A_1 和 A_2 的增益电阻，为了保证两路振动的信号得到同样的增益，采用高精度金属膜电阻，保证 R_1 和 R_2 阻值相差不大。RW_1 和 RW_2 分别调整 A_1 和 A_2 的参考电压，用以消除两组应变电桥之间的差异。RW_3 用以调整 A_3 的增益。

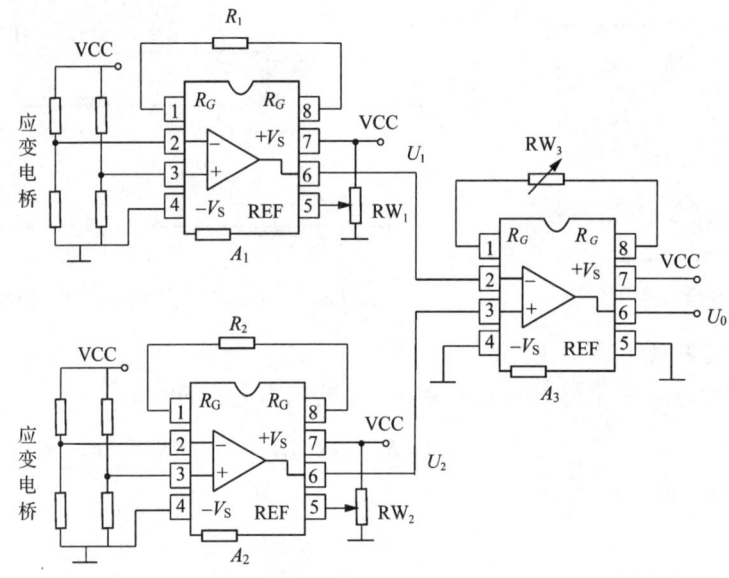

图 8-12 差分消振电路

2. 差分消振原理

放大器 A_1 的输出信号 U_1 包括谷物冲击信号 U_i 和振动产生的噪声信号 U_{n1}，即

$$U_1 = U_i + U_{n1} \tag{8-23}$$

A_2 输出的电压 U_2 即机器振动信号 U_{n2}，理论上 U_{n2} 与 U_{n1} 幅度相等、相位相同，记为

$$U_2 = U_{n2} = U_{n1} \tag{8-24}$$

在实际应用中，由于工艺原因，悬臂梁和应变片很难做到完全一致，难免会存在一定的差异，但是通过调节 A_1 和 A_2 的工作点以及增益可以使前后的振动信号相等。

放大器 A_3 输出的电压为

$$U_0 = G(U_1 - U_2) = G(U_i + U_{n1} - U_{n2}) = GU_i \tag{8-25}$$

式中，G 为 A_3 的增益。式(8-25)说明，差分后的输出电压只与谷物冲击信号有关。因此通过电路差分的方法，双板差分冲量式产量传感器便可以消除联合收获机车身振动的影响。

8.2 测产系统转速传感器

测产系统转速传感器常见的有电涡流式、光电式、电容式、磁电感应式和霍尔式等。其中，霍尔式传感器具有结构简单、体积小、坚固、频率响应宽(从直流到微波)、动态范围(输出电动势的变化)大、无触点、使用寿命长、可靠性高、易于微型化和集成电路化等优点。所以其在信息处理、自动化技术和测量技术等方面应用广泛。

本节将简要介绍霍尔式转速传感器、磁电式转速传感器和光电式转速传感器。

8.2.1 霍尔式转速传感器

霍尔式转速传感器的主要工作原理是霍尔效应，也就是当转动的金属部件通过霍尔传感器的磁场时会引起电势的变化，通过对电势的测量就可以得到被测量对象的转速值。霍尔式转速传感器的主要组成部分是传感头和齿圈，而传感头又是由霍尔元件、永磁体和电子电路组成的。

1. 霍尔效应

1879 年，霍尔(Edwin Herbert Hall)在研究电流通过有磁场垂直其平面的长方形金属片所发生的现象时，发现了金属片侧面产生微弱电位差的现象，这一现象称为霍尔效应。完整的定义是，当电流垂直于外磁场方向通过导电体时，在垂直于电流和磁场的方向，物体两侧产生电势差的现象称为霍尔效应。

一般讲，金属和电解质的霍尔效应都很小，而半导体则较为显著，因此，利用霍尔效应制备出的第一个磁电传感器半导体锗霍尔元件直到 20 世纪 40 年代末由于半导体锗单品的出现才得以成功。半导体材料制造工艺和半导体应用技术的迅速发展，推动研究人员找到了霍尔效应比较显著的半导体材料锗。

置于磁场中的导体或半导体，当有电流流过时，在垂直于电流与磁场方向上将产生电动势，这种现象称霍尔效应，该电势称霍尔电势。图 8-13 为霍尔效应原理图，霍尔元件是一长为 l、宽为 b、厚度为 d 的半导体薄片，当该矩形霍尔元件通以工作电流 I，并外加磁场 B，磁场方向垂直于霍尔元件所在平面时，载流子在磁场产生的洛伦兹力的作用下，分别向片子横向两侧处偏转和积聚，因此形成一个电场，称为霍尔电场。霍尔电场产生的电场力和洛伦兹力相反，它阻碍载流子继续堆积，直到霍尔电场力和洛伦兹力相等。这时，片子两侧建立起一个稳定的电压，这就是霍尔电压 V_H。

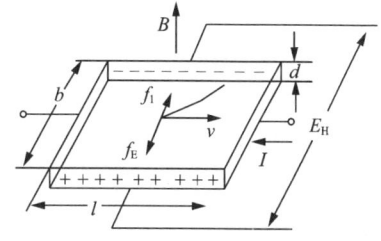

图 8-13 霍尔效应原理图

电流使金属中自由电子或半导体中载流子(电子)在电场作用下做定向运动。此时，每个电子受洛伦兹力 f_L 的作用，f_L 的大小为

$$f_1 = qvB \tag{8-26}$$

式中，q 为电子电荷；v 为电子运动平均速度；B 为磁场的磁感应强度。

f_1 的方向在图 8-13 中是向内的，此时电子除了沿电流反方向作定向运动，还在 f_1 的作用下偏转，结果使金属导电板内侧面积累电子，而外侧面失去电子而带正电，从而形成了附加内电场 E_H，即霍尔电场，该电场强度为

$$E_H = \frac{U_H}{b} \tag{8-27}$$

式中，U_H 为霍尔电动势。

霍尔电场的出现，使定向运动的电子除了受洛伦兹力作用，还受到霍尔电场力的作用，其力的大小为 eE_H，此力阻止电荷继续积累。随着内、外侧面积累电荷的增加，霍尔电场增大，电子受到的霍尔电场力也增大，当电子所受洛伦兹力与霍尔电场力大小相等方向相反时，即

$$eE_H = eBv \tag{8-28}$$

则

$$E_H = Bv \tag{8-29}$$

此时电荷不再向两侧面积累，达到平衡状态。

假设金属导电板单位体积内电子数为 n，电子定向运动平均速度为 v，则电流 $I = nevbd$，即

$$v = \frac{I}{nebd} \tag{8-30}$$

将式(8-30)代入式(8-29)得

$$E_H = \frac{IB}{nebd} \tag{8-31}$$

将式(8-31)代入式(8-27)得

$$U_H = \frac{IB}{ned} \tag{8-32}$$

式中，令 $R_H = 1/ne$，称为霍尔系数，其大小取决于导体载流子密度，则

$$U_H = \frac{R_H IB}{d} = K_H IB \tag{8-33}$$

式中，$K_H = R_H/d$ 称为霍尔片的灵敏系数。

由式(8-33)可见，霍尔电势与激励电流及磁感应强度成正比，其灵敏度与霍尔系数

R_H 成正比,而与霍尔片厚度 d 成反比。为了提高灵敏系数,霍尔元件常制成薄片形状。通常厚度为 0.1mm。

霍尔元件极间电阻

$$R = \frac{\rho l}{bd} \tag{8-34}$$

同时因为电子迁移率 $\mu=v/E$,电流 $I=nevbd$,根据欧姆定律电阻又可以写为

$$R = \frac{U}{I} = \frac{El}{I} = \frac{vl}{\mu nevdb} = \frac{l}{\mu nedb} \tag{8-35}$$

所以

$$\frac{\rho l}{bd} = \frac{l}{\mu nebd} \tag{8-36}$$

解得

$$R_H = \frac{1}{ne} = \mu\rho \tag{8-37}$$

从式(8-37)可知,霍尔系数等于霍尔片材料的电阻率与电子迁移率 μ 的乘积。因此要求霍尔片材料有较大的电阻率和载流子迁移率。

金属材料载流子迁移率很高,但电阻率很小;绝缘材料电阻率极高,但载流子迁移率极低,N 型半导体材料(其电子迁移率大于 P 型的空穴迁移率)才适于制造霍尔片。

2. 霍尔元件

霍尔元件是一种以霍尔效应为工作基础的磁传感器件,可以用它们检测磁场及其变化,可在与磁场有关的各种场合中应用。霍尔元件具有许多优点,它们的结构牢固、体积小、重量轻、寿命长。安装方便、功耗小、频率高、耐震动、不会受灰尘、油污、水汽及盐雾等的污染或腐蚀。

按照霍尔元件的功能可将它们分为霍尔开关元件和霍尔线性元件两大类。前者输出数字量,后者输出模拟量。霍尔开关元件无触点、无磨损、输出波形清晰、无抖动、无回跳、位置重复精度高;霍尔线性元件的精度高、线性度好。

根据被检测的对象的性质可以把它们分为直接应用和间接应用。前者是受检测对象本身的磁场或磁特性直接被检测出来,后者是检测受检对象上人为设置的磁场,用这个磁场作为被检测的信息的载体,通过它可以将许多非磁、非电的物理量,如力、应力、压力、力矩、位移、位置、角度、角速度、速度、加速度、转数、转速以及工作状态发生变化的时间等,转变成电量来进行控制与检测。采取了各种补偿和保护措施的霍尔元件的工作温度范围宽可达–55~150℃。

按照组成,霍尔元件可以分为霍尔集成电路和霍尔元件两大类,前者将霍尔元件和它的信号处理电路集成在同一个芯片上。后者是一个简单的霍尔片,使用时常常需要将

获得的霍尔电压进行放大。

1) 霍尔元件的结构

霍尔元件是由霍尔片、四根引线和壳体组成的，如图 8-14(a)所示。霍尔片是一块矩形半导体单晶薄片；根据霍尔元件的制作要求，引线焊接在元件侧面，两者的接触电阻应很小而且呈现纯电阻状态(即无 PN 结的特性)，通常称为欧姆接触。焊接处称为电极，引出控制电流端引线的两电极称为控制电流极，用红色导线；引出霍尔输出端引线的两电极称为霍尔电势极，用绿色导线。在霍尔元件的制作中，电极位置的对称性和电极的欧姆接触是制造工艺的关键。壳体用非导磁金属、陶瓷或环氧树脂封装而成。

霍尔元件的电路一般可用两种符号表示，如图 8-14(b)所示。

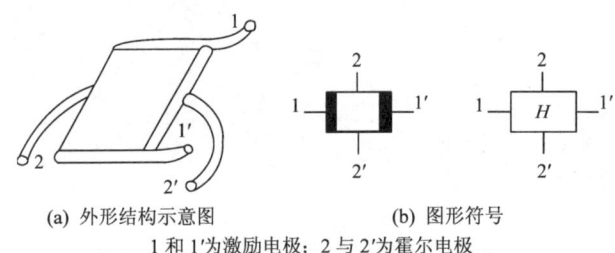

(a) 外形结构示意图　　　(b) 图形符号

1 和 1'为激励电极；2 与 2'为霍尔电极

图 8-14　霍尔元件

2) 霍尔元件的基本电路形式

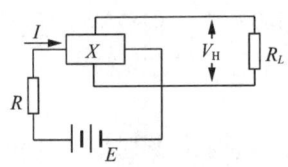

图 8-15　霍尔元件基本电路

根据霍尔效应原理，霍尔元件的基本电路形式如图 8-15 所示。由电源 E 供给控制电流，R 是调节电阻，用以保证元件中得到所需要的控制电流 I。霍尔输出端接负载 R_L，负载 R_L 一般是电阻，也可以是放大器的输入电阻或表头内阻等。磁场 B 通过霍尔元件，通过磁场与控制电流的作用，负载上便得到电压。实际使用时，经常将控制电流 I 或磁场 B 或这两者同时作为信号输入，而输出与 I 或 B 或两者乘积成正比。

3) 霍尔元件的材料

目前常用的霍尔元件材料有锗、硅、砷化铟、锑化铟等半导体材料。N 型锗容易加工制造，其霍尔系数、温度性能和线性度都较好，可用于高精度测量；N 型硅线性度最好，其霍尔系数、温度性能同 N 型锗；锑化铟对温度最敏感，尤其在低温范围内温度系数大，但在室温时其霍尔系数较大，可用于敏感元件；砷化铟霍尔系数较小，温度系数也较小，输出特性线性度好，可用于高精度测量。

早期的霍尔元件通常使用的材料有 InSb、InAs、GaAs、Ge 等。InSb 材料由于电子迁移率高，所以其制作出的霍尔元件具有很高的灵敏度。但是 InSb 材料的禁带宽度小，易于本征激发，因此，它的温度稳定性差，不能在高温环境下使用。GaAs 是另一种使用广泛的霍尔元件材料，虽然灵敏度比 InSb 低很多，但是温度特性好，能在较宽的温度范围内工作。同时磁场线性度也是最好的。

硅的霍尔效应较弱，一般不作为分立的霍尔元件，但是硅霍尔元件和外围功能电路很容易集成在一起,可以制作成性能优异、功能多样、价格低廉的霍尔集成电路,使得硅霍尔集成电路得到了广泛的应用。

随着半导体技术的发展,霍尔元件的性能也提高了很多。1986 年,Sugiyama 等采用 GaAs/AlGaAs 异质结构制作霍尔元件,其电流相关灵敏度高达 1000V/A·T,但是灵敏度的温度定性差(灵敏度温度系数为 0.7%/℃)。采用 GaAs/AlGaAs 超晶格结构制作的霍尔元件克服了这一缺陷,灵敏度高达 1200V/A·T 的同时,温度系数为 0.1%/℃。但这种霍尔元件的迁移率只有 5000cm^{2}V·S。之后,MBE、MOCVD 等技术的运用,在 GaAs、InP 衬底上加上各种化合多层膜或超晶格的结构,使得在室温下通常具有较高的迁移率。由此制作得到的霍尔元件具有很高的温度稳定性、低不等位电势和高灵敏度,有些霍尔元件还具有很高的信噪比。

3. 霍尔式转速传感器的工作原理

霍尔式转速传感器在测量机械设备的转速时,被测量机械的金属齿轮、齿条等运动部件会经过传感器的前端,引起磁场的相应变化,当运动部件穿过霍尔元件时,霍尔元件就可以感受到所测磁场周期性的变化,从而测得机械的转速。

霍尔式转速传感器就是通过感知磁力线密度的变化,在磁力线穿过传感器上的感应元件时,产生霍尔电势。转速传感器上的霍尔元件在产生霍尔电势后,会将其转换为交变的电信号,最后传感器的内置电路会将信号调整和放大,输出矩形脉冲信号。根据霍尔效应原理,当霍尔元件的控制电流维持恒定不变,使元件所感受的磁场强度因被测转轴的转动而变化时,测得元件输出的变化,并由此得出转轴的转速和转向。

图 8-16 是几种不同结构的霍尔式转速传感器。转盘的输入轴与被测转轴相连,当被测转轴转动时,转盘随之转动,当可在每一个小磁铁通过时,固定在转盘附近的霍尔传感器就会产生一个相应的脉冲,检测出单位时间的脉冲数,便可知被测转速。根据磁性转盘上小磁铁数目多少就可确定传感器测量转速的分辨率。

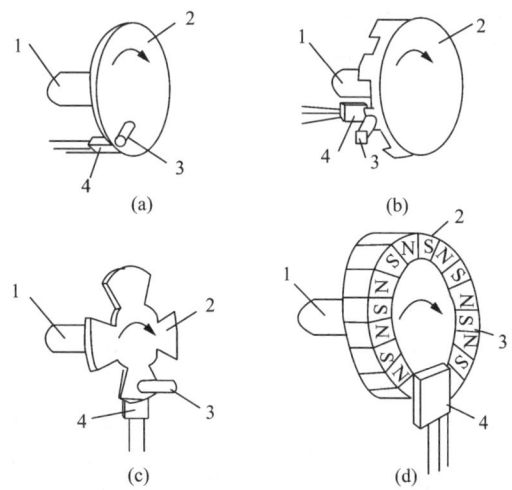

1-输入轴;2-转盘;3-小磁铁;4-霍尔传感器

图 8-16 几种霍尔式转速传感器的结构

霍尔式转速传感器的结构原理如图 8-17 所示,该传感器主要由小磁钢和霍尔开关集成电路两部分组成,原理是利用霍尔开关测转速。在待测物上粘贴一对或多对小磁钢,同时将霍尔开关固定在小磁钢附近。待测物以角速度 ω 旋转时,每当一个小磁钢转过霍尔开关集成电路,霍尔开关就产生一个相应的脉冲。检测出单位时间的脉冲数,即可确定待测物的转速。而小磁钢越多,分辨率越高。

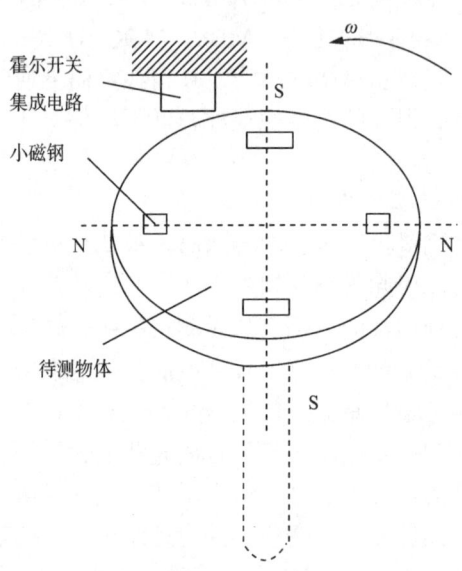

图 8-17 霍尔式转速传感器的结构原理

4. 霍尔式转速传感器的电路设计

如今由于绝大多数机械装置和车辆上采用的电源电压一般都为 12V,但是一般的电路芯片所用电压为 5V,因此在电路设计时需选用 12V 的直流电压信号为输入信号,并在电路中通过一个稳压器,实现输入的电压由 12V 转变为 5V。

该电路要实现的功能如下。

1) 转轴转速信号的检测和输出

转轴以角速度 ω 旋转时,每当一个小磁钢转过霍尔开关集成电路,霍尔开关就产生一个相应的脉冲信号。就将转速信号转化为脉冲信号,通过计算 1 分钟内脉冲的个数 n,就可以得到转轴的转速。

2) 转轴转向信号的检测和输出

选用两个霍尔开关和一个双 D 触发器,就可以实现这一功能,在进行方向识别时,就用双 D 触发器来判断通过两个霍尔开关的信号哪一个超前。在本电路设计时,将高电平定为转轴顺时针转动,低电平定为逆时针转动(参看图 8-18 所示的输出信号图,先通过霍尔开关 A 为高电平,先通过霍尔开关 B 为低电平)。所以该电路的两个输出端中,一个为用来检测转速的脉冲信号,另一个则用来检测转轴转向的高电平或低电平信号,输出信号如图 8-18 所示。

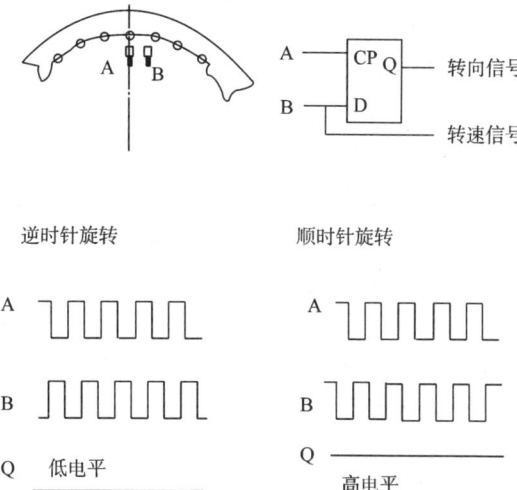

图 8-18 输出信号图

满足上述功能的电路原理示意图如图 8-19 所示。

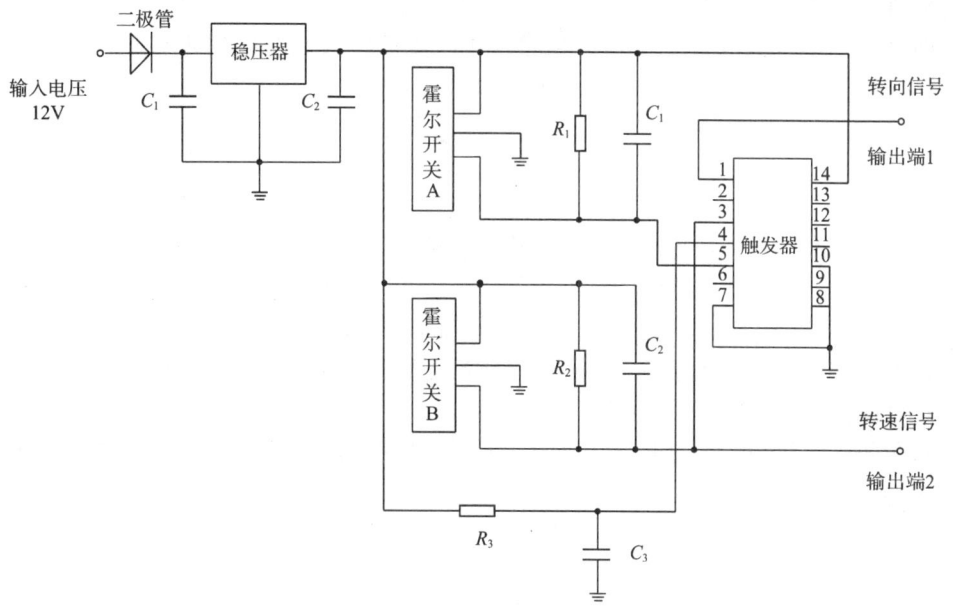

图 8-19 电路原理示意图

高电平在本电路中，霍尔开关工作在低频、低磁场中，所测磁场较小，霍尔输出也比较小，用锑化铟材料制成的元件，其噪声系数低、更敏感，而且不必考虑输出对磁场的非线性，以及感应零电势和涡流带来的影响。对元件的要求是外形结构细长，封装时要求比较坚固。为辨别被测转轴的转向，需要选用一个双 D 触发器。

三端集成稳压器是当前最常用的稳压器(即只有输入端、输出端和公共端三个引出端)，与分立元件组成的稳压元件相比，它具有灵敏度高、体积小、工作可靠及使用方便等优点，作为电压稳压器是非常合适的。主要有三端可调式和三端固定式两种类型。三端可调式稳压器的输出电压可以调整。三端固定式稳压器(该稳压器又分为三端固定式正、负稳压器两种)输出电压为一定值。

5. 霍尔式转速传感器的应用优势

霍尔式转速传感器的应用优势主要有三个：一是转速值不会影响霍尔式转速传感器的输出信号；二是霍尔式转速传感器的频率响应高；三是霍尔式转速传感器对电磁波的抗干扰能力强。因此霍尔式转速传感器多应用在控制系统的转速检测中。

同时，霍尔式转速传感器的稳定性好，抗外界干扰能力强，如对错误的干扰信号的容错性好，所以环境的因素不易使之产生误差。霍尔式转速传感器的测量频率范围宽，远高于无源的电磁感应式传感器。另外，在防护措施有效的情况下，霍尔式转速传感器可以不受电子、电气环境的影响。

8.2.2 磁电式转速传感器

1. 工作原理

磁电式转速传感器的工作原理是以法拉第电磁感应定律为基础的，即当线圈在磁场中运动时、线圈两端感应的电势与穿过线圈的磁通变化率成正比，其方向与磁通变化相反。即对于一个匝数为 N 的线圈，当穿过该线圈的磁通 φ 发生变化时，其感生电动势 e 为

$$e = -N\frac{\mathrm{d}\varphi}{\mathrm{d}t} \tag{8-38}$$

可见，线圈感生电动势的大小，取决于匝数和穿过线圈的磁通变化率。磁通变化率与磁场强度、磁路磁阻、线圈的运动速度有关，如果改变其中任何一个因素，都会改变线圈的感生电动势。此即磁电式传感器所依据的工作原理。

根据磁场中线圈的运动方式不同，其感应电势的表达式也有所不同。

1) 线圈在磁场中作直线运动

永久磁铁产生一个恒定磁场，当置于磁场中的线圈作直线运动时，线圈切割磁力线所产生的感应电势为

$$e = NBLv\sin\theta \tag{8-39}$$

式中，B 为磁场的磁感应强度；L 为单匝线圈有效长度；N 为有效线圈匝数，指在均匀磁场内参与切割磁力线的线圈匝数；v 为线圈与磁场的相对运动速度；θ 为线圈运动方向与磁场方向的夹角。

当 $\theta=90°$ 时，线圈运动方向与磁场垂直时。式(8-39)可写为

$$e = NBLv \tag{8-40}$$

可见，当传感器结构参数确定后，N、B 和 L 均为确定值，感生电动势的大小与线圈运动的线速度成正比。这就是一般常见的绝对式磁电速度计的工作原理。

2) 线圈在磁场中作旋转运动

线圈在永久磁铁产生的恒定磁场中作旋转运动，这时线圈所产生的感应电势为

$$e = NBA\omega\sin\theta \tag{8-41}$$

式中，A 为单匝线圈的截面积；ω 为角频率。

当线圈运动方向与磁场方向垂直，$\theta=90°$ 时，线圈中的感应电势为

$$e = NBA\omega \tag{8-42}$$

当传感器结构已定时，参数 B、A、N 均为常数，因此，感应电势 e 与线圈对磁场的相对运动速度 v 或 ω 成正比，这就是动圈磁电式转速传感器的工作原理。

2. 结构类型

磁电传感器的结构类型很多，按力学原理分为惯性式和直接式；按磁通量的变化与否分为恒磁通式和变磁通式；按活动部件是磁铁还是线圈又分为动铁式和动圈式。其中动铁式一般都做成惯性式的磁电传感器，而动圈式的既有惯性式又有直接式。

1) 动铁式磁电传感器

动铁式磁电传感器的结构如图 8-20 所示。

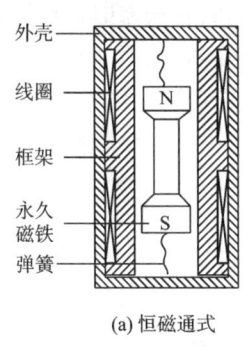

图 8-20 动铁式磁电传感器

恒磁通式磁电传感器结构中工作气隙中的磁通恒定，感应电动势是由于永久磁铁与线圈之间有相对运动——线圈切割磁力线而产生。它的线圈组件与传感器壳体固定在一起，磁钢用上下两个柔软弹簧支撑并装入套筒内，套筒是一个用不锈钢材料精密加工而成的圆筒。线圈绕组包括一个线圈骨架和两个螺管线圈，线圈骨架是一个不锈钢圆筒，装磁钢的套筒又置于骨架圆筒内。螺管线圈是由高强度漆包线绕制的，传感器的壳体材料是磁性铬钢，它既是磁路的一部分，又起着屏蔽的作用。壳体组件的盖子上焊装了一个插座，插座上的引线接螺管线圈并与外接电缆连接。当传感器壳体随被测振动物一起振动时，弹簧较软，永久磁铁质量相对较大，因此振动频率足够高时，永久磁铁的惯性很大，来不及跟随振动物一起振动，接近于静止不动，永久磁铁和线圈之间的相对运动速度接近于振动体的振动速度。永久磁铁的磁力线从其一端穿过套筒、线圈骨架和螺管线圈，并经过壳体回到磁钢的另一端，构成一个闭合磁路，当传感器受振时，线圈与永久磁铁之间产生的相对运动使线圈切割磁力线，从而使传感器输出与振动速度的电压信

号成正比。

变磁通式磁电传感器一般做成转速传感器，产生感应电动势的频率作为输出，而电动势的频率取决于磁通变化的频率。图 8-20(b)中，被测转轴带动椭圆形铁心在此处气隙中进行旋转运动，使空气气隙时而变大，时而变小，从而使磁路系统的磁阻产生周期性的变化(则使磁通变化)，这时固定在磁极上的线圈中产生的感应电势为

$$e = -NBA\omega \cos 2\omega t \tag{8-43}$$

式中，A 为线圈截面积；$B=B_{max}-B_{min}$，B_{max} 为最大磁通密度，而 B_{min} 为最小磁通密度。当传感器一定后，N、B、A 均为常数。线圈中感应电势与铁心运动的角速度(2ω 为变化频率)成正比。

2) 动圈式磁电传感器

在动圈式中，永久磁铁和传感器壳体固定，线圈组件用柔软弹簧支撑。

图 8-21 所示为 CD-1 型振动速度传感器的结构示意图。这是一只动圈式惯性型的磁电式传感器，该传感器的永久磁铁与外壳壳体固定在一起，芯杆穿过磁铁的中心孔，并由两片柔软的圆形簧片支撑在壳体上，芯杆的一端固定着一个线圈，另一端固定着一个圆筒形铜质阻尼器。这种结构形式的传感器，其惯性元件为线圈绕组、阻尼器和芯杆，而不是磁铁，故称为动圈式。当振动频率远高于传感器的固有频率时，线圈接近静止不动，而磁铁则随振动体一起振动，因此，磁铁与线圈之间就有相对运动，其相对运动的速度就等于振动体的速度。线圈以相对速度切割磁力线，传感器就有与振动速度成正比的电压信号输出。同时良导体阻尼器也在磁路系统气隙中运动，感应产生涡流，形成系统的阻尼力，起衰减固有振动和扩展频率响应范围的作用。

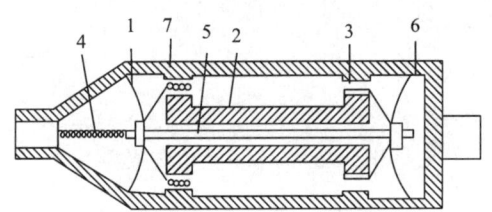

图 8-21 CD-1 型振动速度传感器结构图

1,8-弹簧片；2-永久磁铁；3-阻尼器；4-引线；5-芯杆；6-外壳；7-工作线圈

图 8-22 所示为直接式磁电传感器的结构示意图。从图中可以看出，直接式磁电传感器仅多了一个零件顶杆，其余均与图 8-21 基本相同。在实际使用时，传感器要固定在待测物体上，顶杆要顶在固定不动的参考面上，以便给弹簧产生一定的压力。当物体振动时，顶杆在弹簧恢复力的作用下跟随物体一起振动。这样，和顶杆一起运动的线圈也跟随振动物体而振动。由于磁钢和壳体固接在一起固定不动，线圈和磁钢之间就有了相对运动，其相对运动的速度就等于振动物体的振动速度，线圈以相对速度切割磁力线，这样，传感器输出与振动速度成正比的电压信号。

与动圈式传感器相比，动铁式应用多一些，因为动铁式的低频段可下延到 10Hz，其低频响应好。直接式磁电传感器一般可用来测量低频振动速度。

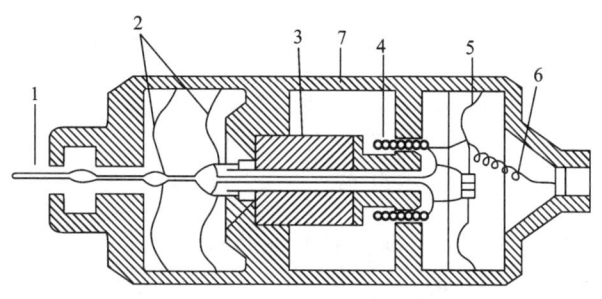

图 8-22 直接式磁电传感器结构图

1-顶杆；2、5-弹簧片；3-磁铁；4-线圈；6-引出线；7-壳体

3) 磁阻式磁电传感器

磁阻式磁电传感器则是线圈与磁铁都不动，由运动着的物体(导磁材料)改变磁路的磁阻，引起磁力线增强或减弱，使线圈产生感生电动势。其工作原理如图 8-23 所示。此种传感器是由永久磁铁及缠绕其上的线圈组成的，当轴旋转(或质量块振动)时，气隙的变化引起磁阻变化，致使磁通量变化，在线圈中感应出交变的电动势，其频率与轴的转速成正比。磁阻式传感器使用方便，结构简单，在不同场合下可用来测量多种物理量。例如，图 8-23(a)、(b)所示可用于测量转速；图 8-23(c)所示用于测量偏心量；图 8-23(d)所示可用于测量振动。

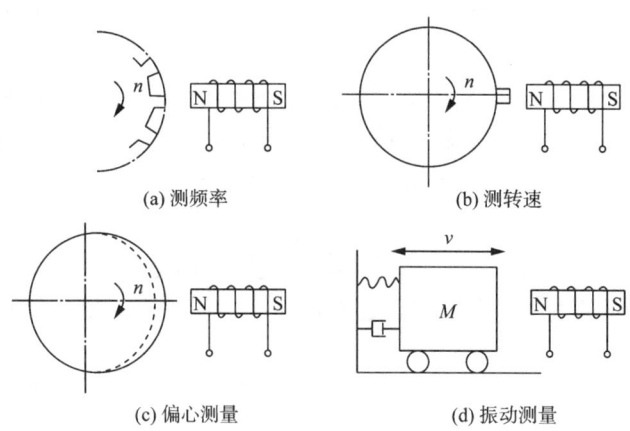

图 8-23 磁阻式传感器工作原理及应用实例

3. 磁电传感器的特性

1) 输出特性

从磁电传感器的工作原理分析中得知，线圈的感应电势(输出电势)e 与被测量的运动速度 v(或 ω)有线性关系，但是，实际上并非如此，而是一条偏离理想直线的曲线，但在一定的工作范围内，磁电传感器输出特性仍有良好的线性关系。

在传感器的工作范围内，其灵敏度为一常数。从式(8-38)和式(8-40)中可得，当传感器结构确定后，灵敏度 $K=NBL$，或 $K=NBA$。

2) 动态特性

磁电传感器是用来检测动态量的，它是一个典型的二阶系统传感器。现以惯性式磁

电传感器为例进行分析。磁电传感器输出电信号时，其传递函数为

$$G(j\omega) = \frac{-Bl}{1-\left(\dfrac{\omega}{\omega_0}\right)^2 + \dfrac{C+(Bl)^2/R_f}{j\omega m}} \tag{8-44}$$

式中，ω 为被测物体的振动角频率；ω_0 为传感器的固有角频率；C 为传感器的阻抗系数；m 为集中质量；R_f 为外接负载电阻。

磁电式传感器的幅频特性：在一定频率范围内，传感器的输出电压与振动速度成正比(灵敏度为一常数)，这一频率范围就是传感器的工作频段，或称传感器的频响范围。

3) 误差分析

在磁电传感器中，温度的变化对磁场(B)和线圈(长度 l、线圈半径 R)均有影响，并且温度对 B 和 R 的影响还是相反的，所以温度给传感器带来的误差是比较大的。据分析计算，温度对磁电传感器带来的误差可达 –4.5%/10℃。这个误差值是很可观的，所以需要进行温度补偿。

对磁电传感器进行温度补偿的常用方法是采用热磁分流器。热磁分流器是由具有很大负温度系数的特殊磁性材料做成的，它在正常工作温度下已将空气隙的磁通分路掉一小部分，当温度升高时，热磁分流器的磁导率显著下降，经它分流掉的磁通占总磁通的比例较正常工作温度下显著降低，从而保持空气隙中的工作磁通不随温度变化而变化。从而达到维持传感器的灵敏度为一常数。

从输出特性可知，磁电传感器的非线性误差是存在的。并随着被测速度的大小有所不同，产生非线性误差是由于机械系统和电气系统的影响。例如，在被测量转速很小时，由于产生惯性力不足以克服传感器活动部件的静摩擦力，使线圈与永久磁铁之间不存在相对运动，致使输出电压信号与被测速产量无比例关系。又如，当被测量速度太大时，线圈中的感应电流又将激励一个磁场，该磁场产生的磁通将削弱永久磁钢的磁通，而又会呈现非线性。对于非线性误差可以通过在传感应中加补偿线圈来改善。

4) 双向特性

当动圈式中的直接式磁电传感器(见图 8-22)的输入量为振动速度时，其输出为感应电势，可以把非电量转换为电量，这称为它的正向功能。但如果给这种传感器的线圈输入激励电流，芯杆将产生机械运动，而当输入电信号的频率变化时，芯杆的运动频率也将随之变化；当输入电信号的幅值变化时，芯杆的运动幅值也随之变化，这说明此种传感器能把电量转换为非电量，具有反向功能。同一种传感器具有正向和反向功能，就称为"双向特性"。

磁电传感器的双向特性是很有用途的，它可以成为一个输入和输出两种性质不相同的量的反馈元件而被广泛采用。

8.2.3 光电式转速传感器

由于光电测量方法灵活多样，可测参数众多，一般情况下又具有非接触、高精度、高分辨率、高可靠性和响应快等优点，加之激光光源、光栅、光学码盘、CCD 器件、光

导纤维等的相继出现和成功应用,使得光电传感器在检测和控制领域得到了广泛的应用。

光电式转速传感器对转速的测量,主要是通过将光线的发射与被测物体的转动相关联,再以光敏元件对光线进行感应完成的。光电式转速传感器从工作方式角度划分,分为透射式光电转速传感器和反射式光电转速传感器两种。

1. **透射式光电转速传感器**

透射式光电转速传感器设有读数盘和测量盘,两者之间存在间隔相同的缝隙。透射式光电转速传感器在测量物体转速时,测量盘会随着被测物体转动,光线则随测量盘转动不断经过各条缝隙,并透过缝隙投射到光敏元件上。透射式光电转速传感器的光敏元件在接收光线并感知其明暗变化后,即输出电流脉冲信号。透射式光电转速传感器的脉冲信号,通过在一段时间内的计数和计算,就可以获得被测量对象的转速状态。

透射式光电转速传感器的结构见图8-24。它由光源、开孔圆盘、缝隙板及光敏元件等组成。开孔圆盘的被测轴与输入轴相连接,光源发出的光通过开孔圆盘和缝隙板照射到光敏元件上被光敏元件所接收,将光信号转为电信号输出。开孔圆盘上有许多小孔,开孔圆盘旋转一周,光敏元件输出的电脉冲数等于圆盘的开孔数,因此,可通过测量光敏元件输出的脉冲频率,得知被测转速,即

$$n = f/N \tag{8-45}$$

式中,n为待测转速;f为输出电脉冲频率;N为圆盘开孔个数。

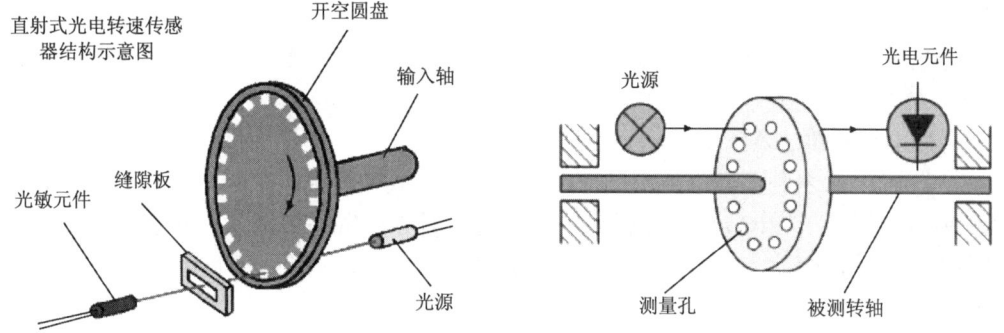

图 8-24 透射式光电转速传感器的结构图

2. **反射式光电转速传感器**

反射式光电转速传感器是指通过在被测量转轴上设定反射记号,而后接受光线反射信号来完成物体转速测量的。反射式光电转速传感器的光源会对被测转轴发出光线,光线透过透镜和半透膜入射到被测转轴上,而当被测转轴转动时,反射记号对光线的反射率就会变化。

反射式光电转速传感器里面装有光敏元件,当转轴转动反射率增大时,反射光线通过透镜投射到光敏元件上,反射式光电转速传感器即可发出一个脉冲信号,而当反射光线随转轴转动到另一位置时,反射率变小光线变弱,光敏元件无法感应,就不会发出脉冲信号。

反射式光电传感器的工作原理见图8-25,主要由反射式光电传感器、反光片(或反光

贴纸)、被测旋转部件组成，在可以进行精确定位的情况下，在被测部件上对称安装多个反光贴纸或反光片会取得较好的测量效果。如果测试距离近且测试要求不高，可在被测部件上只安装一片反光贴纸，因此，当旋转部件上的反光贴纸经过光电传感器前时，光电传感器的输出就会跳变一次。通过测出跳变频率 f，就可知道转速 n 为

$$n = f \tag{8-46}$$

如果在被测部件上对称安装多个反光贴纸或反光片，那么，$n=f/N$。其中，N 为反光贴纸或反光片的数量。

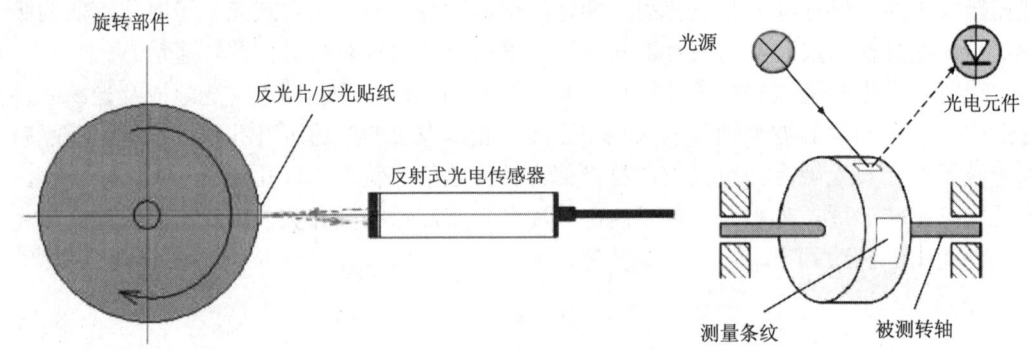

图 8-25　反射式光电转速传感器的结构图

3. 光电转速传感器优点

由于光电转速传感器是以光线的投射和接收来完成转速测量的一种转速表。光电转速传感器具有以下优点。

(1) 光电转速传感器为非接触式转速表。

光电转速传感器利用光学原理制造，属于非接触式转速测量仪表，它的测量距离一般为 200mm 左右。光电转速传感器无需与被测量对象接触即可测量，对被测量轴不会形成额外的负载，因此光电转速传感器的测量误差更小、精度更高。

(2) 光电转速传感器的结构紧凑。

光电转速传感器的结构十分紧凑，主要由投射光线部件、接收光线部件(也就是光敏元件)和放大元件等组成，因此光电转速传感器的内部结构精致、体积设计小巧，一般重量不会超过 200g，非常便于安装、使用和携带。

(3) 光电转速传感器的抗干扰性好。

光电转速传感器多采用 LED 当做光线投射部件，出现光线停顿的情况极少，也不会存在烧毁灯泡等故障。另外，光电转速传感器的光源都是经过特殊方式调制的，有极强的抗干扰能力，不受普通光线的干扰。

(4) 光电转速传感器的测量能力好。

光电转速传感器可采用光纤封装，可用于测量微小的物体，特别是微小旋转体。特别适用于高精密、小元件的机械设备测量。光电转速传感器的运行稳定，有良好的可靠性，测量的精度较高，能满足使用者的测量要求。

第9章 物联网

学习目标

通过本章的学习，了解物联网的基本概念和框架结构。了解射频识别技术，掌握无线传感器网络的结构和特性，了解物联网在现代农业中的应用。

学习要求

(1) 了解物联网的基本概念和基本框架。
(2) 了解射频识别技术。
(3) 掌握无线传感器网络的结构、特点。
(4) 了解物联网在现代农业中的应用。

简介

物联网(internet of things，IOT)的概念于1999年提出，是将所有物品通过各种信息传感设备，如基于光声电磁的传感器、射频识别装置、激光扫描器、3S技术等各类装置与互联网结合起来，实现数据采集、处理、融合，并通过操作终端，实现智能化识别和管理。

我国农业产业相对落后，主要表现在：抗自然灾害能力低下，资源利用不科学，经营市场产销矛盾突出，产品结构不合理，生产过程不规范，无法形成规模导致产业化程度低。我国要实现从传统农业向现代农业的顺利过渡，必须依赖信息化，以农业信息化发展带动农业产业发展。应用物联网技术，组建针对农业的生产、加工、储运、销售、消费全方位的信息采集和管理网络，为用户提供综合的信息服务和技术支持。

农业物联网技术，既能改变粗放的农业经营管理方式，也能提高畜牧林业等疫情疫病防控能力，确保农产品质量安全，引领现代农业发展。实现未来大到一头牛，小到一粒米都将拥有自己的身份，人们可以随时随地通过网络了解它们的地理位置、生长状况等一切信息，实现所有农牧产品的互连。

图9-1为农牧业物联网的网络架构。

9.1 物联网的基本概念

随着网络覆盖的普及，人们提出了一个问题，既然无处不在的网络能够成为人际间沟通的无所不能的工具，为什么不能将网络作为人与物品交流的工具，物品与物品交流的工具，乃至人与自然交流的工具？现在这一切正在逐渐变成现实。通过装置在各类物品上的电子标签——射频识别(radio frequency identification，RFID)技术，传感器、二维码等经过无线网络与接口相连，从而给物品赋予智能，可以实现物品与人的沟通和对话，也可以实现物品与物品互相间的沟通和对话。这种连接物品的网络称为"物联网"。

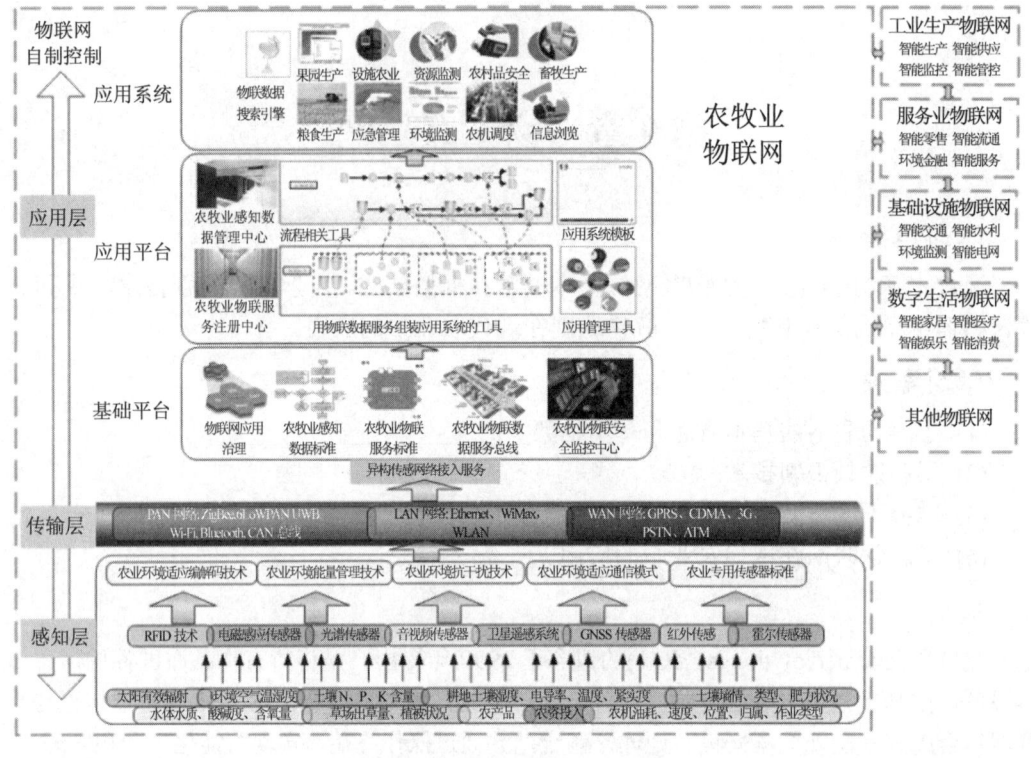

图 9-1 农牧业物联网的网络架构

1. 物联网的定义

物联网即"物物相连的互联网",是指在物体中布设具有一定感知能力、计算能力和执行能力的智能芯片和软件,使之成为"智能物体",通过网络设施实现信息传输、协同和处理,从而实现任何物体之间、物与人之间的互连。在这里它有两层意思:①核心和基础仍是互联网,它是在互联网基础上的延伸和扩展的一种网络;②用户端不再是局限在电脑之间的信息交换,而延伸和扩展到了任何物与物之间进行信息交换和通信。每个"物"都相当于一个独立的人,他们能相对独立地进行相互对话、交流。

因此,从严格意义上说,物联网是指通过信息传感设备(红外感应器、RFID 装置、扫描器、全球定位系统等),根据预定的协议标准,把任何物品用网络相连,进行信息通信和交换,从而实现智能化管理、识别、监控、跟踪和定位的一种网络。在这个网络中,在无需人的干预的情况下,物品能够在一个标准协议的前提下,通过互联网实现物品的自动识别和信息的互连与共享。

2. 物联网的本质特征

从物联网定义可以看出,其具备互联网的一些特征,但比互联网的功能更细、更强、更全。其性能大体可以总结为以下三个方面。

(1) 具有互联网的特征,在一个信息互通互连的网络中,物在互联网上的互通互连。
(2) 识别和通信的特征,物联网的"物"一定要具有物物通信和自动识别的功能。
(3) 智能化特征,网络系统具有自动化、智能控制与自我反馈的特点。

9.2 物联网的基本框架

如图 9-2 所示，物联网包括编码层、信息采集层、网络层、应用层，这些环节中的关键技术主要有 RFID、传感器、智能芯片、无线传输网络系统。

(1) 编码层是物联网的基石，是物联网信息交换内容的核心和关键字，它是将设备、物品、属性、地点等数字化后，给每个物品都贴上一个标签，以便在物物交换过程中，方便查到自己需要的"物"的信息。

(2) 数据采集层指通过包括 RFID、条码、蓝牙、无线传感器等在内的近场通信技术与自动识别获取物品编码信息的过程。也就是说在交换相关信息之前，要先扫描即将交换的物的相关信息，对"物"的编码信息进行采集、校对、确认后，为下一步的信息交换做好准备。

(3) 网络层即进行信息交换的通信网络，包括 Internet、WiFi 网以及无线通信网络等。给"物"在信息交换时提供一个良好的交易平台，以此来实现互联网的互连互通的特性。

(4) 应用层是构建在物联网技术架构之上的应用系统，包括物流、商业贸易、农业、军事等不同的应用系统。在网络层的基础上，达到智能、快速、准确的高效率交易系统。

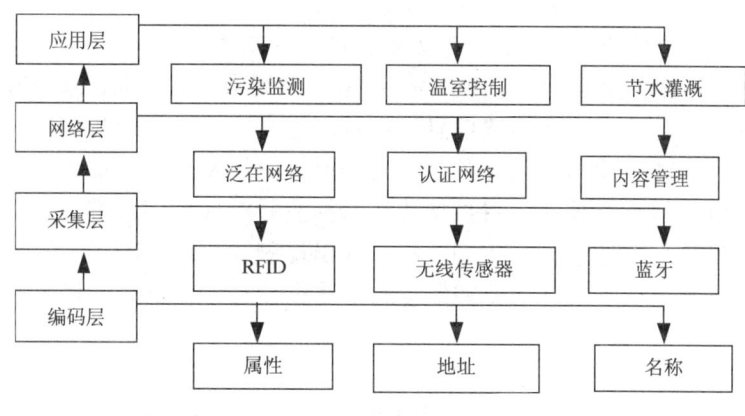

图 9-2 物联网的基本框架

9.3 物联网的核心技术

物联网的核心技术主要包括以下三个部分：传感器、RFID 技术和无线传感器网络。传感器侧重于将被测量按照一定的规律转换成可用信号输出；RFID 技术侧重于识别，能够实现对目标的标识和管理，而无线传感器网络侧重于组网，实现数据的传递，具有部署简单，实现成本低廉等优点，因此，RFID 技术与无线传感器网络的结合存在很大的契机，由此，RFID 技术与无线传感器网络的融合给物联网带来了极大的发展动力。

传感器技术已经在前 8 章做了详细的描述,接下来将分别介绍 RFID 技术和无线传感器网络。

9.3.1 RFID 技术

1. RFID 技术及其特点

RFID 技术俗称电子标签,RFID 技术是一项利用射频信号通过空间耦合(交变磁场或电磁场)实现无接触信息传递并通过所传递的信息达到自动识别目的的技术,并对其信息进行标识、登记、储存和管理。RFID 技术的理论在社会生活实践中早有应用,如在汽车防盗、门禁系统、畜牧业管理中等。且技术也在应用中逐步丰富和完善,后来适应高速移动物体的 RFID 技术与产品正在成为现实并走向应用。

RFID 技术有以下特点:电子标签的小型化和多样化;数据的读写功能;可重复使用;耐环境性;穿透性;数据的记忆容量大;系统的安全性。

2. RFID 系统的构成和工作流程

典型的 RFID 系统由电子标签、阅读器和数据管理系统三大部分组成,如图 9-3 所示。电子标签由芯片和标签天线或线圈组成,通过电感耦合或电磁反射原理与读写器进行通信。电子标签是 RFID 系统中存储被识别物体相关信息的电子装置,通常贴在被识别物体表面或者嵌入其内部,标签存储器中的信息可由读写器进行非接触式的读和写。电子标签由天线、控制模块、存储器、收发模块四部分构成。阅读器,有时也称为查询器、读写器或读出装置,主要由无线收发模块、天线、控制模块及接口电路等组成。芯片中一般存储两种数据:一种为固化在芯片中的 UID(唯一标识号),用来唯一标识电子标签;另一种为存储在 EEPROM 中的可擦写数据,用来记录与被识别物体相关的信息。阅读器是读写电子标签信息的设备,通常由天线、射频模块、控制模块、接口模块四部分组成。读写器的任务是:控制射频模块发射载波信号以提供能量来启动标签;对发射信号进行调制,将数据传送给标签;对标识信息进行解码,并将标识信息传输给主机处理;通信接口控制、输入输出检测和控制;产生、发送、接收射频信号。数据管理系统的主要任务是控制读写器进行读写卡的操作,以及存储和处理相应的数据信息。

RFID 系统的工作流程如下:

(1) 读写器通过发射天线发送一定频率的射频信号,当电子标签进入发射天线工作区时产生感应电流,电子标签通过从读写器获得的能量自动处于激活状态。

(2) 电子标签将存储在其自带的存储器上的 RFID 编码等信息通过标签内置发射天线发送出去。

(3) 系统接收天线对接收的信号进行解调和解码,然后送到后台主系统进行相关处理。

(4) 主系统根据逻辑运算判断该标签编码的完整性、合法性,针对不同的应用业务逻辑做出相应的处理和控制。

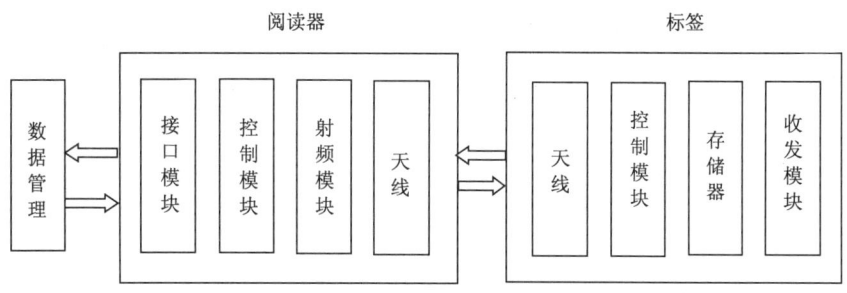

图 9-3 RFID 基本原理框图

9.3.2 无线传感器网络

1. 无线传感器网络基本概念

1) 基本定义

无线传感器网络(wireless sensor network,WSN)是由大量静止或移动的传感器节点通过无线通信方式形成的一个多跳的自组织无线网络,其目的是协作地感知、采集、处理和传输网络覆盖地理区域内被感知对象的信息,并最终把这些信息发送给网络所有者。它是传感器技术、自动控制技术、数据网络传输、储存、处理与分析技术集成的现代信息技术。

2) 结构

WSN 的系统结构如图 9-4 所示,整个网络结构主要由三部分组成:传感器节点、汇聚节点和管理结点。分布在监测区域内的大量传感器节点主要用于感知并实时监测和采集监测区域的数据变化,并将监测结果通过卫星或互联网发送至远处的汇聚节点(网关或基站)。汇聚节点是整个 WSN 的枢纽,是保证传感器网络与外部网络协调工作以完成更强大功能的关键。它将接收到的来自传感器节点的各种数据综合处理后通过互联网或卫星发送到管理节点,并接受管理节点转发的命令,监测和控制整个 WSN 的健康运行。用户可以对管理节点接收到的数据信息进行分析和处理,从中得到数据包含的隐藏消息,以便用户根据该消息做出判断或决策。

WSN 中传感器节点是部署在监测区域内的组成 WSN 的基本单元。传感器节点之间可以相互通信,通过自组织形成节点网络。网络中相邻节点组成簇,簇中每个节点将采集到的数据发送至簇首,由簇首经过数据融合后再将压缩得到的数据发送给汇聚节点。各节点位置可通过 GPS 定位或节点自身定位算法得到。它们根据任务管理节点发来的指令采集信息,融合数据,然后发送给对应的汇聚节点。

汇聚节点的处理能力、存储能力和通信能力相对较强,一般由能力较强的传感器节点或者只有无线网关能力的路由器构成。汇聚节点接受传感器节点发送来的数据,然后进行数据筛选和整理后,通过互联网或者通信卫星发送给任务管理节点。汇聚节点同时担负着任务管理节点和传感器节点通信的任务。

任务管理节点是 WSN 的数据和指令管理中心,一般由若干台服务器组成。用户对 WSN 的配置和管理操作是通过任务管理节点实现的,此外,任务管理节点还可以进行监测任务的发布和监测数据的收集,以及分析和存储采集到的信息,并可以实时对传感器节点发布指令。

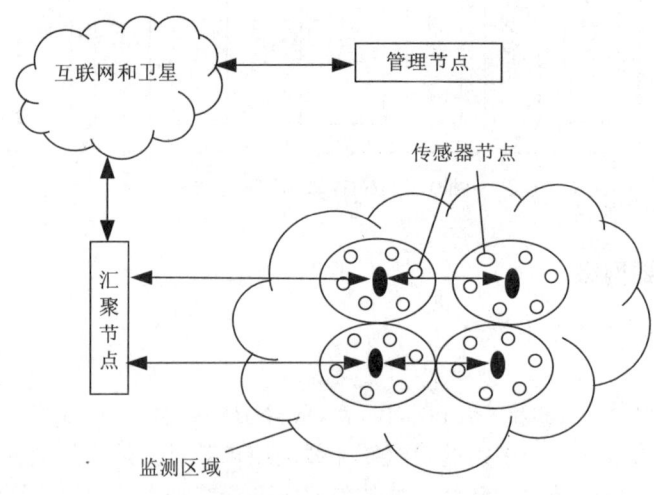

图 9-4　WSN 结构

3) 特点

与传统的网络相比较,WSN 是一种更加智能化的网络,不仅有 Internet 技术和 Ad-Hoc 路由技术的结合,而且存在很多协议和算法应用于传统的 Ad-Hoc 路由。WSN 主要有以下几个鲜明特点。

(1) 微型化、低功耗、低价格、高度集成的传感器节点。WSN 并不能简单地理解为"将现有传感器通过无线方式进行组网"。微机电系统(MEMS)技术和低功耗电子技术的发展,使得开发低功耗、低价格、小体积、同时集成有微传感器、执行器、微处理器和无线通信等多种功能部件的无线传感器节点成为可能。相对于传统传感器,一般所指的 WSN 节点更强调节点的低价格等特征、高度集成、微型化、低功耗。

(2) 节点密集分布。在监测区域内密集部署大量相同或不同类型的传感器节点,是 WSN 的一个重要特征。通过节点密集布置,可以获取密集的空间抽样信息或针对同一现象的多角度信息,对这些信息进行分布式处理之后,可以有效提高监测的精确度,并降低对单一传感器节点的精度要求。通过节点密集布置,可以在同一区域内存在大量冗余节点,节点的冗余性可以使系统具有很强的容错性能,由此降低对单一传感器节点的可靠性要求。另外,通过节点密集布置并对其节点进行合理的休眠调度,也是延长网络生命周期的重要途径。

(3) 自组织网络。无线传感器的诸多特点决定了其采用自组织工作方式的必要性。首先,在 WSN 的许多工作场合通常没有固定网络设施支持。其次,传感器节点常常采用随机部署的方式,节点的位置和相互邻居关系不能预先确定。再次,传感器节点可能由于能量耗尽或受到环境因素影响而失效,一些节点又可能为了弥补失效节点或增加监测精度而被补充进来,再加上节点可能移动以及采用休眠调度机制,网络拓扑往往处于动态变化之中。鉴于以上因素，WSN 必须能够通过节点之间的协商、协同与协调，自动进行配置、自动进行管理、自动进行调度，以适应不断变化的自身条件和外部环境，保持自身工作的连续性和高效性。

4) 发展历程

传感器网络已经经历了四代的发展历程。

第一代传感器网络出现在 20 世纪 70 年代，使用具有简单信息信号获取能力的传统传感器，采用点到点传输，连接传感器控制器构成传感器网络。典型的应用是在越战中美军使用的"热带树"传感器。当年美越双方在密林覆盖的"胡志明小道"进行了一场血腥较量，"胡志明小道"是胡志明部队向南方游击队输送物资的秘密通道，美军对其进行了狂轰滥炸，但效果不大。后来，美军投放了 2 万多个"热带树"传感器。"热带树"实际上是由震动和声响传感器组成的系统，它由飞机投放，落地后插入泥土中，只露出伪装成树枝的无线电天线，因此称为"热带树"。只要对方车队经过，传感器探测出目标产生的震动和声响信息，自动发送到指挥中心，美机立即展开追杀，总共炸毁或炸坏 4.6 万辆卡车。

第二代传感器网络具有获取多种信息信号的综合能力，采用串/并接(RS_232Rs--485)与传感控制器相连，构成有综合多种信息能力的传感器网络。

第三代传感器网络出现在 20 世纪 90 年代后期和 21 世纪初，用具有智能获取多种信息信号的传感器，采用现场总线连接传感控制器，构成局域网络，成为智能化传感器网络。例如，美军研制的分布式传感器网络系统、海军协同交战能力系统、远程战场传感器系统等。这种现代微型化的传感器具备通信能力、感知能力和计算能力。因此在 1999 年，商业周刊将传感器网络列为 21 世纪最具影响的 12 项技术之一。

第四代传感器用大量的具有多功能、多信息信号获取能力的传感器，采用无线自组织接入网络，与传感器网络控制器连接，构成 WSN。

2. WSN 的关键技术

WSN 技术是一门综合学科，其中涉及多方面学科的交叉领域，需要众多关键技术支撑。现阶段 WSN 研究中的关键技术主要有以下几个方面：路由、网络拓扑控制、能量、服务质量、网络安全、数据融合等。

1) 网络拓扑控制

网络拓扑结构对于 WSN 起着至关重要的作用，良好的网络拓扑结构不仅可以促进网络中数据融合处理、目标定位、时钟同步等关键技术的解决，而且在很大程度上可以提高路由协议和 MAC 协议的运行效率。网络拓扑结构的主要任务是在网络覆盖能力和连通程度达到一定要求的基础上，控制能量消耗，有利于延长整个网络的生存周期。目前拓扑控制主要分为节点功率控制和层次型拓扑结构两方面。

2) 路由协议

路由协议的目的是将分组从传感器源节点发送到目的传感器，路由协议的应用主要是为了选择合适的优化路径将监测到的数据信息正确转发出去。目前已经出现了多种路由协议，例如，基于能量感知的路由协议、基于查询的路由协议、基于地理位置的路由协议、基于协商的路由协议、基于服务质量的路由协议等。为了延长网络的生存周期，路由协议在执行过程中不仅要考虑到每个传感器节点的能量消耗，而且还要考虑到整个 WSN 中的能量均衡消耗。WSN 的特点和通信需求要求路由协议在设计过程中必须考虑节能问题，使用户在延长网络存活时间和提高网络吞吐量、降低通信延迟之间做出选择，并且减少冗余数据，减少发送时延。

3) 节点定位技术

复杂环境中信息数据的采集关键在于能否准确定位发生位置，对于 WSN，采集数据过程中位置信息的确定是必不可少的。当前监测到事件发生时，如森林火灾监测，天然气管道泄漏检测等，最关键的问题就是该事件的发生位置，对于那些没有定位节点位置的数据采集信息在实际应用中是没有丝毫意义的。WSN 的定位技术通常需要具备几个重要特征：自组织特性；能量高效性，尽量采用低复杂度的定位算法；分布式计算特性，各个节点都计算自己的位置信息；具有良好的容错性。节点位置的确定通常采用三角测量法或极大值估算法。目前的定位技术有基于距离的定位和与距离无关的定位算法。

4) 数据融合技术

由于 WSN 的应用环境通常规模较大，且部署的传感器节点数目较多，可能会存在同一个监测区域同时被几个传感器节点监测到的情况，如果直接将监测到的数据信息发送至基站节点，会造成大量重复数据，不仅浪费了大量的通信带宽，而且也消耗了一部分能量，影响监测区域信息采集的及时性，不利于 WSN 功能的发挥。因此，在 WSN 中，数据融合技术起着十分重要的作用。WSN 中的数据融合过程可以通过多个协议层实现：网络层可以通过路由协议来减少数据的传输量；数据链路层可以通过减少 MAC 层的发送冲突和头部开销节省整个网络的能量消耗。WSN 的数据融合技术只有面向应用需求的设计，才会真正得到广泛应用。

5) 时间同步

在 WSN 中进行协同工作时往往要用到时间同步技术，许多基于时间信息交换的时间同步协议已被提出。协作同步技术为 WSN 时间同步提供了一个新的解决方案，基于新颖的空间平均而非传统的时间平均的思想。目前，对时间同步问题的研究主要集中在两方面：一方面是尽量减少同步算法对时间服务器及信道质量的依赖，缩短可能引起同步误差的"关键路径"；另一方面是从耗能的角度，研究节能、高效的同步算法。

6) 网络安全问题

网络安全问题同其他无线网络一样是 WSN 中的关键问题，在大规模的网络应用中更显重要。网络传输过程中信息被篡改、窃听或者恶意路由的现象可能是由 WSN 中通信机制采取无线传输信道所引起的。因此，需要解决传输信息被非法用户获知、网络中个别传感器节点遭到破坏、如何向已有网络中添加传感器节点等问题。

发展至今，针对 WSN 可能出现的网络安全问题，人们有针对性地研究出了一些对策，现举几个例子。

很显然，攻击者通过传感节点的安全漏洞获取其中的机密信息并且修改其程序代码以使传感节点具有多个身份 ID，从而在传感器网络中以多个身份进行通信。另外，攻击者还可以通过控制传感器网络中的部分节点发动多种攻击，这种攻击是通过获取传感节点中密钥、代码等信息从而伪造成合法节点加入传感网络中的。例如，监听传感器网络中传输的信息、向传感器网络中发布假的路由信息或传送假的传感信息、进行拒绝服务攻击等。

对策：传感器网络无法避免的安全问题是传感节点容易被物理操纵，所以为了提高传感器网络的安全性能必须使用其他技术方案。例如，可以在通信前进行节点间的身份认证；也可以设计新的密钥协商方案使攻击者不能或很难通过获取的节点信息推导出其他节点的密钥信息；另外认证传感节点软件的合法性的方法也可以提高节点本身的安全性能。

通过节点之间的传输，攻击者根据无线传播和网络部署的特点很容易获得私密的信息。例如，在使用 WSN 监控室内温度和灯光的场景中，部署在室外的无线接收器可以获取室内传感器发送过来的温度和灯光信息；同样，通过监听室内和室外的节点间纤细的传输，攻击者可以获知室内的信息。

对策：密钥管理是对传输信息进行加密的有效措施，可以解决窃听问题，且这种方案容易部署，相对适合传感节点资源有限的。另外当部分节点被操纵后，还不会破坏整个网络的安全性。在传感器网络中对跳-跳之间的信息进行加密，虽然可以使传感节点与邻居节点实现共用密钥，被操纵范围减小，但是还是存在着影响整个网络的路由拓扑的危险性。具有鲁棒性的路由协议和多路径路由是解决此问题的最佳方案。

传感器网络的主要目的是搜集信息，通过窃听以及加入伪造的非法节点等方法，攻击者可以获取一些敏感信息。如果攻击者熟悉了从多路径信心中获取有限信息的相关算法，就可以推算出有效的信息。此外，攻击者是通过远程监听 WSN 获取的大量信息推算出私有性问题而不是通过传感器网络获取的。远程监听是一种不需要攻击者物理接触传感器节点、低风险、匿名并且还可以是单个攻击者同时获取多个节点的获取私有信息的方式。

对策：保证私有性问题的最佳方法是保证网络中只有可信实体的传感信息，这可以通过实现加密数据和控制访问达到目的；由于信息越详尽，私有性问题越容易被攻击者获取，所以还可以通过限制网络所发信息的粒度来进行保护。例如，为达到数据匿名化，一个簇节点可以对从相邻节点接收到的大量信息进行汇总、处理并传送。

9.4 物联网的应用

物联网使用大量的传感器节点构成监控网络，通过不同的传感器搜集信息，以达到发现问题并且找到问题的发生位置的目的，从而向以信息和软件为中心的生产模式方向转变，便可以使用到大量的自动化、智能化、远程控制的生产设备。

9.4.1 农业环境监测

1. 农作物生长环境监测

通过在农作物生长环境中投放大量的微型传感器节点，由传感器节点将接收到的农田环境因子通过"多跳"路由方式将融合后得到的数据传送到汇聚节点，实现对农作物生长环境区域内感知对象的信息采集、量化、处理融合和传输应用。与传统的环境监测手段相比,具有快速感知、降低成本、网络感知、提高抗毁性的优势。表 9-1 列出部分适合生态系统监测的传感器。

表 9-1 生态传感器举例

类型	举例	备注
物理类	温度	价格低到中等,性能可靠,耗电量低
	相对湿度	价格中等,性能可靠,耗电量低
	叶子湿度	价格便宜,性能可靠,耗电量低
	土壤湿度	价格低到中等,需要测量校正,耗电量低,选择很多
	总辐射	价格中等,测量校正后可靠,耗电量低
	风速风向	价格低到中等,低能耗,微风敏感度差
	风杯仪	中等价格,可靠度低,能耗高
	热线风速仪	价格中等到偏贵,高可靠性,中等电耗
化学类	大气 CO_2	贵,可靠,中等耗电,需要仔细校准
	土壤 CO_2	价格中等、可靠、低耗电、需要校准
	土壤 CO_2 通量	贵,可靠,中等耗电,需要仔细校准
	氮传感器	贵,正在开发用于陆地生态系统的仪器
	磷传感器	还没有用于陆地生态系统的仪器
生物类	数字成像仪	中等价格、可靠、中等耗电高带宽,需要相关软件
	根系成像仪	贵,耗电差异较大
	汁流传感器	价格中等,需要控制系统,需要校准
	声音传感器	中等价格、可靠、中等耗电,高带宽,需要相关软件

加州大学在南加利福尼亚 San Jacinito 山建立了可扩展的主要用于监测局部环境条件下小气候和植物更甚是动物的生态模式的 WSN 系统,它还可以监测牧场种牛的活动,以防止两头牛的争斗。

日本北海道国家旱作农业研究所利用无线局域网建立了覆盖大型试验区域的信息系统。通过该系统可以在半径 1.5km 的范围内将田间的实验数据、温室环境数据等直接上传到研究所,同时还可以下载各种遥感地图、气象资料等的数据和信息。此外,不论田间的固定还是移动设备都可以接入互联网,如此不仅克服了有线局域网的局限性,而且还方便了信息的利用和服务。

Intel 公司率先于 2002 年在俄勒冈州建立了无线葡萄园的环境监测系统,将传感器节点分布于葡萄园中,定时监测葡萄园中土壤的温度、湿度以及其他影响葡萄生长的农业信息,对葡萄的增收具有重要指导作用。

2. 土壤环境监测

全球对 CO_2 和养分通量的管理需要改进人们对土壤和大气的碳、氮交换机制的理解。人们对于在陆地生态系统中的存储植被捕获的 CO_2 的土壤根系过程至今都没有很好地理解。但是通过传感器网络技术检测土壤中的交互作用和动态过程便可实现对土壤根系呼吸过程的理解,并且还可以了解到土壤自氧和异氧呼吸的时间动态。研究者还使用土壤内部成像技术获取了土壤根系种植物微根逐日生长动态,并且还利用传感器网络实现对 CO_2 通量、土壤文理、土壤温度、适度、硝酸以及氮氢化合物等的浓度的检测。安装土壤传感器之所以需要先对土壤下部的环境(包括岩石、水位、植物粗根等)进行探测，是因为在不能直接看到土壤下部的结构的情况下，要求土壤传感器对土壤环境的干扰达到最小。将传感器链接起来构建成土壤观测网站从而搜集土壤成像和通量数据将成为今后的发展趋势。

3. 水环境监测

传统水质监测经过两步实现监测，即先采集水样，然后在实验室对其进行测定。水质监测的内容包括能够反映水的物理、化学、生物学特性的沉积物、悬浮物、叶绿素-a、溶解有机物、溶解氧、盐分、氮、磷等养分含量等。能够通过遥感实时测量的内容包括有色溶解有机质浓度、叶绿素-a、沉积物以及水体的一系列内在的光学特性。此外，水体的物理特性如温度、水深、流速、流向等也能实时定点获得。近些年，基于 WSN 的水体物理性质和水质状况的监测装置逐步发展起来。研究者提出建立水中 WSN 开展实时测量的设计方案(图 9-5)。中国太湖已经架设了类似的测量仪器。设计者设计了一种可以实时测量湖水的化学性质并实时传输到岸上的数据接收站的半自动实地水化学测量系统。这种系统由安装在固定浮标上的传感器和搭载在自动水下潜水器(AUV)中的传感器联网组成。传感器包括水质探头和温度计以及能够测量甲烷等溶解代谢气体和常规气体的 NEREUS 水下质谱仪。水下数据传输通过声学调制解调器实现，水上数据通过使用 IEEE 802.11b 协议的无线网络实时传送到岸上数据接收站。

美国纽约港及上游河道和河口海域架设了多个定点 WSN 节点并构建了一个纽约港观测与预测系统(NYHOPS)(图 9-6)。该系统把定点测量、模拟和常规预测模型结合起来在线实时显示纽约港周围的海面风速风向、水位、水温、盐度、浪高和波浪周期等水情信息。

海岸代和珊瑚礁生态系统管理需要及时获得相关的环境数据及环境变化趋势。生态科学家提出澳大利亚大堡礁海域管理和决策需要使用环境传感器网络技术。因此，发展大堡礁生物监测点的海水水质测量、水循环格局和洪水与海水混合水质、混浊度、光合作用有效辐射、叶绿素-a 等环境参数，并建立统一的监测标准是非常有必要的。

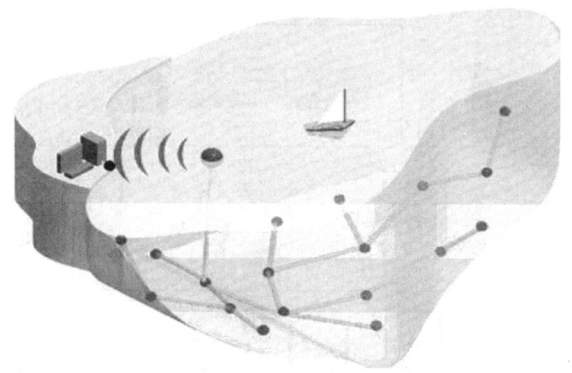

图 9-5 水位定点监测 WSN 应用示意图

一般液体深度测量探测仪实现探测是需要把探头放置在液体当中的。研究者制作了一种可以用于洪水水位涨落测量的塑料光纤探头，与传感器节点(MICA2DOT)链接实现非接触液体水平测量。

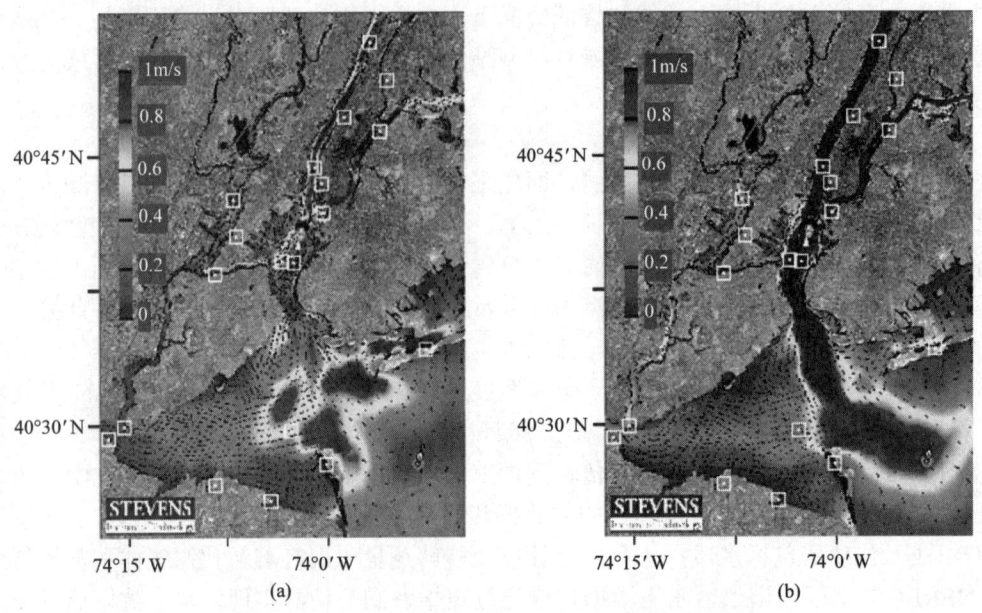

图 9-6　纽约港河口实时水面风场观测与预测图

9.4.2　气象监测

各种自然灾害，如干旱、洪涝、台风、暴雨、冰雹，不仅危及人民的生命安全和农业财产安全，而且也使国民经济受到了严重的危害。所以对于暴雨暴雪、雷暴、冰雹、沙尘暴、高低温、干旱、洪涝等天气，气候的提前检测与预报能够很有效地减少自然灾害所带来的生命与财产的损失。

气象灾害监测系统如图 9-7 所示，系统由各个监测点的现场数据采集部分、通信网络传输部分和监控中心组成。

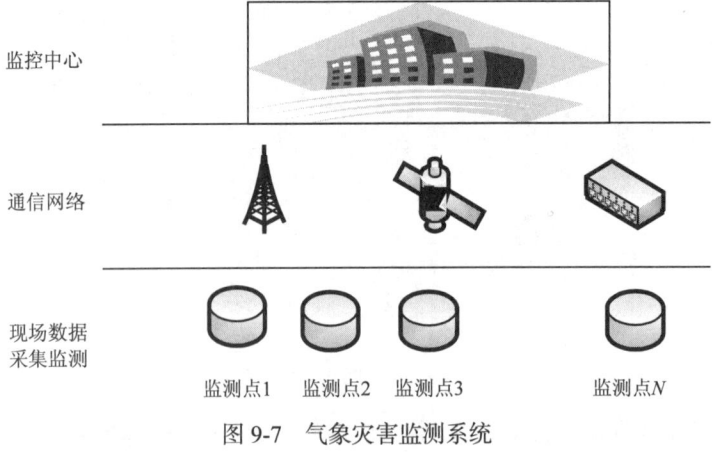

图 9-7　气象灾害监测系统

现场数据采集监测点主要由传感器、采集器、系统电源、通信接口与外围设备等组成，通过相关传感器实时监测风向、风速、雨量、气压、气温、相对湿度、太阳辐射、土壤温度、土壤湿度等气象信息。

数据采集器主要功能是数据采样、数据处理、数据存储，然后通过通信接口将数据传输到指定的地方。采集到的气象数据通过 GSM 公共网络、卫星通信、Internet 网络等方式传送到监控中心。

在监控中心由相关专业人员对数据进行分析，根据采集到的数据判断监测点是否有天气、气候灾害发生。并可以做出相应的预报，提前做好预防的准备。

9.4.3 温室控制

利用 WSN 组成温室测量控制区，用以测量土壤的光照强度、pH、温度、湿度等物理量来获得作物生长的信息，使温室中传感器、执行机构标准化、数据化，利用网关实现控制装置的网络化。例如，在温室环境监测中采用小规模网络的分簇自适应路由协议 LEACH，将接收到的数据进行融合后再发送，减少数据通信量；在温室监测中基于 CSMA 的随机访问比较适合传感器网络，节点采用侦听与睡眠相互交替的无线信道侦听机制，在传感器节点没有任务时，节点能够自动关闭无线通信模块，大大减少能量的消耗；在西北农林科技大学甜瓜示范基地采用 ZigBee 通信技术、ARM9 微处理器、WinCE5.0 嵌入式系统对基于 WSN 的温室环境信息的嵌入式监测系统进行了测试，传感器节点每隔 10min 进行一次采样，能够对温室环境因子进行实时采集、传输、监测，完成数据采集、发送之后，自动进入休眠状态，直至下一个采样周期唤醒。

9.4.4 节水灌溉

目前我国的农业滴管管理仍然存在很多问题，大部分依靠人工经验进行操作，灌溉节水率低下、随意性较大。利用大量土壤墒情无线传感器构成的节水滴灌 WSN 对土壤进行实时监测并向灌溉控制设备发送控制信息，可将田间控制信息通过网关发送至互联网，实现精细农业中节水灌溉的准确性、智能性与灵活性。典型案例为：巴西监测 1500 公顷大面积农田灌溉的基于 WSN 的中央远程控制与监测系统。中国在此方面也有研究，例如，设计了将采集土壤湿度、土壤温度、空气湿度和空气温度的传感器构成无线网络的节点，将农田分成多个区域，每个区域的节点自成一簇，节点采用无需测距的自身定位算法确定位置，通信上采用一种功耗自适用性聚类路由算法 PEGASIS 路由协议，网络上的节点可根据位置选择其所在的簇，簇头按照位置关系优化出汇聚节点的最佳链路。每个节点都能以最小功率发送数据分组，并完成必要的数据融合，大大减小数据流量，实现网络功耗的最小化。研究者提出了由土壤和环境信息 WSN 检测系统和滴灌自动控制系统所组成的精准滴灌技术研究，实现快速检测土壤的水分、温度、养分信息和环境的温度、湿度、光照强度等，通过计算机对传感器的信号进行预处理，利用上位机控制程序计算出相应的灌溉数据，自动控制电磁感应阀的开关，实现对作物生长需求的定点定量精准灌水，实现了节水、增产、生态的目标。

9.4.5 食品安全

目前我国食品安全形势较为严峻，各类食品安全事件屡有发生，对人民群众的生命和健康安全造成极大危害。针对这一现象，政府统一安排，从 2009 年 1 月 1 日起，对肉及肉制品、豆制品、奶制品、蔬菜、水果等 6 类食品实施严格的市场准入。但由于管理手段落后，无法对食品生产、流通的各个环节进行有效的监管，市场准入制度的落实受到严重制约和影响。农业物联网应用于食品供应链的体系可解决以上问题，实现食品的追根溯源。

以花生油为例，RFID 标签卡可以存储花生油从原料、加工到成品运输等全过程的追溯，通过，RFID 技术，对标签卡实现了读写内部数据信息的功能，RFID 标签卡不同于条形码，RFID 标签卡里的信息可以进行实时更新的功能，可以通过无线电波实时传输信息，从而可以在简单的 WEB 服务组件中查找相应的食品安全追溯信息，使食品安全生产管理者能够在出现食品安全问题时迅速召回有害食品，防止有问题产品的快速流散，从而通过物联网技术解决生活中的食品安全问题。

9.5 农业物联网关键技术发展趋势预测

物联网产业的发展，为实现农业、畜牧业的信息化、产业化提供了前所未有的机遇。同时，农业、畜牧业也为物联网产业的发展提供了最为广阔的应用平台。

物联网技术在工业控制和电子商务等领域已经有较快的发展，而在农业领域因其行业特点和其他条件所限正处于起步阶段，但已有一些探索和应用的成功案例。这些应用包括农业环境监测、温室控制、节水灌溉、气象监测、产品安全与溯源、设备智能诊断管理等方方面面。

中国农业科学院孙忠富等以实现农业环境远程监控与诊断管理为主要目标在国内较早地开展了基于 M2M(machine-to-machine)技术和物联网理念的研究开发，目前初步形成的网络化技术和产品可应用于各类农业环境监测和诊断。已经在设施农业、农田作物、野外台站、工厂化养殖等领域示范应用。为了形成农业环境监控物联网，可以不断扩大应用范围，进一步完善相关技术。针对大规模农业园区、设施农业和野外农田可采用农业环境监控物联网，离散部署无线传感器节点，组建 WSN，对作物生长环境、农业气象要素，如空气温湿度、土壤温湿度、光照强度等进行动态实时采集，并通过 GPRS/CDMA/3G 移动通信网络实时传输至远程中心服务器，中心服务器接收存储数据，结合对应的诊断知识模型对数据解析处理，以达到分布式监测，集中式管理。

在全球范围内，物联网技术应用市场正快速增长，随着通信设备、管理软件等相关技术的深化，物联网技术相关产品成本的下降，物联网业务将逐渐走向全面应用。中国政府也将 M2M 相关产业正式纳入国家《信息产业科技发展"十一五"规划和 2020 年中长期规划纲要"十一五"规划》重点扶持项目。我国无线通信网络已经覆盖了广大城乡，实现物联网必不可少的基础设施是无线网络，它随时随地、无处不在地为农业物联网技术在农业信息化中的应用推广奠定了基础。可以看出，农业无疑是物联网应用的重要领地，但在实际生产应用中尚面临诸多亟待解决的问题，如数据安全、传感器安装分布、系统维护、偏远恶劣环境下的电源问题等。表9-2为农业物联网关键技术未来发展趋势预测。2020年后将实现以生物能电池、纳米电池提供能源的微型化农业传感器网络，以及基于DNA识别技术的农业物联网技术。

表9-2 农业物联网关键技术发展趋势预测

关键技术	2010~2015年	2015~2020年	2020年以后
身份识别技术	统一RFID国际化标准 RFID器件低成本化 身份识别传感器开发	发展先进动物身份识别技术 高可靠性身份识别	发展动物DNA识别技术
物联网构架技术	发展物联网基本架构技术 广域网与广域网架构技术	高可靠性物联网架构 自适应物联网架构	认知型物联网架构 经验型物联网架构
通信技术	RFID, Wi-Fi, ZigBee, Bluetooth	低功耗射频芯片 片上天线 毫米波芯片	宽频通信技术 宽频通信标准
传感器技术	生物传感器 低功耗传感器	农业传感器小型化 农业传感器可靠性技术	微型化农业传感器
电源与能量存储技术	超薄电池 实时能源获取技术 无线电源初步应用	生物能源获取技术 能源循环与再利用 无线电源推广	生物能电池 纳米电池

据美国一家研究机构预测。物联网所带来的产业价值要比互联网大几十倍，巨大的经济利益必然驱使激烈的技术竞争。全球科技大国先后都提出了物联网发展战略，掀起了新一轮物联网的浪潮。2009年，国务院指出要着力突破传感网、物联网关键技术。国内各大著名高校和研发机构竞相跃跃欲试、蓄势待发。许多省份也都陆续提出了相应的发展战略，并纷纷兴建示范工程。农业物联网作为国家物联网发展战略的重要部分。一定要紧抓机遇，有所作为。要结合中国农业特点和国情，尽早谋划未来，凝练发展重点，实现关键核心技术和共性技术的突破和创新。在国际舞台上占有一席之地。同时也需要指出，我国农业物联网的建设一定要注重脚踏实地，打好基础，在做好顶层设计的同时，要抓好示范应用和实际案例的培育。以应用促进步，切实推动我国农业物联网稳健发展。展望未来，国家和政府已经明确提出了发展物联网。"感知中国"的宏伟战略目标，同时也为构建农业物联网"感知农业"指明了方向。通过发展农业物联网打造物联网农业，一定能在农业现代化建设中实现全面感知、稳定传输、智能管理的理想。

参 考 文 献

阿基迪兹·沃安. 2013. 无线传感器网络[M]. 徐平平, 等, 译. 北京: 电子工业出版社.
艾明. 2011. 免疫传感器的研究进展[J]. 长春大学学报, (6): 83-85.
白泽生. 2007. 基于红外传感器的CO_2气体检测电路设计[J]. 仪表技术与传感器, (3): 59-60.
白泽生. 2007. 一种二氧化碳气体检测方法[J]. 传感器与微系统, 26(7): 51-55.
蔡镔. 2010. 基于ZigBee无线传感器网络的农业环境监测系统研究与设计[J]. 江西农业学报, (22): 153-156.
陈高. 2008. 微生物细胞传感器在环境监测中的应用研究进展[J]. 土壤学报, (3): 348-354.
陈春姣. 2008. 非共轭有机高分子PEO的气敏性能研究[D]. 长沙: 中南大学.
陈杰, 黄鸿. 2002. 传感器与检测技术[M]. 北京: 高等教育出版社.
陈津. 2008. 传感器技术应用综述及发展趋势探讨[J]. 科技创新导报. (10): 1.
陈林星. 2009. 无线传感器网络技术与应用[M]. 北京: 电子工业出版社.
陈巡洲. 2009. 冲量式谷物流量传感器研究[D]. 上海: 上海交通大学.
陈树人, 杨洪博, 李耀明, 等. 2010. 双板差分冲量式谷物流量传感器性能试验[J]. 农业机械学报, 41(8): 48-54.
程传山. 2005. 陶瓷窑急冷段温度场的分析和控制[D]. 武汉: 武汉理工大学.
程宏兵. 2008. 无线传感器网络安全关键问题研究[D]. 南京: 南京邮电大学.
池雪莲. 2006. 传感器技术应用及发展趋势展望[J]. 襄樊职业技术学院学报, 5(1):7-9.
顿文涛. 2012. 基于无线传感器网络的农业精量灌溉系统设计[J]. 现代农业科技, (24): 216-218.
邓小蕾. 2010. 基于ZigBee和PDA的农田信息无线传感器网络[J]. 农业工程学报, (26): 103-107.
丁然, 亢雪梅, 蔡丽梅. 2001. 工业过程控制传感器[J]. 传感器技术, 20(9): 6-9.
杜苗. 2007. 呼吸式幕墙在寒冷地区的热工性能研究[D]. 天津: 天津大学.
范菲菲. 2010. 单色光电子源的理论分析与实验设计[D]. 乌鲁木齐: 新疆师范大学.
冯宾. 2010. 基于ZigBee无线网络技术的现代温室环境检测系统研究[D]. 合肥: 安徽农业大学.
高峰. 2009. 基于无线传感器网络的设施农业环境自动监控系统研究[D]. 杭州: 浙江工业大学.
高峰, 俞立, 卢尚琼, 等. 2009. 国外设施农业的现状及发展趋势 [J]. 浙江林学院学报, 26 (2): 279-285.
高晓蓉. 2003. 传感器技术[M]. 成都: 西南交通大学出版社.
苟向松. 2011. ZigBee技术研究概述[J]. 无线互联科技, (2): 51-52.
宫鹏. 2010. 无线传感器网络技术环境应用进展[J]. 遥感学报, (2): 387-395.
龚雪, 张认成, 黄湘莹, 等. 2005. 气体火灾探测器的研究与发展[J]. 消防科学与技术, 24(6): 38-43.
顾营迎. 2009. 基于振弦式传感器的钢构建筑监测预警系统的设计[D]. 天津: 天津大学.
郭变. 2010. 基于LabVIEW的孵蛋箱温度控制系统设计[D]. 西安: 陕西科技大学.
韩九强, 周杏鹏. 2010. 传感器与检测技术[M]. 北京: 清华大学出版社.
韩鹏飞. 2011. 免疫传感器在食品真菌毒素检测中的应用[J]. 食品工业科技, (4):430-433.
韩芝侠. 2011. 基于ZigBee技术的农业信息采集系统[J]. 宝鸡文理学院学报(自然科学版), (2): 53-57.
韩悦文. 2009. 几种典型湿度传感器的原理和概要分析[J]. 江汉大学学报(自然科学版), (1): 33-36.
胡鹏. 2005. 谷物产量数据处理及产量分布图生成系统的开发研究[D]. 南京: 江苏大学.
胡均万. 2009. 双板差分冲量式谷物流量传感器设计[J]. 农业机械学报(自然科学版), (4): 69-72.
胡晓川. 2010. 物联网——新新"物"语[J]. 四川省通信学会2010年学术年会.
胡铮. 2011. 物联网[M]. 北京: 科学出版社.
胡阳, 古松, 江莎, 等. 2010. 不同光质对'达赛莱克特'草莓果实品质的影响[J]. 四川农业大学学报, 28(2): 63-69.
黄嘉. 2012. 有机磷敏感材料的制备及气敏特性研究[D]. 成都: 电子科技大学.
黄俊杰. 2011. 汽车动力传动系扭转振动研究与分析[D]. 合肥: 合肥工业大学.
黄湘莹. 2006. 基于过程特征信息的火灾早期探测方法研究[D]. 泉州: 华侨大学.
侯淑萍. 2009. 新型高性能电工材料应用特性模块化与自学习建模技术研究[D]. 天津: 河北工业大学.

何春燕. 2010. 基于纳米粒子/壳聚糖杂化膜的电化学免疫传感器的制备[D]. 青岛: 青岛科技大学.
何伟. 2008. 碳纤维树脂基复合材料拉敏特性研究[D]. 武汉: 武汉理工大学.
贾伯年, 俞朴, 宋爱国. 2007. 传感器技术[M]. 南京: 东南大学出版社.
贾石峰. 2009. 传感器原理与传感器技术[M]. 北京: 机械工业出版社.
蒋大权, 张世良, 林中付. 1991. 大学物理简明教程[M]. 北京: 北京出版社.
蒋亚东, 谢光忠. 2008. 敏感材料与传感器[M]. 成都: 电子科技大学出版社.
蒋正金. 2012. 基于单片机的无线温/湿度采集与控制系统[J]. 现代电子技术, (17): 35-39.
姜波. 2010. 多孔硅基湿敏传感器的制作与性能研究[D]. 哈尔滨: 黑龙江大学.
姜建军. 2008. 无线传感器网络中数据传输与编码的研究[D]. 西安: 西安电子科技大学.
姜培刚. 2009. 在线红外气体分析器的发展及工程应用研究[J]. 分析仪器, (6): 1-5.
吉红. 2007. 自动控制在国外设施农业中的应用[J]. 农业环境与发展, (5): 52-54.
金发庆. 2012. 传感器技术与应用[M]. 北京: 机械工业出版社.
金继运. 1998. "精准农业"及其在我国的应用前景[J]. 植物营养与肥料学报, 4(1): 1-7.
靳伟. 2006. 传感器新进展[M]. 北京: 科学出版社.
康华光. 2005. 电子技术基础(模拟部分)[M]. 北京: 高等教育出版社.
邝朴生, 蒋文科, 刘刚, 等. 1999. 精确农业基础[M]. 北京: 中国农业大学出版社.
李成大. 2007. 无线传感器网络及其应用综述[J]. 成都电子机械高等专科学校学报, (3): 10-14.
李冬梅. 2009. 基于室温离子液体的电导型气体传感器[D]. 上海: 上海师范大学.
李加升. 2007. NTC热敏电阻及其应用分析[J]. 荆州职业技术学院学报, 22(6): 44-49.
李明, 李旭, 孙松林, 等. 2010. 基于全方位视觉传感器的农业机械定位系统[J]. 农业工程学报, (2): 170-174.
李民赞. 2004. 农作物产量自动监测技术及关键设备[J]. 农业网络信息, (4): 34-53.
李善仓. 2008. 无线传感器网络原理与应用[M]. 北京: 机械工业出版社.
李新. 2010. 气浮净水旋喷加压最佳气量控制系统研制[D]. 青岛: 青岛理工大学.
李新荣, 李江全. 2001. 传感器在现代化农业中的应用[J]. 农村科技, (1): 32-36.
李亚敏, 商庆芳, 田丰存, 等. 2008. 我国设施农业的现状及发展趋势[J]. 北方园艺, (3): 90-92.
李兵. 2006. 基于黑体空腔的光纤高温计的研究[D]. 武汉: 武汉理工大学.
李钦. 2007. 无线传感器网络密钥管理方案研究[D]. 重庆: 重庆邮电大学.
李艳. 2008. 无线传感器网络安全协议的研究[D]. 西安: 西安工业大学.
李晶晶. 2009. 白酒识别电子鼻系统的研究[D]. 大连: 大连理工大学.
李伟. 2011. 物联网技术在智能建筑系统中的应用[J]. 石家庄铁路职业技术学院学报, 10(4): 31-36.
李勇. 2008. RFID关键技术及其应用研究[D]. 哈尔滨: 哈尔滨工业大学.
李瑜芳. 2008. 传感器原理及其应用[M]. 成都: 电子科技大学出版社.
刘爱华, 满宝元. 2006. 传感器原理与应用技术[M]. 北京: 人民邮电出版社.
刘彩梅, 张衍华, 毕建杰. 2008. 设施农业的发展现状及对策闭[J]. 河北农业科学, 12 (7): 120-121.
刘恩科. 2003. 半导体物理[M]. 北京: 电子工业出版社.
刘宏军. 2007. 关于我国设施农业、设施园艺业发展现状与对策研究[J]. 农业与技术, 27 (4) : 5-8.
刘金铜, 陈谋询, 蔡虹. 2001. 我国精确农业实施的技术体系与行动对策讨论[J]. 农业系统科学与综合研究, 17 (3): 183-186.
刘锦妍. 2010. 辣椒叶片发育过程中形态解剖学性状量化特征的研究[D]. 哈尔滨: 东北农业大学.
刘起义. 2011. 传感器及其应用技术[M]. 北京: 国防工业出版社.
刘蕊. 2008. 微生物传感器快速测定法测定水中BOD[J]. 黑龙江环境通报, (3): 28-29.
刘宇. 2009. 基于LabVIEW虚拟量热仪的设计与实现[D]. 郑州: 郑州大学.
刘学明. 2005. 测产系统转速传感器的设计与流量传感器的改进研究[D]. 北京: 中国农业大学.
刘真真. 2007. 酶生物传感器的研究进展[J]. 东莞理工学院学报, (3): 97-101.
刘继超. 2011. 电化学免疫传感器在食品安全检测中的研究进展[J]. 中国食品添加剂, (1): 216-221.
路海浪, 潘骏, 朱竞南, 等. 2010. 格陵兰海的有效光合辐射与冰盖融化的关系研究[J]. 南通大学学报(自然科学版), 9(4): 27-32.

栾桂冬, 张金锋, 金欢阳. 2002. 传感器及应用[M]. 西安: 西安电子科技出版社.
罗鹏. 2008. 氨气电化学传感器的研究[D]. 南京: 南京师范大学.
吕彩云. 2008. 重金属检测方法研究综述[J]. 资源开发与市场, (10): 97-101.
吕立新. 2009. 基于无线传感器网络的精准农业环境监测系统设计[J]. 计算机系统应用, (8): 5-9.
吕宁波. 2011. 基于无线传感器网络的农田环境监测系统路由协议的研究[D]. 郑州: 河南农业大学.
陆婷婷. 2008. 一种MEMS温度传感器的设计[D]. 南京: 东南大学.
陆贻通. 2005. 污染环境重金属酶抑制法快速检测技术研究进展[J]. 安全与环境学报统应用, (2): 68-71.
毛罕平. 2007. 设施农业的现状与发展[J]. 农业装备技术, 33 (5): 4-9.
孟凡文, 高连军, 鲁捷. 2007. 热电偶冷端温度误差补偿探讨[J]. 电子测试, (5): 11-16.
欧阳鑫. 2011. 物联网发展趋势与烟草农业应用展望[J]. 消费导刊, (17): 41-44.
潘明. 2001. 基于ZigBee技术的精准农业的应用与研究[J]. 现代农业装备, (4):53-55.
庞佛飞, 徐平, 郭海润. 2008. 光纤渐逝波耦合湿度传感器研究. 光器件, (3):26-28.
祁雪. 2006. CMOS带隙温度传感器电路的研究[D]. 南京: 东南大学.
钱裕禄. 2013. 传感器技术及应用电路项目化教程[M]. 北京: 北京大学出版社.
曲险峰. 2010. SPR生物传感器及其在食品检测中的应用[J]. 医学信息(上旬刊), 23(8): 13-16.
沙占友. 2002. 智能集成化温度传感器原理与应用[M]. 北京: 机械工业出版社.
尚凤军. 2011. 无线传感器网络通信协议[M]. 北京: 电子工业出版社.
尚明华. 2012. 无线传感器网络及其在设施农业监控中的应用[J]. 山东农业科学, (4): 13-16.
尚峰. 2003. 复合型智能火灾探测器的研究[D]. 大连: 大连理工大学.
商云岭. 2011. 基于多孔硅的光学传感器的研究[D]. 杭州: 浙江大学.
佘俐莹, 张认成, 徐志保, 等. 2007. 生物传感器概述[J]. 仪器仪表用户, 14(1): 17-23.
史智兴. 2002. 精播机排种性能检测系统及关键技术研究[D]. 北京: 中国农业大学.
史爱武. 2008. 基于纳米线及碳纳米管复合体系的电化学生物传感器研究[D]. 长沙: 湖南大学.
宋传德. 2009. 传感器与测试技术[M]. 重庆: 重庆大学出版社.
宋文绪, 杨帆. 2004. 传感器与检测技术[M]. 北京: 高等教育出版社.
宋育. 2009. 飞机复合材料无损检测敲击技术的研究和应用[D]. 南京: 南京航空航天大学.
孙鉴波. 2012. 紫外光激发型半导体氧化物气体传感器的研究[D]. 长春: 吉林大学.
孙利民. 2005. 无线传感器网络[M]. 北京: 清华大学出版社.
孙萍. 2010. 质量敏感型有毒有害气体传感器及阵列研究[D]. 成都: 电子科技大学.
孙磊. 2007. MEMS核电池的能量转换结构设计与制备工艺研究[D]. 西安: 西北工业大学.
孙云旺. 2006. 传感器技术与应用[M]. 杭州: 浙江大学出版社.
孙志强. 2003. 精准农业智能测产系统关键技术及仪器的研究[D]. 上海: 上海交通大学.
孙忠富. 2010. 物联网发展趋势与农业应用展望[J]. 农业网络信息, (5): 5-8.
唐楠. 2011. 微生物传感器的研究现状及在水环境监测中的应用[J]. 四川环境, (1): 40-43.
唐文彦. 2011. 传感器(4版)[M]. 北京: 机械工业出版社.
谭兮. 2008. 工业热电偶自动检定系统[D]. 长沙: 中南大学.
涂宏. 2011. 电子式烟气含湿量测量仪的设计研究[D]. 保定: 华北电力大学.
汪懋华. 1999. 精细农作的主要支持技术(四), 田间信息采集与处理技术[J]. 农业机械化, (7): 22-24.
汪懋华. 1999. "精细农业"发展与工程技术创新[J]. 农业工程学报, 15 (1): 1-8.
王爱新. 2011. 无线传感器网络LEACH路由协议的研究与优化[D]. 保定: 河北农业大学.
王伯雄. 2003. 测试技术基础[M]. 北京: 清华大学出版社.
王芳. 2010. 复合含能桥膜电爆炸的温度特性研究[D]. 南京: 南京理工大学.
王俊杰, 曹丽. 2011. 传感器与检测技术[M]. 北京: 清华大学出版社.
王淼. 2009. 传感检测技术[M]. 天津: 天津大学出版社.
王笑丹. 2008. 畜肉品质评定方法及综合评定系统研究[D]. 长春: 吉林大学.

王晓敏, 王志敏. 2011. 传感器检测技术及应用[M]. 北京: 北京大学出版社.
王康. 2009. 多功能传感器信号采集与数字化处理研究[D]. 南京: 东南大学.
王秀珍. 2009. 磁力轴承电感位移传感器的研究[D]. 武汉: 武汉理工大学.
王玉群, 林向阳, 蒋万佛, 等. 2009. 汽车温度传感器的特性分析[J]. 农业装备技术, 35(5): 21-26.
王志芳. 2010. 种内竞争对海带幼孢子体生长的影响研究[D]. 烟台: 烟台大学.
王泽. 2011. 二氧化钛纳米管气敏特性的研究[D]. 哈尔滨: 黑龙江大学.
万徽. 2004. 硅基纳米湿敏元件特性、机理研究及其测试仪设计[D]. 大连: 大连理工大学.
吴兴惠, 王彩君. 1998. 传感器与信号处理[M]. 北京: 电子工业出版社.
吴涛. 2007. 无线温、湿度仓贮自动测控系统的研究[D]. 南京: 南京理工大学.
武纪良. 2012. 环境降解地膜组份对土壤微环境的影响研究[D]. 绵阳: 西南科技大学.
谢平会. 2001. 微生物传感器[J]. 传感器技术, (6): 2-7.
谢志萍. 2002. 传感器检测技术[M]. 北京: 高等教育出版社.
徐宝梁. 1997. 鱼肉鲜度测定生物传感器研究概况[J]. 食品与发酵工业, (3): 45-49.
徐春妹, 陈芳芳. 2009. 煤气报警自动检测系统制作[J]. 中小学实验与装备, 19(6): 24-29.
徐凤荣. 2006. 基于模糊神经网络的智能火灾探测报警系统的研究[D]. 秦皇岛: 燕山大学.
徐华筠. 2010. 基于导电聚合物膜的电化学免疫传感器的研究[D]. 青岛: 青岛科技大学.
徐科军. 2011. 传感器与检测技术(第3版)[M]. 北京: 电子工业出版社.
徐希春, 初江, 高晓惠. 2008. 设施农业的发展分析[J]. 农机化研究, (8): 237-240.
徐薇. 2011. 新兴商业颜色名称研究[D]. 重庆: 西南大学.
许丽. 2012. 食物致病菌快速检测系统的设计与实现[D]. 杭州: 浙江工业大学.
许明. 2008. 基于TiO_2的气敏传感器的研究[D]. 天津: 河北工业大学.
肖波齐. 2008. 半导体温度计的计算机仿真[J]. 大学物理实验, (4): 74-79.
邢丰峰. 2006. 免疫传感器在食品检测中的应用及相关思考[J]. 食品研究与开发, (3): 98-103.
邢志卿. 2010. 物联网技术在现代农业生产中的应用研究[J]. 农业技术与装备, (3): 16-20.
闫敏杰, 夏宁, 万忠, 等. 2011. 物联网在现代农业中的应用[J]. 中国农学通报, 27(8): 34-41.
杨帆. 2010. 传感器技术及其应用[M]. 北京: 化学工业出版社.
杨雷, 张建奇. 2008. 电子测量与传感技术[M]. 北京: 北京大学出版社.
杨少春. 2011. 传感器原理及应用[M]. 北京: 电子工业出版社.
杨双. 2010. 细胞传感器检测技术研究进展[J]. 安徽农业科学, (33): 673-677.
杨艳葵. 2010. 浅谈传感器在设施农业中的应用[J]. 农技服务, (6): 793-795.
杨懂艳. 2010. BOD生物传感器快速测定方法应用与探讨[J]. 环境监控与预警, (4): 15-17.
杨国云. 2009. 医用血管支架输送性能测试平台研制[D]. 南京: 东南大学.
杨洪博. 2010. 基于ATmega16的谷物联合收割机测产计价系统研究[D]. 南京: 江苏大学.
宋韵, 朱涛, 饶云江. 2009. 基于非对称折变型超长周期光纤光栅的湿度传感器[J]. 中国激光, 36(8): 2042-2045.
于慧春. 2007. 基于电子鼻技术的茶叶品质检测研究[D]. 杭州: 浙江大学.
余瑞芬. 1995. 传感器原理[M]. 北京: 航空工业出版社.
余华. 2010. 无线传感器网络在现代农业中的应用[J]. 安徽农业科学, (4): 2172-2174.
俞志根. 2007. 传感器与检测技术[M]. 北京: 科学出版社.
喻鹏. 2011. 用于检测重金属离子电化学传感器的研究[D]. 长沙: 中南大学.
岳昌琪. 2010. 无线传感网络在农业大棚中的应用[D]. 合肥: 合肥工业大学.
郁有文, 常健, 继继红. 2008. 传感器原理与工程应用[M]. 西安: 西安电子科技大学出版社.
尹劲松. 2004. 智能温室环境控制系统的设计与试验研究——单片机信号采集及其通信控制系统研究部分[D]. 重庆: 西南农业大学.
尹伟. 2007. 传感器信号模拟电路设计研究[D]. 西安: 西北工业大学.
姚振兴. 2011. 重金属检测方法的研究进展[J]. 分析测试技术与仪器, (1): 29-35.

王志萍,刘志富,王炜. 2009. 传感器技术在自动化控制系统中的应用[J]. 科技信息，(17)：63.
曾传卿. 2010. 光纤湿度传感器研究进展[J]. 计测技术, 1.
张爱英, 霍文晓, 姜静. 2008. 传感器技术在现代农业发展中的应用[J]. 科技信息, (31): 319-322.
张鹏. 2010. ZQF-80KW 直流电机能量反馈试验台研究[D]. 武汉: 武汉理工大学.
张乃明. 2006. 设施农业理论与实践[M]. 北京: 化学工业出版社.
张文. 1997. 黄嘌呤氧化酶微型生物传感器及其应用的研究[J]. 华东师范大学学报(自然科学版), (1): 61-65.
张学记. 2009. 电化学与生物传感器[M]. 北京: 化学工业出版社.
张英, 穆楠, 张雪清. 2008. 国外设施农业的发展现状与趋势闭[J]. 农业与技术, 28 (2): 123-125.
张英, 徐晓红, 田子玉. 2008. 我国设施农业的现状、问题及发展对策[J]. 现代农业科技, (12): 83-84, 86.
张玉萍. 2008. 细胞传感器的研究进展[J]. 传感器与微系统, (6): 5-11.
张哲. 2008. 仿生电子鼻传感器阵列设计及其在牛肉品质检验中的应用[D]. 长春: 吉林大学.
张其武. 2005. 烟气二氧化硫浓度智能检测仪的研制[D]. 济南: 山东大学.
张峰. 2009. 太阳能光伏发电控制系统的研究与实现[D]. 保定: 华北电力大学.
张杨. 2012. 太阳能复合光伏光热系统的性能研究[D]. 合肥: 中国科技大学.
赵常志, 孙伟. 2012. 化学与生物传感器[M]. 北京: 科学出版社.
赵凯华. 2003. 电磁学[M]. 北京: 高等教育出版社.
赵燕. 2010. 传感器原理及应用[M]. 北京: 北京大学出版社.
赵燕东. 2002. 土壤水分快速测量方法及其应用技术研究[D]. 北京: 中国农业大学.
赵永红. 2010. 输送机胶带纵向撕裂监测系统的研究[D]. 太原: 太原理工大学.
赵毅峰, 李维嘉, 钱建国. 2012. 离心机转速的计量检测[J]. 中国医疗设备, 27(8): 19-24.
赵毅峰, 李维嘉, 钱建国. 2010. 离心机转速的计量检测[J]. 中华医学会医学工程学分会第十一次学术年会暨 2010 中华临床医学工程及医疗信息化大会.
赵娟. 2011. 鸡舍环境参数检测及管理系统的研究[D]. 保定: 河北农业大学.
赵计生. 2008. 基于 DRVI 和 ZIGBEE 的转子实验台无线远程监控系统[D]. 兰州: 兰州理工大学.
赵晓琴. 2011. 纳米管类免疫传感器用于水体中微囊藻毒素的测定[D]. 杭州: 浙江工业大学.
赵冠. 2010. 有源电子式互感器的研究与设计[D]. 济南: 山东大学.
赵升. 2005. 高精密温度湿度测试系统研究[D]. 合肥: 合肥工业大学.
周德宝. 2003. 植物组织传感器的研究进展[J]. 阴山学报, (1): 19-22.
周俊. 2005. 冲量式谷物质量流量传感器及智能测产系统研究[D]. 上海: 上海交通大学.
周岭松. 2011. 基于 ZigBee 技术的温度、湿度控制系统[J]. 电子测量技术, (6): 47-50.
周四春. 2007. 传感器技术与工程应用[M]. 北京: 原子能出版社.
周涛. 2003. 高温光纤测量研究[D]. 武汉: 武汉理工大学.
周颖. 2007. 无线传感器网络拓扑控制研究[D]. 武汉: 武汉理工大学.
周华. 2008. 碳纳米管修饰酶生物传感器的应用进展[J]. 传感器世界, (4): 6-10.
周文和, 刘倩, 王良璧. 2009. 基于聚酰亚胺的电容式湿度传感元件的研制[J]. 兰州交通大学学报, 28 (4): 78-81.
邹修国. 2011. 传感器原理及其在农业方面的应用[J]. 安徽农业科学, 39 (4): 2406-2408.
钟永锋. 2011. ZigBee 无线传感器网络[M]. 北京: 北京邮电大学出版社.
朱德文, 陈永生, 陈三六. 2007. 我国设施农业发展存在的问题与对策研究[J]. 农业装备技术, 33 (1): 5-7.
朱华. 2009. 热学基础[M]. 杭州: 浙江大学出版社.
朱亚民. 2007. 薄膜温度传感器的研制[D]. 大连: 大连理工大学.
朱国阳. 2007. 功能化室温离子液体的制备及其在湿度和氧气传感器中的应用[D]. 上海: 上海师范大学.
左伯莉, 刘国宏. 2007. 化学传感器原理及应用[M]. 北京: 清华大学出版社.
邹修国. 2011. 传感器原理及其在农业方面的应用[J]. 安徽农业科学, 39 (4): 2406-2408
左旭坤, 刘仁金, 王本有. 2012. 二自由度控制系统实验平台研究[J]. 电脑知识与技术, 08 (19): 24-28.
Ali Z. 1999. Acoustic wave mass sensors [J]. Journal of Thermal Analysis and Calorimetry, 55: 397-412.

Auld B A. 1973. Acoustic fields and waves in solids of SAW gas sensor with resonator structure [J]. New York, 2 (12): 63-104.

Josse F, Dahint R, Schumacher J, et al. 1996. On the mass sensitivity of acoustic-plate-mode sensors [J]. Sensors and Actuators A, 53: 243-248.

Lee H M, Han D Y, Ahn H. 1997. Design and fabrication of SAW gas sensor with resonator structure [J]. IEEE: 1057-1060.

Mazein P, Zimmermann C, Rebière D, et al. 2003. Dynamic analysis of Love waves sensors responses: Application to organophosphorus compounds in dry and wet air [J]. Sensors and Actuators B, 95: 51-57.

Ricco A J, Martin S J. 1991. Thin metal film characterization and chemical sensors: Monitoring electronic conductivity, mass loading and mechanical properties with surface acoustic wave devices [J]. Thin Solid Films, 206 (1, 2): 94-101.

Ricco A J, Martin S J, Zipperian T E. 1985. Surface acoustic wave gas sensor based on film conductivity changes [J]. Sensors and Actuators, 8 (4): 319-333.

Sauerbrey G. 1959. Use of crystal oscillators for weighing thin films and for microweighing [J]. Z Physical, 15: 206-222.

Speckmann H, Jahns G. 1999. Development and application of an agricultural BUS for data transfer [J]. Computers and electronics in agriculture, 23(3): 219-237.

Thiele J A, Pereira M. 2003. High temperature LGS SAW devices with Pt/WO$_3$ and Pd sensing films [J]. IEEE Ultrasonics Symposium:1750-1753.

Wenzel S W, White R M.1988. A multisensor employing an ultrasonic Lamb-wave oscillator [J]. IEEE Transactions on Electron Devices, 35: 735-743.

White R M, Voltmer F W. 1965. Direct piezoelectric coupling to surface elastic waves. Applied Physics Letters, 7: 314-316.

Wohltjen H. 1984. Mechanism of operation and design considerations for surface acoustic wave device vapour sensor [J]. Sensors and Actuators, 5 (4): 307-325.

Wohltjen H, Dessy R. 1979. Surface acoustic wave probes for chemical analysis. III. Thermomechanical polymer analyzer [J]. Analytical Chemistry, 51 (9): 1470-1475.

Yadava R D S, Chaudhary R. 2006. Solvation, transduction and independent component analysis for pattern recognition in SAW electronic nose [J]. Sensors and Actuators B, 113: 1-21.

Yamanaka K, Abe T, Iwata N. 2007. Ball surface acoustic wave hydrogen sensor with widest sensing range and fastresponse [J]. IEEE: 2549-2552.

Yamanaka K, Ishikawa S, Nakaso N. 2003. Ball SAW device for hydrogen gas sensor [J]. IEEE Ultrasonics Symposium: 299-302.

Yatsuda H, Nara M, Kogai T, et al. 2007. STW gas sensors using plasma-polymerized allylamine [J]. Thin Solid Films, 515: 4105-4110.

Zimmermann C, Rebiere D, Dejous C. 2001. A love-wave gas sensor coated with functionalized polysiloxane for sensing organophosphorus compounds [J]. Sensors and Actuators B, 76: 86-94.